广西高等学校高水平创新团队“新能源汽车智能网联技术研究” 成果
广西“十百千”人才工程人选“广西新能源汽车监测平台研究” 成果

XINNENGYUAN QICHE
ZHINENG WANGLIAN JISHU YU YINGYONG

新能源汽车
智能网联技术与应用

林兴志　潘　翔／著

电子科技大学出版社
University of Electronic Science and Technology of China Press
·成都·

图书在版编目(CIP)数据

新能源汽车智能网联技术与应用 / 林兴志，潘翔著
. — 成都：电子科技大学出版社，2022.12
ISBN 978-7-5770-0021-3

Ⅰ. ①新… Ⅱ. ①林… ②潘… Ⅲ. ①新能源—汽车
—智能通信网—研究 Ⅳ. ①U463.67

中国版本图书馆 CIP 数据核字（2022）第 257997 号

新能源汽车智能网联技术与应用
林兴志　潘　翔　著

策划编辑　周清芳　罗国良
责任编辑　罗国良

出版发行　电子科技大学出版社
　　　　　成都市一环路东一段159号电子信息产业大厦九楼　邮编 610051
主　　页　www.uestcp.com.cn
服务电话　028-83203399
邮购电话　028-83201495

印　　刷　四川墨池印务有限公司
成品尺寸　185 mm×260 mm
印　　张　13.5
字　　数　296千字
版　　次　2022年12月第1版
印　　次　2022年12月第1次印刷
书　　号　ISBN 978-7-5770-0021-3
定　　价　56.00元

前言

QianYan

新能源汽车智能网联技术与应用，是广西“十百千”人才工程人选（林兴志）和广西高等学校高水平创新团队（新能源汽车智能网联技术研究创新团队）的主要技术研究成果。

书中首先阐述了新能源汽车发展的现状与趋势。其次，对智能网联信息感知技术的新型电子电气架构、车辆平台线控与云端自治式集成、多级分布式V2X计算模型进行了深入研究。再次，在智能网联汽车多线性视觉与多域控制系统方面，全面阐述了新能源智能网联汽车基础数据管控、通信网络技术高度集成和可目视技术高度集成可视化控制技术，并对智能网联汽车惯性导航与融合多接入边缘敏捷计算、高可信网络路侧与车路协同进行了技术与算法研究。最后，从“车—桩—电”一体化网络、百姓生活中的汽车互联新体验和第三生活空间等三个方面探讨了新能源智能网联汽车绿色智慧新生活。

由于编者水平和经验有限，对于书中不妥之处，恳请广大读者批评、指正。

林兴志

2022年10月

目录
Contents

第1章

新能源汽车智能网联技术应用概述

1.1 智能网联化的新能源汽车

1.1.1 新能源汽车界定与内涵

1.1.1.1 新能源汽车界定

纯电动汽车是指利用电动机产生的电能，由电动机驱动车轮行驶，满足道路交通和安全法规各项要求的汽车。据新能源汽车相关负责人介绍，电动汽车是通过电力驱动汽车的内部部件，为汽车提供足够的驱动力的，且由于电动汽车利用电能，不会产生污染和二氧化碳，因此不会污染城市环境。电动汽车主要是靠电力驱动的汽车，大部分汽车直接由电动机驱动，有的汽车在发动机中装有电动机，有的汽车则直接使用四轮电机的转子电动机，这种汽车制作的难点在于储能技术，虽然将使用的能源转化为电能，但除硫和材料外，其他污染物也要有所减少。由于电力可以从多种一次能源中获取，如煤炭、核能、水能、风能、光能、热能等，人们对降低燃料消耗的担忧有所减少。

混合动力汽车是目前为减少城市污染而开发的新型能源汽车。这类汽车的驱动力是由各种动力源组合提供的，通过燃油配比的控制，可以提高汽车的行驶性能，同时可以做到电力和汽油的混合使用，也有效降低了汽油对环境的影响。

世界上所有主要的汽车制造商都在开发新能源汽车，电力一度被认为是未来汽车的动力，但充电时间长，电池重量大，而化石燃料的出现，使人们从危机中看到了无尽的希望，用氢气作为汽车燃料的想法刚出来的时候很惊人，但这确实是个好主意。氢的能量密度高，输出的能量足以驱动汽车发动机，而燃料电池的化学成分只能是水，没有污染，氢燃料电池的革命对汽车工业的重要性就像微处理器对计算机工业的重要性一样。

1.1.1.2 新能源汽车发展内涵与机理

1. 我国新能源汽车发展的背景

（1）全球石油价格上涨

石油能源的短缺对传统以石油为主的汽车产业造成了巨大的影响，为了可持续发展，人们不得不另辟蹊径，发展新能源汽车。伴随着燃油价格的上涨，越省油的新车就越能得到客户青睐。与此同时，一些车企发现了新能源汽车的商机，从而不断加快新技术开发进程。最近几年尽管汽油价格有所回落，但随着新能源汽车技术的快速发展，部分新能源汽车仍能较好地占据市场。

（2）各国石油自给率不足

美国石油的储存率和自给率相对很低，不仅如此，日本和法国的石油自给率甚至低于10%，很大程度依赖进口。全球大型车企的燃油自给率很低，目前的燃油储备越来越不能满足很多国家的需求，鼓励发展新能源技术，必然大幅降低各大车企对石油的依赖，为新能源汽车发展指明了未来发展趋势。

（3）各国在尾气排放方面严格规范

汽车在使用燃油时，燃油排放是温室气体的重要来源。汽车制造商在寻求研发新技术汽车发动机时，主要是为了改善尾气质量，但技术难度很大。各大汽车厂商认为新能源汽车的投产会成为污染物排放问题缓解的方式，因此各大车企深度研发绿色新能源汽车，利用新能源技术减少尾气排放。

2. 我国新能源汽车发展的现状

（1）自主研发技术有待突破

现阶段我国新能源汽车在新兴领域的独立研发技术和知识产权不足。一方面，比较欠缺科技创新能力，存在核心技术难题；另一方面，我国新能源汽车中电池的成本比重较大，这使得生产出的新能源汽车价格非常高。

（2）市场相对较少，需要进一步开发

我国新能源汽车价格偏高，而且市场业务渠道拓展不够，市场划分和产品推广以及品牌宣传没有做到位，使得新能源汽车的受众较单一。

（3）需要长期渐进地实现产业化进程

新能源汽车发展成长是一个漫长的过程，而管理机构和行业的协同配合是新能源汽车配套上下游产业不断发展不可或缺的因素。在商业利润的驱使下，虽然国家的一些政策鼓励并补贴购买新能源汽车的消费者，但一些当地政府保护当地传统汽车企业的做法会阻碍新能源汽车的发展。在此形势下，国家应该对新能源汽车产业的发展进行统一导向和管理，创造传统和新型汽车产业平衡发展。

3. 我国新能源汽车市场的主要特征

（1）市场占有率不断提升，市场进入扩张期

伴随产品推广度的提高和道路设施的日趋完善，我国新能源汽车行业显现出总产

值高速增长的发展势头。2021年10月，我国新能源汽车市场继续总体表现良好，累计生产39.7万辆，市场销量达到38.3万辆，同比增长130%。

近年来，新能源乘用车产品在我国新能源汽车市场的比重越来越大，新能源汽车销量上升一定程度上助推市场占有率的提高。2015年，我国新能源汽车市场占有率首度达到1.3%。2018—2019年，我国新能源汽车市场占有率相对稳定在4.5%～4.7%。2020年，我国新能源汽车市场占有率首次达到5.4%。近两年来，伴随新能源汽车销量大幅升高，市场占有率更上一层台阶，取得突破性进展。

（2）高低两端产品发力，市场结构逐渐强化

从整体上看，高端和低端车型产销稳步推进，不断推动我国新能源汽车市场持续高速发展。2020年，我国A00级新能源汽车占比26%，同比上升12%；A级轿车占比24%，同比下降21%；B级及C级轿车占比23%，同比上升14个百分点。价位在10万元以内的高性价比车型打开了农村和城市通勤代步市场，更加鲜明的品牌形象和较高的智能化水平，使消费者快速接受新能源乘用车并进行消费。

（3）中小城市占有率提升加快，市场销量向大城市集中

从中国新能源汽车数据报告的数据上看，2021年9月，三亚和柳州纯电动乘用车市场占有率分别为41%和35%，高达全国排名第一、第二位。2021年前三季度，柳州纯电动乘用车市场占有率为31%，排名全国第一。在较为发达的一线城市，深圳纯电动乘用车市场占有率最高，达到26%，北京和上海都占22%左右。

从新能源乘用车的整体市场占有率来看，2021年前三季度市场渗透率最高的三个城市为柳州、深圳、上海，其市场渗透率分别为32.40%、32.37%和31.28%。除了这三座城市，新能源乘用车占有率较高的城市还有三亚（30.71%）、杭州（25.30%）、北京（21.45%）、广州（20.14%）、天津（18.42%）等。

1.1.1.3 新能源汽车在发展中的地位

2015年以来，为了对新能源汽车发展进行战略布局，我国发布了多个关于新能源汽车产业政策。2015年，《中国制造2025》提出了掌握汽车智能化、信息化核心技术的要求；2016年，《汽车工业中长期发展规划纲要》进一步将智能网联汽车提升到国家层面，战略层面要求智能网联汽车与国际市场同步发展，加速智能网联汽车法律标准体系建设；2017年，《新一代人工智能发展规划》明确提出打造中国自主平台，自主管理技术体系和产品组装能力，形成独立、可控、完整的产业链；2020年，《智能汽车创新发展战略》提出，构建系统完备的智能汽车法规标准体系。

智能网联汽车是未来汽车技术发展的必然趋势。中国政府高度重视汽车智能网联技术及相关产业的发展，相继提出《中国制造2025》《装备生产标准化和质量提升规划》《汽车产业中长期发展规划》等规划。

2019年，中国汽车技术研究中心有限公司的标准化研究院启动了智能网联汽车功能与应用（CFA）标准制定计划，针对国内外智能网联汽车功能与应用技术的发展现

状，结合中国交通事故深度研究数据（CIDAS）和行业网络技术应用研究等，从技术路径、通信手段、使用方式等方面分析网络技术应用现状网络信息、成本因素、行业现状等；同时，考虑到通信技术的发展速度和相关标准制定的重要影响因素，提出了智能网络功能和应用（CFA）标准的制订方案。

1.1.2 新能源汽车电子智能化

1.1.2.1 新能源汽车整车智能化

1. 再生制动能量回收技术

从研究角度探讨再生制动系统电流对电池造成的损伤，推导出分层控制策略，有效防止整车电池老化。单踏板驱动模式目前被认为是一种较快的驱动模式，在行业中受到广泛关注。当汽车松开油门时相应地应用再生驱动力实现紧急规避等驾驶动作，保障车辆行驶的安全性。便捷和智能的操控一直是驾驶者的诉求，因此可以想象，在未来的发展中，单踏板模式将在新能源汽车上得到广泛应用。

2. 整车智能驾驶与动力学控制

分布式电驱控制的车辆具有很大的动态性。稳定控制的基本目的是保证车辆的安全性，表现在对应的以制动、行驶、转向为基础的自动控制。零风险控制系统目前是汽车行业的热点，其中有研究人员表明运用一种防抱死制动控制策略，即利用主从并联控制，能够提升对应的最佳滑移率跟踪效果，从而在实践中证实。通过实际分析，在理想转矩比状态下，效率明显提高约3%。此外，分类划分控制结构同样是运用在新能源汽车的重要技术。在这个背景下，刘伟等研究人员设计了一种碳排放更低的车辆，既能兼顾车辆行驶的安全性和稳定性，又能减少损失，执行综合车轮扭矩控制方案，随后运行仿真程序。

1.1.2.2 新能源推动汽车电子演变

汽车电子是汽车上搭载的所有电子设备的统称。目前汽车上的汽车电子可以划分为动力传动系统、底盘悬架系统、车身系统、安保系统、车载资讯系统、安全系统六大类，大幅提高了汽车的舒适性、经济性、安全性。随着汽车智能化、电动化，汽车上将搭载更多的传感器、ECU、电机控制器、电池管理系统，整车的汽车电子占比将进一步提高。

汽车电子的发展可以追溯到半个多世纪以前，最初，电子系统主要用于改善车辆的行驶特性。参考“汽车电子技术”协会，1974年，通用汽车开始安装安全气囊；1977年通用开始采用数字点火控制时刻；1979年，日本日产（Nissan）汽车公司开发了集成发动机控制系统（ECCS）；1985年，沃尔沃汽车采用了牵引力控制系统；1991年，丰田采用倒车影像；2007年，日产推出全景环视系统；2015年，英伟达推出第一代DrivePX自动驾驶芯片。

从汽车电子的发展史可以看出，过去汽车技术的发展主要集中在发动机控制技术、底盘控制技术和车身控制技术，重点是提高驾驶特性、驾驶舒适性和安全性。2000年后主要以汽车智能化为主，引入预碰撞系统、环视系统等ADAS技术，逐步向自动驾驶方向演进。我国从2009年开始提出纯电驱动技术路径，2014年后，我国电动汽车进入快速发展期。据汽车工业协会统计，2015年，全国新能源乘用车销量达到32.89万辆，2016年，销量达到50.17万辆，同比增长52.54%。

我国出台了多项政策支持新能源汽车的发展，如表1-1所示。

表1-1　新能源汽车政策

时间	政策	内容
2012年6月	《汽车产业节能与新能源发展规划(2012—2020年)》	到2015年，纯电动汽车和插电式混合动力汽车累计产销量力争达到50万辆；到2020年，纯电动汽车和插电式混合动力汽车产能达到200万辆，累计产销量超过500万辆。2014年7月，国务院印发《关于加快新能源汽车推广应用的指导意见》，指出要把纯电动驱动作为新能源汽车发展的主要战略方向，重点发展纯电动汽车、插电式车型(包括增程式)、混合动力电动汽车和燃料电池汽车
2015年9月	《关于加快电动汽车充电基础设施建设的指导意见》	到2020年，原则上建立以车为主、试点为辅的中级、智能、高效的充电基础设施体系，满足电动汽车充电基础设施需求，超过500万辆电动汽车充电需求
2016年10—11月	《控制温室气体排放"十三五"规划》《国家战略性新兴产业发展"十三五"规划》	到2020年，纯电动汽车及插电式混合动力汽车产能达到200万辆，累计产销量超过500万辆
2017年9月	《乘用车企业平均燃料消耗量与新能源汽车积分并行管理办法》	乘用车(NEV积分)将获得评级积分。对于新能源汽车负积分未补足的企业，部分高油耗车型将停产至明年，能源乘用车业绩较会计年度减少不少于未补偿的负积分数

从电池发展来看，新能源汽车电池产生的是直流电，而电动汽车一般使用交流电机，因此需要电机控制器来实现逆变、变频等多种功率转换。同时，锂电池极易因短路、过充等原因燃烧或爆炸，需要电池管理系统（BMS）来实现电池的过充、过放、过流、过热等安全管理功能以及实现剩余容量估算（SOC）、电池健康度估算（SOH）、电池参数检测、均衡管理等功能，使动力电池系统达到最佳的综合性能和最长的使用寿命。

1.1.2.3　新能源汽车动力系统

新能源汽车动力驱动系统由电力驱动系统和内燃机构成，因此新能源汽车内部具有两种以上的动力来源甚至配备能储存能源的配套设备。与传统燃油汽车不同，新能源车辆具有极高的经济和环保效益，假如运用科技解决电力驱动系统目前存在的问题，也就是动力输出与内燃机匹配问题，那么就能发挥电力驱动系统和内燃机联结的优势。车辆在行驶过程中的动态动力性能调节工作重点由电力驱动系统承担，内燃机使新能源汽车的系统运行具有安全性和稳定性，将电力驱动系统运用在新能源车辆中，燃油和车辆排放都大幅度减少，从而达到我们的环保目标。此外，车辆的能源系统同样能够获得改良，在驾驶功能上的优化更加显著。

依据操作原理的差异程度，新能源汽车的电力驱动系统大致由2个模块组成，分别是电力驱动模块和车载电源模块。

1. 电力驱动板块

（1）机械控制器

汽车制造商在设计新能源汽车时，为了提高系统协调性和便于控制整车动力系统而改动零部件，换言之，机械控制器作为控制中心存在于电力驱动模块中。电子控制器接收到来自加速踏板和制动踏板发出的信号后，机械控制器就会接收到来自电子控制器传输的加速或制动指令，运用这种传输过程来启动新能源汽车或者是在汽车运行过程中进行加速、减速和急停等操作，进而达到控制电动机的目的。鉴于机械控制器在电力驱动模块中的重要意义，汽车制造商在规划整车结构时，为了更方便地控制新能源汽车的运行，需要考虑机械控制器与车内部其他部分的整体平衡性，加强汽车运行的可控性与稳定性。

（2）功率转化器

在控制电动机时，功率转化器接收到机械控制器指令后，通过电动机速度和电流反馈信号进行功率转化，最后达到控制电动机的目的，三项关键控制指标是转动速度、扭矩以及转动方向。不同种类的功率转化器具有不同的功能，将直流电能转换为机械能的电动机通过斩波实现控制，细化指标是控制压力和速度；永磁同步电动机通过转换器实现控制，细化指标也是控制压力和速度；三相异步电动机通过DC/AC转化器实现控制，细化指标关键是控制频率、压力和矢量；反应式同步电动机通过脉冲频率实现控制。

（3）电动机

电动机在整车系统中是核心部分，为汽车提供发电和动力功能，新能源汽车离开电动机就无法启动。汽车启动之后的行驶过程需要电动机提供动能，当汽车运行突然减速刹车或遇到下坡路时，电动机会启动发电功能，实行能量回收，从而达到节能的目的。

（4）机械传动装置

机械传动装置的关键作用是传输功能，通过带传动或齿轮传动将电动机的驱动传送给驱动轴，驱动轴响应后启动汽车行驶。电动机调速特性具有优越性，机械传动装置的变速器可以优化到最大限度，不需要设计得太复杂，在电动机控制速度特性达到特定条件时，满足整车性能需求的条件更少，此时无需对汽车实行变速操作。

2. 车载电源模块

车载电源模块主要是由能量管理系统、蓄电池电源和充电控制器三部分组成，下面将详细介绍这三部分的作用。

（1）能量管理系统

为了提高车载电源模块的科学与合理性，能量管理系统管理分配汽车中的能量，调配不同配件之间的能量，提高系统的能源利用率。为了保障能量管理系统能在车内实现充电功能，必须联合充电器共同作用。在汽车行驶时，能量管理系统时刻监控电源的性能水平和各项参数，利用具体指标判定工作状况，从而达到监督作用。系统在检测中排查到电池模块或性能方面突发情况，则进行识别判定蓄电池是否正常运行，系统必须采取相应应急措施进行解决，避免产生突发事件。能量管理系统正常运行可以相应延长汽车蓄电池的使用期限，同时能保证蓄电池的产品可靠度，进而保障新能源汽车运行过程中的安全性。

（2）蓄电池电源

动力系统和蓄电池组成了新能源汽车的能量来源，通常实行串并联组合的方式将蓄电池安装到新能源汽车上，一方面该方式可以使蓄电池在汽车内达到最理想效果，另一方面，在这种方式下电压能够满足动力系统的需求。影响能量传输的因素并不仅仅是上述原因，相关数据显示，蓄电池本身产生的某些因素也会对传输过程产生影响，例如经过实验电解液的浓度与能量传输效果相关。因此应从性价比高低的角度为汽车选择蓄电池的品牌种类，尽量选择高性价比的蓄电池，通过这种方式来降低甚至避免误差，同时也能延长蓄电池的可使用期限，蓄电池的使用寿命延长也就相当于减少新能源汽车动力系统的成本。

（3）充电控制器

充电控制器在电源模块中的工作任务关键是转变功能，充电控制器将电能转变成蓄电池，通过这种方式实现新能源汽车的充电功能。电流通过充电控制器之后转变成直流电，然后通过蓄电池对汽车进行充电。目前新能源汽车电源模块的大多数设计中采用的充电控制器大多是三段式的，电流需历经恒流、恒压和涓流等三段过程方可流入蓄电池，这种分段式过程增加了充电控制器设计的科学性和合理性，提升了新能源汽车充电工作的高效性和安全性。

1.1.3 新能源智能网联汽车发展定位

1.1.3.1 新能源智能网联汽车——无人驾驶

新能源汽车相较于传统燃油汽车拥有降低能耗、低碳环保、经济实用等突出优点。目前，在国内外市场的新能源汽车创新中，纯电动汽车和混合动力汽车具有核心地位。值得关注的是，纯电动汽车一般深度依赖电池提供动力来保持汽车的平稳运行，但受限于电池的出货量和充电桩的局限性，这影响了纯电动汽车的进步。混合动力汽车基于内部发电机和电池两种用电方式，虽然采用并联、串联和混合等方式来减少成本，然而最终价格依旧较高，因此很多地方部门并不看好混合动力汽车的前景。

无人驾驶汽车通过车载无线物联网将车辆信息传输到中央数据中心，当信息中心根据采集到的信息确认汽车满足制动时间后，发送速度指令给设备，设备接收指令后发送给驾驶员，控制器用于及时停车。无人驾驶汽车的总框架如图1-1所示。

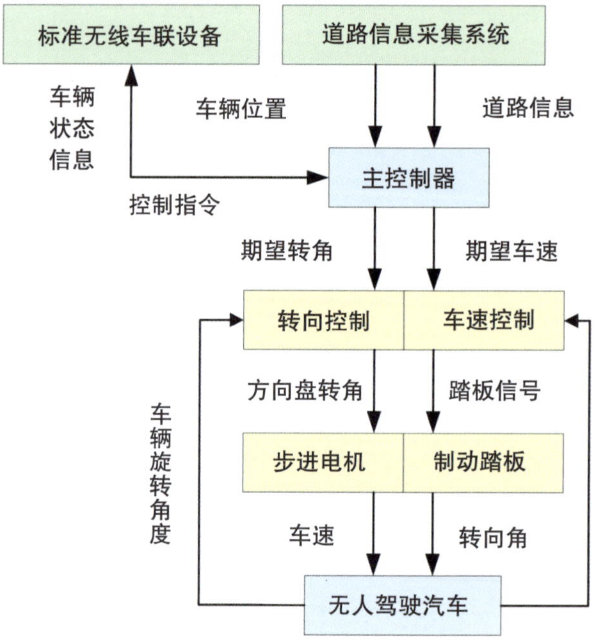

图1-1　无人驾驶汽车总框架

1. 控制系统架构设计

从车联网技术的角度看，无人驾驶汽车的发展目标是在任何环境和时间提供有关道路的准确详细信息，以避免交通堵塞和减少交通事故，从而保证新能源汽车的稳定性能。控制系统的架构如图1-2所示。

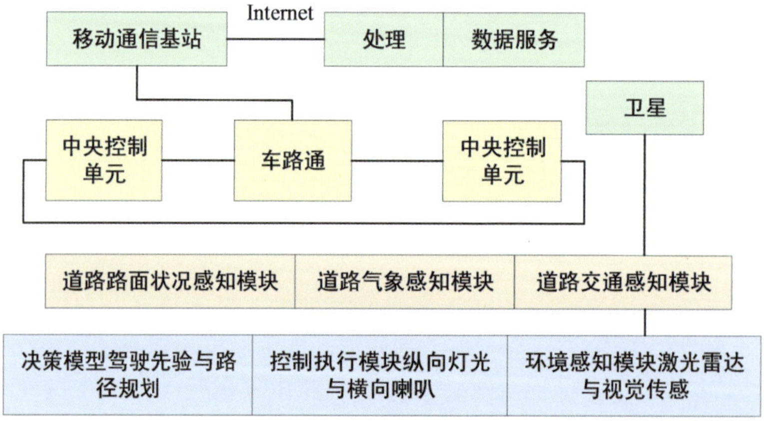

图1-2　控制系统架构

2. 控制系统构成详细设计

（1）主控制器

控制单元的核心部分是基于高性能16位处理器的单片机，具有强大的执行命令、数据处理、低功耗、中断监控和重启功能，确保控制系统的可靠运行。

（2）车载模块

车载模块结构如图1-3所示。

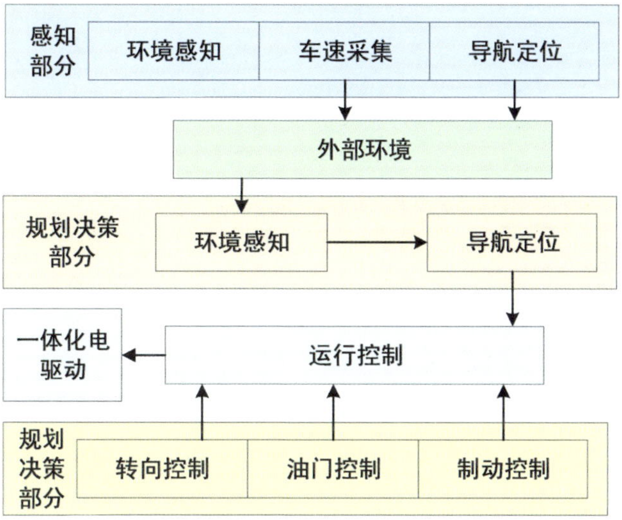

图1-3　车载模块结构

①转向控制

对于新型无人驾驶车，转向控制关键依据主控制器的规定速度和转向步进电机的信号执行指令。转向控制依据的算法应用于时刻调整发动机，确保汽车处于最佳位置并正常工作。转向控制算法运用步进电机的角运动和速度调整，利用两闭环PID控制策略和最大值控制算法准确控制步进电机的角运动和速度，从而满足不同类型的管理需求。

②油门控制

新型无人驾驶汽车在行驶过程中，路面分为起伏型和平坦型两种类型。在运用不同模式的油门控制算法时，应充分考虑和分析路面斜率。

③车速控制

传感器采集车速信号，控制器负责接收车速信号，将PWM信号发送给步进电机控制器。同时步进电机控制器控制加速和停止；驾驶员发出指令，改变电机的角度，启动加速踏板和制动踏板，实现汽车启动和制动。

④跟踪控制

跟踪控制系统主要是实现从图像预处理到对目标的识别，其流程具体如图1-4所示。

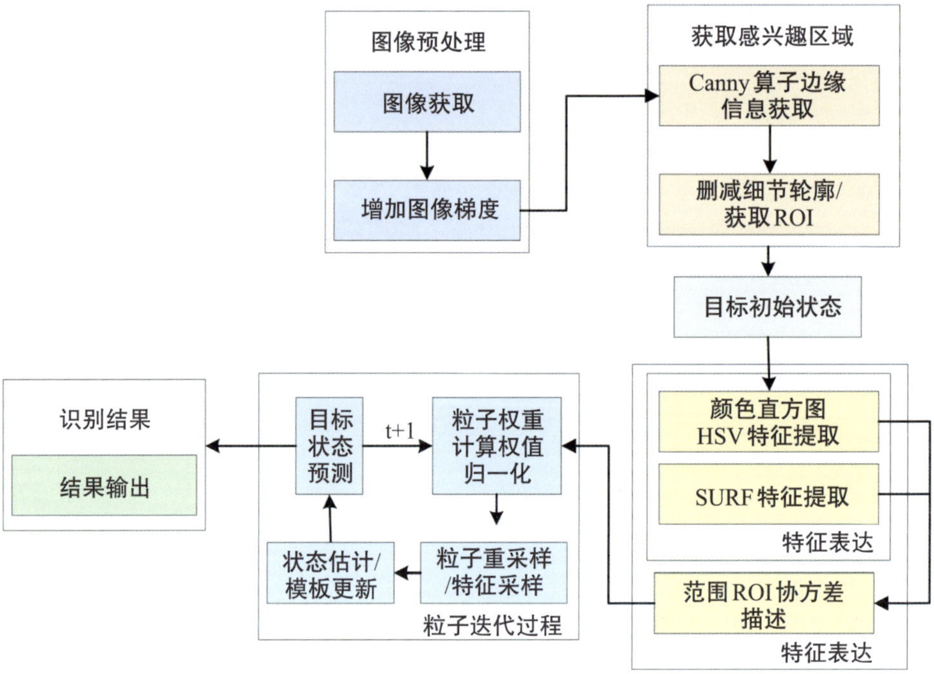

图1-4　跟踪控制系统流程

（3）路侧模块

路侧装置是一个数据传输系统，通过媒介载体无线通信链路连接车载模块，通过接收器传输车辆相关信息。车载模块采集车辆信息发送给中央控制模块，中央控制模块发送信息给驾驶员，科学合理控制无人驾驶车载模块，使汽车根据道路信息正常稳定行驶。

（4）中央控制模块

中央控制模块是汽车接收车辆和道路信息的核心部分，基于路侧模块和中央控制模块的双重指令，并使用预设算法进行高效处理分析，对车辆行驶状态进行全时段监控，确保汽车及时、准确避开障碍物，从而实现车辆操作安全性和可靠性。

1.1.3.2　新能源智能网联汽车——生态智能

1. 车联网

车联网工作原理如图1-5所示。

物联网在新能源汽车上的运用，可以提升我国汽车生产水平，同时为打造和谐汽车提供坚实的基础。

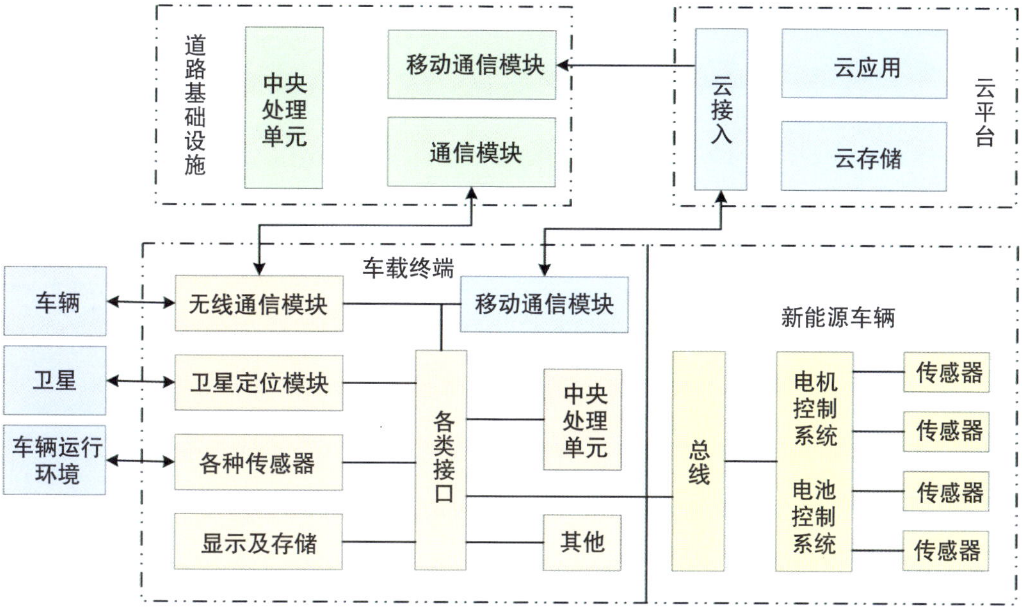

图1-5 车联网工作原理

2. 智能充电设施

当前，我国新能源汽车在推广宣传方面的力度较小，充电基础设施的建设管理分散、充电电池种类存在差异、充电接口和接口协议缺乏标准化问题。通过三维GIS技术设计地理信息系统，应用充电桩管理操作系统，提升新能源汽车充电桩自动化水平。物联网技术助力新能源汽车充电服务，无线传感器设备能够采集汽车充电状况，利用无线网络传输数据到管理中心系统。车联网的应用，降低了充电桩的数量，减短了汽车充电时长，使得电动汽车能够及时充电。

（1）智能化充电技术的组网设计

目前新能源汽车充电系统和电源管理系统通信协议还没有实现标准化，组网利用无线传感技术、EnOcean通信技术、Wi-Fi技术、RFID识别技术，以及具有感知功能的终端设备，使汽车与充电站内工作状态信息相互联通，以以太网为基础，对充电站内充电的汽车实现智能识别、感知和管理。

①RFID技术

RFID是一种有源射频识别技术，可以实现非接触式远程识别。RFID读取设备、RFID标签及其应用软件系统共同组成RFID系统。系统通过识别RFID电子标签获取正在充电的电动汽车的信息，并将RFID电子标签贴附在电动汽车上。每个标签上都贴有车辆电池信息、车牌信息、用户信息等，当充电车进入充电站时，安装在充电站的RFID阅读器利用频率信号对RFID中的信息进行识别。

②通信技术

通信方式通常包括有线和无线方式，有效的通信方式因电动汽车充电站的位置和环境条件而异。有线方式包括：串行通信接口、总线、有线以太网（RJ4线、光纤）、电源线等。

③充电桩智能化技术

EnOcean无线技术的性能更能满足新能源汽车的充电需求。新能源汽车充电管理系统关键是落实充电桩与汽车精准迅速的探知和辨识，经过RFID技术对使用充电桩的汽车无线感知，识别采集充电车辆信息和用户信息。

1.1.3.3　新能源智能网联汽车——生活智能

利用充电桩状态评估模型和故障预测模型确保电动汽车充电过程预警的安全和保护，研发相关的高度智能化监测系统和应用程序来改善生活服务。根据用户自身的需求，对系统架构进行了总体设计、技术设计和功能设计，如图1-6～图1-8所示。

1. 总体架构设计

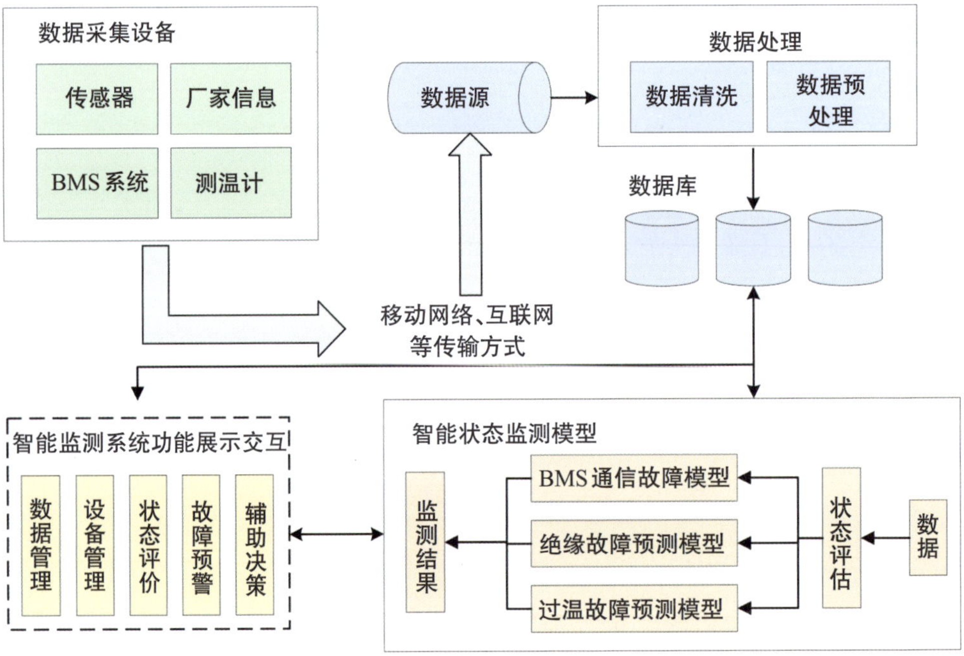

图1-6　系统总体框架图

（1）数据收集。电力公司通过车载系统、传感器、温度计等设备采集相关数据，以及厂商提供的信息，通过移动网络、互联网等传输方式为系统生成数据源。

（2）展示系统功能并提供交互。目的是将电力公司的用电设备信息和计费设备信息通过系统界面呈现给用户。

（3）采用智能化监测模式。当产品用户使用状态评估功能，监测系统通过调用对应的模型，并根据思路使用未工作的容器的充电状态等相关信息，从上面计算分析状态结果结合专业经验参考表。系统整体设计简洁易用，能够满足用户对智能充电桩状态监测系统的需求。

2. 系统软件架构设计

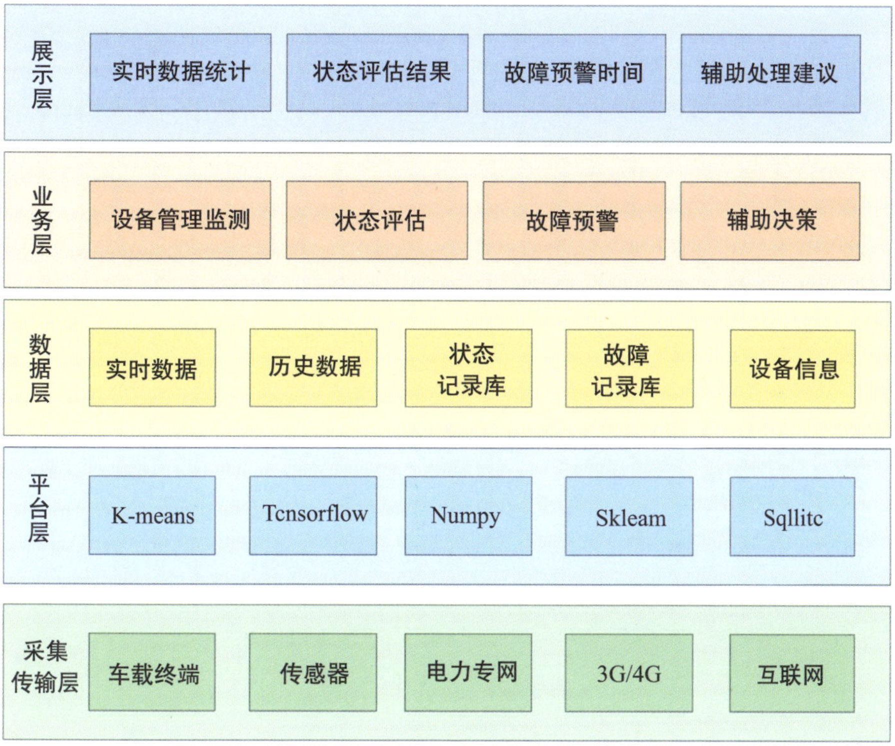

图1-7　系统层次图

（1）采集传输层：通过车内的便携式设备和充电桩的传感设备，将采集到的数据通过互联网、移动互联网等通信渠道传输。

（2）平台层：由于需要清理数据，因此使用Python环境下的Numpy模型来调用不同类型的数据。另外，电池系统的健康监测和故障通知，需要通过Skleam和Tensorflow深度学习来实现。

（3）数据层：包括车辆和用户两方面的数据，涉及充电状态数据和用户操作数据。

（4）业务层：为车辆设备状态评估、故障预警以及其他辅助决策提供技术支持。

（5）显示层：为用户呈现和对比分析汽车的充电状况，并进行状态评估、充电错误预测等多种功能。

3. 功能架构设计

数据管理模块包括在线监测、数据统计导出、数据预处理等功能；状态评估模块分为设备选择、评估结果等功能；故障预测模块分为设备选择、预警结果、辅助决策等功能；设备管理模块分为设备信息查询、录入、修改和删除等功能。

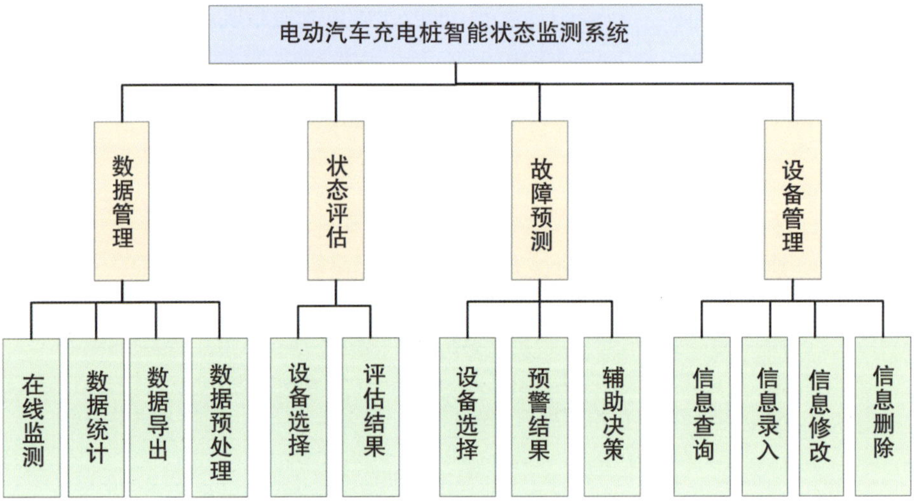

图1-8　系统功能框架

1.2　国内外新能源智能网联汽车发展现状

1.2.1　国外新能源汽车与智能网联化现状

1.2.1.1　智能网联化水平

智能（自主）技术方法基于车载设备，使汽车能够通过智能化理解、决定和控制运动。通信是指使车辆能够根据通信了解自身位置、做出决策和控制运动的能力。

在智能技术方面，2009年，美国谷歌宣布了自动驾驶汽车的计划。谷歌的第一代自动驾驶汽车在丰田普锐斯上更新，第二代在丰田雷克萨斯上更新，第三代是2015年6月推出的Level 4驾驶。2015年，丰田推出“地图自动绘制系统”，可以利用所有车载摄像头和GPS获取地图。沃尔沃开发了自动紧急制动、行人和驾驶员搜索、车道保持和巡航控制等技术。欧美日系主机厂大多将发展辅助驾驶作为“自主”智能网联汽车发展的切入点，然后逐步融入“互联”技术。欧、美、日等国家纷纷出台法律法规促进发展和实施。智能网联化汽车是一个新领域，重要监管机构应与企业同步调研。因此，欧美、日本等国家和地区的法律法规将根据智能车联网发展的实际情况，采取措施并及时纠正，欧盟及其相关国家、美国政府及各州政府、日本等纷纷出台政策法规支持智能网联化汽车的发展。

1.2.1.2　绿色生态网络

美国国土安全部制订了一项20亿美元的联邦资助计划，以支持开发可再生电动汽车所需的电池组和设备。韩国正着手制订低碳绿色发展计划，并设定了目标，要在前五年内使韩国经济成为世界上最环保的经济体。2009年7月至2012年年底，韩国实施混合动力汽车减税政策。这些措施实施后，消费者购买混合动力汽车可享受个人所得税、登记税、购置税、低碳发展计划等优惠，并宣布5年内韩国环保税减税令。2009年6月，韩国政府宣布，在未来5年内，政府将直接投资1500亿韩元，并安排民间投资550亿至7200亿韩元用于研发机器，以提高军队实力，国产汽车平均能效每年提高5%。德国“国家电动汽车发展计划”总计5亿欧元，其中1.7亿欧元将用于支持电驱动电池的研发，将提供贷款和赠款以开发新的电池技术、混合动力推进技术和燃料电池技术，各种计划和机构支持建立协调良好的“运输系统”。意大利政府已经宣布了一项支持经济3D打印汽车的计划。购买使用电力、氢气和甲烷的新型环保乘用车的客户将获得1500欧元的补贴，而购买使用甲烷、氧气和天然气的新型电动汽车的客户将获得1500欧元的补贴，驾驶轻型商用车的客户将获得4000欧元的补贴。意大利希望通过发展可再生能源、新能源系统、节能减排等措施，增加对该国经济增长的影响。

近年来，各国政府也在寻求低碳发展、明晰环境权属、治理城乡污染、制定环境保护法律法规等方面实施各种环境管理战略。例如，意大利对生物柴油实行零税收政策，包括燃油税和营业税，德国对生物柴油实行矿物油免税政策作为发展示范。美国还帮助确定了国家污染减少目标的基线。世界经济与气候委员会的一份报告称，绿色经济的增长应该由不同的工具来引导。在可持续发展过程中，将通过法律和实施许多气候保护战略，并采取提高能源效率、改善可再生能源和减少二氧化碳等措施。此外，世界各国促进节能和能源利用的经验证明，通过征收燃油税来限制能源消耗是最好的措施。节能减排的主题是能源问题，发展中国家能源消费高、能源产量高、能源资源丰富，但无论如何，低碳经济是未来发展的必然，各国都应该考虑在发展经济的同时注重环境保护。

1.2.2 国内新能源汽车与智能网联化现状

1.2.2.1 国内汽车新能源化与智能化发展水平

为了利用政府机构提供的所有补贴，尽可能实现新能源汽车的可靠运行，公司、地区、国家三方在互联网上共建新能源汽车数据平台。平台数据包括5000多种电动汽车数据。现在，我国纯电动汽车的进程已经圆满完成，诸如行驶里程短、快充技术不完善、电池寿命短等缺陷得到解决。新能源汽车的研发潜力逐渐增强，造就了成功的企业，并逐渐成为一种新的消费。智能化程度和受教育程度是评价现代汽车智能化程度的重要指标，也是智能汽车、新型汽车、车联网等新技术的基础。国内新能源汽车智能化经过近几年的发展，在技术实现和应用领域都取得了进步和发展。

车联网技术为车辆管理提供更全面的交通信息，实现道路上车辆、交通信息、交通环境等信息的交互。全过程控制每辆车的运行，提高交通效率和交通安全的网络和应用。车载导航技术是车联网技术发展的关键技术之一。智能汽车系统由汽车电子、发动机、结构设计、底盘系统等组成，包括地理信息系统、信息安全技术、标准规则评价等核心支撑技术。智能交通系统主要是利用视频监控技术构建系统化系统。大数据、5G通信技术、综合车路技术、科技技术等重要技能作为智慧交通新体系的基础。智能交通的发展，将对信息产业特别是5G通信产业的发展，促进车路协同自动驾驶的发展，带动城市大数据经济的发展，起到很大的支撑作用。在新技术革命的影响下，智能网联汽车将成为智慧城市与智慧交通融合的主要抓手。自动驾驶是提高道路智能化水平、推动交通行业变革发展的重要途径。自动驾驶是智能交通ITS的重要组成部分，它可以防止人类在没有判断、反应和操作的情况下驾驶，这不仅是为了提高交通安全，也是为了更好地利用交通提供的信息和资源，从而改善交通。目前，智能网联汽车广泛应用于各种服务领域，如出行服务、物流服务、无人驾驶清洁、自助代客泊车等。随着智能技术的普及和发展，车载技术也将成为继驾驶技术之后的新突破。目前，人工智能技术已经进入汽车领域，汽车制造技术与人工智能相结合，创造出具有自动驾驶功能的智能汽车。北汽、北京奔驰、长安汽车等汽车制造商，以及百度、驭势科技等互联网公司，都在开发高性能汽车和自动驾驶系统。调查显示，仅中国的自动驾驶汽车保有量就将达到860万辆，其中全自动驾驶汽车约340万辆，半自动驾驶汽车约340万辆，这意味着无人驾驶汽车将在2035年至2040年间占据全球25%的市场份额。比亚迪通过“智能公交一体化解决方案”推出的双源无轨电车，可加快车辆行驶速度和峰值响应速度，并具有自动泊车、充电等功能；全面应用于纯电动公交车、智能一键启动、智能充电、智能驾驶系统、智能监控等。

1.2.2.2 数字治理与数据服务

国内新能源汽车数字化管理和信息服务主要围绕新能源汽车互联网大数据平台的实施。国家各部委制定了大数据战略，工信部也做好了这方面的布局。所谓大数据，必须要提取、使用、整合，才能创造出大数据的输出效应。为了绿色和可持续发展，能源电池必须是可追溯的，新能源载体的每块能源电池从进入车辆的那一刻起就会被跟踪，最终实现环保、再生和循环利用。动力电池的溯源管理也会产生大量数据，数据管理和安全工作尤为重要。在此形势下，更好地开发利用信息资源，既带来新的机遇，也给科技、产业、安全、法律等领域带来新的挑战。

随着北京、上海等地相继出台了数据中心发展总体规划或指南，推动数据中心向高科技、高计算、高能效、高安全“四大高峰”方向发展。新能源汽车车联网大数据平台承担数据采集、数据分析、数据安全服务、数据传输等重要功能。车联网不仅可以通过大数据平台数据中心链接和处理多个系统之间的业务数据，为更高层次的应用提供全面的数据服务，还可以相对独立地运行、管理和存储。通过车联网收集并整合车载终端运行数据、维护数据和环境数据。共享智能平台旨在打破数据孤岛，实现数据共享和价值传递，实现数据可用和不可见，以保障数据安全和隐私为目标。

开放共享平台的建设主要依靠政府或主管部门的投入，保障平台的运行和检测技术的研发。平台总体遵循“政府制定规则、市场搭建平台、专业化运营”的建设思路。各方保证平台建设质量的承诺得到充分兑现。

1.2.2.3 智能网联化生态网络

大数据技术、5G通信技术、车路协同技术、智能视频技术、人工智能技术等技术要素构成了新一代智能交通系统的技术基础。智能交通的发展将对信息产业特别是5G通信产业的发展、城市大数据产业的发展、车路协同自动驾驶产业的发展起到积极的推动作用。“车路协同”是汽车应用发展的必然趋势，车联网通过通信手段，不仅提供远程信息交互和远程控制功能，而且不受外界环境、气候、遮挡等外界条件的影响，保证了信息的可靠性。

车联网技术已广泛应用于车辆配送、防盗报警等领域。同时，车联网也意识到了信息的丰富性。通过信号灯、路况、行人、非视线等综合信息，为自动驾驶提供决策判断，可以提供更高的算力和更优的方案。车联网针对不同的功能需求提供有效的监控和集成服务系统。在发展车的智能化的同时，通过发展路网的采集、筛选、分析和处理能力，可以很好地协调人、车、路。网络技术通过汽车与外界的连接，使汽车具备“四通八达”的能力。计算机技术的逐步进步，使汽车从单纯的交通工具向智能化汽车发展，为驾驶者提供了非凡的驾驶舒适性。智能化、网络化是汽车发展的趋势，正在重新定义汽车新时代的发展方向。信号传输、视频图像处理等技术是智能汽车发展的必然趋势，新能源汽车更适合智能电网连接相关技术的推广。

随着国家对物联网发展的推动政策和《中国制造2025》规划的出台，智能化发展成为当前的热点。新能源汽车产业已经上升到国家发展战略的首位，汽车智能网联也是新能源产业建设的重要组成部分。车与车之间可以通过直接通信实现信息交互，路边单元可以有效改善。车路协同不仅具有良好的交互能力，还可以大大增强自动驾驶汽车的感知能力，对提高自动驾驶汽车的安全性和降低成本有一定的作用，同时可以克服交通拥堵，提高道路利用率。车路协调系统包括感知系统感知的矢量数据；通过边缘计算处理，简单的数据提取，结合云端控制系统的远程数据，形成动态图层（包括动态高精度实时地图）；通过V2X专用通信网络向车辆传输实时路况信息，或结合RSU设备与专用通信网络实现车辆控制。通过车对车、车对基础设施（V2X）互联技术，可以明显提高车辆的安全性、驾驶性能和燃油经济性，从而为消费者提供非凡的用户体验。

无论是智能汽车还是智能交通网络，最终是要提高通行效率，减少交通拥堵，保障交通安全。未来，V2X将成为一个以交通信息为中心的多功能一体化综合信息服务平台，智能汽车必将运行在智能交通环境中，形成与各种基础设施和服务单元互联互通的新生态。届时，我们将引入一个新的交通生态系统，所有车辆都将受到集中控制。未来，我们的交通工具，我们行走的道路，乃至未来的世界都会变得更加安全和高效。简单地说，未来的汽车将不仅仅是一个移动的机械平台，而是一个巨大的计算平台。在云计算的基础上，结合网络系统的信息聚合功能和无缝网络交互，将形成一个巨大的信息交互领域。未来汽车厂商会逐渐具备收集和处理汽车上各种交通信息的能力，“边缘计算、数据挖掘和人工智能技术的结合，可以整合来自多个系统的技术，形成‘交通大脑’”。威马汽车联合创始人、首席技术官严锋认为，智能汽车行业的电动化、自动化、共享化等技术创新正在加速汽车产业的升级转型。他认为未来会出现三大平台竞争，移动平台、云社交平台、生态系统。未来的智能汽车必将运行在智能环境中，形成与各种基础设施和服务单元互联互通的新生态。

1.2.3 国内外新能源汽车智能网联化融合

1.2.3.1 引进国外的智能化

引进国外智能技术并不是开发新技术，而是引进国外技术进行国产化。此外，我国还可以通过引进和借鉴发达国家的先进技术，加快技术改造步伐。在今后的发展中，吸取国外先进技术的精华，同时还需要通过自主创新，提高我国的新能源利用技术。各大汽车企业和电池企业应该更加重视技术的联合研发和应用，这不仅可以降低企业的研发成本，还可以促进整个行业技术水平的快速发展。辛国斌强调，集成创新、协同发展是未来新能源汽车发展的根本保障。发展新能源汽车是一个发展方向，未来我们会有更广阔的国际市场，与其互相抑制，不如携手合作。

要高度重视新技术应用，加强前沿技术、核心技术和关键技术的研究和应用，加快融合发展步伐。朱宏仁表示，加快新能源汽车的研发和生产对于汽车产业来说非常重要。引进国外智能汽车关键技术需要大量的研发资金和特定技术人员的支持。此外，还可以通过引进和借鉴发达国家的先进技术，加快技术改造步伐。

1.2.3.2 走向世界的网联化

2020年8月，由国际电信联盟（ITU）正式发布的汽车多媒体国际标准，该标准最初由中国制定和主导，这是我国汽车多媒体领域的第一个国际技术标准。该标准的发布是中国面向世界的汽车多媒体技术和标准的标志。标准的发布其实是一个很难突破壁垒的过程，经过9次焦点小组会议和6次全体会议，基于210份输入稿件和44份输出稿件，100多位国际专家严格讨论，经过审核后发布的标准，最终认可的标准是中国主导、凝聚全球智慧的标准。这项标准的关键效用是转变传统汽车媒体存在的单一网络连接、低智能化、缺乏版权保护、体验差等诸多问题。本标准从综合网络连接、媒体呈现、智能交互控制、版权保护、安全保护、个人数据和信息保护等维度进行规范和规定。立足汽车多媒体应用，积极推进汽车座舱信息化、网络化和智能化，鼓励更多优势中国企业参与汽车多媒体和智能座舱等前沿技术领域的标准化建设，拓展智慧座舱新市场，为全球产业和市场发展贡献中国智慧。

1.2.3.3 星地一体的可视化

通信制导遥控一体化是指卫星通信制导遥控一体化，是指在卫星上实现高分辨率多模遥感三大功能、双向物联网通信和星基导航增强。目前，卫星在这三个方面的应用是独立的。卫星通信、卫星定位导航、卫星遥感在各行各业中发挥着重要作用，但获取和利用信息的效率仍然较低。

卫星导航是指利用导航卫星在陆地、海洋、空中和太空中导航和定位用户的技术。全球卫星导航系统（GNSS）作为国家时空基础设施的重要组成部分，可为全球用户提供全天候、全季节、高性能的导航授时（PNT）服务，为了国家安全和社会发展这是必不可少的。在过去的30年里，GNSS基础服务非常成功，已研制出四大GNSS系统，可满足一般用户对PNT的需求。

我国的北斗系统是世界上第一个能够提供全球短报文通信服务的卫星导航系统。根据2022年新发布的《新时代的中国北斗》白皮书，我国目前共有45颗在轨卫星提供服务，北斗三号在轨卫星30颗，300多个类别，数百万颗卫星部件，全部在中国制造。到2023年，北斗还计划发射3～5颗卫星，进一步加强星座，保障系统稳定运行。即使在没有通信信号覆盖的地方，北斗用户也可以进行搜索和对外发送短信，目前华为手机可以使用相关服务。

1.3 新能源智能网联汽车发展趋势

1.3.1 新能源智能网联跨界发展成为新形态

1.3.1.1 智能网联与车联网高度融合

汽车的智能化在很大程度上体现为自动驾驶的发展情况，驾驶自动化分成0～5级，为智能网联汽车发展提供支撑。大部分车厂自动驾驶升级路径由L2-L3-L4-L5逐级递增，2020年为L3级别自动驾驶元年。部分车厂选择跨过L3级别，直接进行L4级别技术研发。互联网科技企业则多数直接进行L4级别自动驾驶研发，并推动部分L4级别技术降维应用至L2+级别自动驾驶车型当中。

车联网可实现“人—车—路—云”协作。车对车通信具体包括车对车（V2V）、车对路（V2I）、车对人（V2P）、车对网（V2N）等。我国相关产品具备商用基础，车企对车联网接受度高，纷纷开始研发相关产品，推广车联网新功能，助力实现C-V2X汽车量产；跨行业检测验证不断发展，安全认证技术形成了良好的积累，具备了支撑大规模检测和产业化的需求。目前，各部委已推动建设20余个智能网联汽车试验示范区，30余个市级、企业级试验示范点分布于各省市，基本覆盖各类车辆。天气和道路环境，覆盖封闭道路和开放道路测试，应用场景正在逐步发展，辐射效应已经形成。示范区向试点区域逐步扩大，企业参与车联网建设力度，推动车联网产业规模化和商业化应用。

利用5G、人工智能等新技术，实现共享与交换实现车与人、路与云的信息化。在汽车行业的大变革中，具有电动化、智能化、网联化三大特征的智能网联汽车紧跟行业变革趋势。目前，我国已确立了包括顶层产业发展规划、法律法规、道路试验、商业应用在内的多层次、宽泛的产业发展战略，先后设立了长沙、无锡、天津、重庆4个国家级车联网试点区，为智能网联汽车营造良好的政策环境。

我国智能网联汽车采取的技术路线为车路协同，基于人工智能、云计算、边缘计算、5G等各项技术，连接“智慧的车”与“智慧的路”。“智慧的车”即搭载各类智能软件及硬件设备的自动驾驶车辆；“智慧的路”则指的是在各类路侧设施协助下，辅助自动驾驶车辆进行环境感知与即时通信。车路协同实现的关键在于人、车、路、云四要素的实时数据互通。

人：驾驶员在车载终端OBU、传感器、高精度地图及定位系统等软、硬件设施协助下，可更为精准与高效地判断车辆行驶及交通路况。同时，智能座舱及车载娱乐软件系统的搭载，使得驾驶员与车辆之间的交互更为智能与实时。

车：车辆通过车载硬件对行驶环境进行感知，这是智能网联汽车落地的首要环节。各类车载硬件包括摄像头、超声波雷达、激光雷达及毫米波雷达等。雷达与摄像头捕捉、接收与车辆行驶相关的视频、图片及电磁波等信息，叠加控制执行硬件系统，从而判断道路交通实时情况，辅助自动驾驶的实现。

路：路侧通信单元RSU、路侧感知设施如摄像头和雷达、计算控制设施等硬件构成“智慧的路”基础设施。在各硬件协作下，理想的“智慧道路”可集环境感知、实时通信、规划决策、自动修复等功能于一身，通过实时收集车辆行驶及道路交通数据，实现数据动态交互，从而辅助驾驶决策。

云：云控平台是引导智能网联汽车有序运行的“无形大脑”，人、车、路之间的信息交互离不开云控平台的辅助。传感器在收集车辆与路况信息的同时将其上传至云端，借助云控平台云计算及边缘计算功能完成信息交互及决策分析后，再将行驶决策传回车辆。

智能网联汽车产业生态可分为基础层、传输层与应用层。

基础层。基础层包括各类车载和路边软件和硬件工具以及车辆组装和制造。芯片、传感器、高精度地图、线控底盘、智能座舱配置与软件系统等与车辆结合，使得车辆自主完成定位、感知、决策规划与转向控制等行驶功能，是实现车辆智能化与网联化的基础。

传输层。传输层对车辆行驶及路侧交通信息进行实时整合与交互处理，是引导车路协同的关键。传输层的主流技术包括专用短程通信技术DSRC与C-V2X，其中C-V2X可较大程度跨越通信距离障碍，已成为我国首要攻坚的通信技术。

应用层。智能网联汽车的应用场景主要分为人员运输和货物运输两类，适用范围有限。

近年来，我国不断加快道路基础设施建设，加强车路协同场景落地，推动智能网联汽车从试验验证向多场景示范应用转变。地方政府也在积极推动产学研结合，旨在突破自动驾驶关键技术，推动交通数据共享和路试结果互通。长三角、京津冀地区、湖南城市圈、四川城市圈都开始探索智能电网汽车产业共建，为产业发展提供了良好的试验示范环境和条件。预计到2025年，部分自主和条件自主智能网联汽车普及率将超过50%，高度自主智能网联汽车将在有限区域和特定场景实现商用。

1.3.1.2　业内合作与跨界协同一体化发展

不同于传统产业，智能网联汽车具备天然“跨界融合”特质。汽车与能源、交通、信息通信、金融保险等产业的协作趋势愈发明显，产业之间相互交织的网状产业生态正在形成。特别是在城市交通场景下，智能网联汽车已成为智慧城市建设的关键。

在推动智能网联汽车产业发展的进程中，我国充分发挥体制机制优势，多部门通力合作、协同攻关，为产业化铺路。在2019世界智能网联汽车大会上，来自工信部、交通运输部、公安部等相关部委主要领导，多家汽车大集团“一把手”以及国内外汽车行业组织负责人悉数到场，从顶层设计、技术路线和生态构建等角度，探索智能网联汽车的实现路径。

智能网联汽车虽然给汽车产业、企业发展带来技术变革，但因其对基础通信等基础设施的强依赖性，决定智能网联汽车的发展不能由某一家企业或某一个行业独立完成，必须协调各行业共同推进。因此，来自管理部门的支持至关重要。

在各部委的报告中，如何根据各自的分工，统筹完善智能电网汽车产业的顶层设计，成为必须回答的问题。“智能网联汽车的发展要进一步加强示范应用，确保安全可靠。”正如杜航伟所说，目前智能网联汽车还处于示范应用阶段，各项技术和基础设施都需要在示范应用中反复验证，确保安全性和技术可靠性、可行性。通过示范应用推动智能网联技术进步已成为行业共识，也得到了管理部门的大力支持。以北京为例，去年以来，近期开通了20条专用道路，道路总长度翻了一番，安全测试道路里程增加了14倍，目前已达到73万公里。

值得关注的是，当前智能网联汽车技术尚不成熟，基础设施构建还处在探索阶段，过程中需要各方支持和包容，要鼓励探索、包容失败。智能网联汽车企业要想更好推进自身技术的进步，不能单打独斗，要开放包容，要借助各方合作伙伴的力量协同发展。

对于智能网联汽车和信息通信技术的关系，5G的特点将全面赋能自动驾驶及智能交通，并且这种全面赋能具有不可替代性。智能网联已成为5G时代最典型的行业场景之一。同时，智能网联时代的产业变革也将引发传统通信基础设施的重构，驱动通信运营服务的持续创新。智能网联汽车时代，通信服务将更加立体化、场景化、智能化。目前，行业边界正在逐渐模糊，整车制造企业要造零件和软件，零件制造企业要进军整车领域。

1.3.1.3　车路协同一体化应用

目前，自动驾驶主要发展了两条路线：单车探索和车路协同。其中，单车智能化发展多年，技术相对成熟，但仍存在一些技术瓶颈。因此，技术路线上能够与单车智能形成互补的车路协同成为自动驾驶命题下的必选项，也是极具特色的“中国方案”。车路协同通过路端的智慧基础设施赋能智慧交通，多方一起促进自动驾驶及科技出行产业的发展。

政策主导推动的车路协同近年来进入高速发展期。从2018年开始，国家相继出台多项政策，统筹规划车路协同产业发展，加强顶层协同。2020年新基建政策出台后，车路协同便与智慧城市绑定，成为智慧交通的必备要素。2021年“双智城市”的试点政策更是进一步推动了车路协同的发展，2022年开始将会迎来发展热潮，更多城市及区域级大项目落地。中国车路协同目前仍处于车路云网端分步建设阶段，未来有望打通技术端、信息端与应用端，实现互联互通，打造真正的车路协同。中国车路协同相关政策及举措如表1-2所示。

表1-2　中国车路协同相关政策及举措

政策及举措	发布时间	主要内容
国家车联网产业标准体系建设指南	2018年6月8日	强化标准化工作推动车联网产业健康可持续发展，促进自动驾驶等新技术新业务加快发展
交通强国建设纲要	2019年9月19日	加强智能网联汽车（智能汽车、自动驾驶、车路协同）研发，形成自主可控完整的产业链
关于推动5G加快发展的通知	2020年3月24日	促进“5G+车联网”协同发展，促进LTE-V2X规模部署，从而推动5G LTE-V2X纳入智慧城市、智慧交通建设的重要通信标准和协议
智能汽车创新发展战略	2020年2月24日	重点发展智能汽车技术，提倡人工智能、互联网、通信公司等ICT企业变身智能汽车技术供应商
交通运输部关于促进道路交通自动驾驶技术发展和应用的指导意见	2020年12月30日	鼓励就自动驾驶汽车驶上城市公开道路、开展商业运营进行探索
关于组织开展智慧城市基础设施与智能网联汽车协同发展试点工作的通知	2020年11月25日	组织开展智慧城市基础设施与智能网联汽车协同发展试点工作；2021年5月，确定6个城市为“双智”协同发展第一批试点城市
智慧城市基础设施与智能网联汽车协同发展第二批试点城市的通知	2021年12月9日	住建部、工信部确定10个城市为第二批“双智”试点城市

车路协同是实现智慧城市的“火车头”，实现车路协同的重要一步，就是路侧基础设施的智能化改造。只有路端的设施跟上智能化的脚步，才能做到车路“同频”，携手并进。而路端设施的改造，也恰恰是智慧城市中重要的一环。可以说，车路协同是实现智慧城市发展路径的“火车头”，以交通基础设施改造为第一步，逐步实现更大范

围、整个城市的智能化、智慧化提升。以智能网联汽车为牵引，部署智能基础设施，提高未来城市基础设施的再利用和利用率。

车路协同产业涵盖多个方面，包括车辆提供、终端服务、平台运营、高精地图与定位、通信服务、云计算服务等。具体按照关键环节可分为车、路、云、网、图五大方面。除了技术路线的企业外，不同场景对于车路协同有着不同的需求，因此场景解决方案商和运营商也是车路协同产业图谱中的重要部分。在企业之外，还需要政府部门全程协助项目的整体运行。

道路交通协同行业目前以政府治理为主。尤其是新基建政策出台后，许多地区进入了新的发展时期。目前，全国已获批4个国家级车联网试点区、16个双元智慧城市、50多个智能网联示范区、试点。2016年至2018年为路路协同封闭测试阶段。上海、重庆、长春、北京等多地获批国家级智能网联汽车示范区，将在室内试验场开展C-V2X系统验证工作。工业和信息化部、交通运输部、住房和城乡建设部、国家发展改革委正在积极推动市级智能电网互联互通试验示范点运行。全国有40多个市级和企业级试验示范点，是部委推动的市级智能电网接入试验示范点。2022年，遴选出8个完善的测试示范点。2019—2020年，道路协同试验场由封闭转为开放。无锡、天津、长沙、重庆率先成为四个国家级交通互联网试点地区。重点测试路路协同技术在开放道路上的可行性。

目前，4个国家级车联网试点区建设取得一定成效。大部分试点地区只能部分实现路路协同自动控制功能，应用场景相对有限，多为“盆景”，转移到其他城市的可能性不大。2020年年底提出的“双智城市”进入了车路协同的第三次迭代，从“智慧的车”“智慧的路”进一步延伸到“智慧城市”，车路协同不再局限于一个区域，而是提升到了“城市管理”的能级，牵头单位也由工信部升级为“住房和城乡建设部城市和工信部联合主导”。目前试点城市包括北上广深、成都、厦门等16个城市。以智能网联汽车为抓手，从车到路到城市的应用创新推动汽车在城市应用场景中创新、城市在汽车带动下发展。两者融合、双向促进，驱动社会生产生活方式变革，同时形成更加可持续的商业模式。双元智慧城市主要分为智慧城市基础设施建设、车城网络平台建设、多元化示范项目开发、标准体系完善四个方面。

目前，全国已经建成数十个、不同等级的车路协同示范区、试点、先导区，但路径不尽相同。例如，依托政治中心优势，可以在政策上进行率先突破；联合本地政府、企业、协会等多方力量，打造标准体系，也可以在技术标准上领跑。城市发展车路协同不止有一种发展路径，也可以选择“多条腿”并行。未来，随着更多的城市和新的区域加入车路协同应用落地的行列中，城市管理者及协助运营方，应该明晰本地产业基础、找准特色优势，选择适合本区域发展的方向。

车路协同发展至今，商业模式仍未形成闭环。现阶段，智能网联仍处于产业导入期，政府期望通过主导示范应用建设，探索出规模化落地、常态化运营的商业模式。

目前以“政府买单、企业协作”的形式为主。大到整个城市的宏观规划，小到道路的照明、交通标识、园林美化等，都需要多个部门的协同。

车路协同涉及的行业过多，发展至今车和路的技术迭代尚未做到同步进行，现实的演变路线仍然是车与路交替向前，分别在不同时期有着相对快速的发展，两者间已经经历了多段未能恰好匹配的时期。随着智能驾驶—车辆—交通协同水平的提高，网络安全风险也随之增加。从当前的发展来看，车路协同商业化建设仍旧处于前期探索阶段，未来发展潜力巨大。一方面，由于只有少部分场景的商业模式已经发展成熟，能够依靠软硬件或者解决方案进行盈利，其余的未实现大规模应用的场景，长期来看，都将随着技术的进步迎来可观的商业化变现；另一方面，车路协同目前仍以政府买单为主，C端用户需求不强烈，消费者不了解车路协同，自然不会为其买单。未来拓展B端以及C端用户，以认知带动消费、以消费促进产业发展，建设产业的需求闭环，将成为车路协同的重要命题。

中国C-V2X技术标准已经历R14-R17四阶段，正在制定中的R18标准将进一步规范通信、定位、感知一体化，并加速低功耗、高精度的5.5G全场景商业化应用落地。中国主推的C-V2X技术标准已获全球主要国家认可，预计2025年前完成基本标准的制定和发布。车路协同的初心是将“车”和“路”的问题一并解决，未来汽车和交通两个领域的一级学会（中国汽车工程学会与中国公路学会）将共同推动“双标号”标准，帮助尽早解决车路协同“车端”和“路端”的决策等级之争。行业标准的制定由政府主导推动向市场自主制定转变。

1.3.1.4 全息化智能交通诱导

智能交通诱导系统由外场设备层、计算机辅助决策支持层和交通信息发布层组成，其系统架构如图1-9所示。外场设备层包括雷达/线圈检测设备、智能卡口、便携式电子警察等，智能卡口的数据处理系统架构如图1-10所示。该系统经常收集不合时宜的流量和流量事件。利用外场设备层实时路况参数采集，从各终端实时监控道路上的车流量、人流、平均速度等信息，以及交通事故、交通拥堵和必要时的交通管制。为了达到预估的结果，可以判断道路上是否存在交通竞争。计算机辅助决策支持层利用先进的数据通信、集成等技术进行交通管理、服务和决策，了解交通管理的规模、宽度、时间、准确性、效率、安全性和服务体系。交通信息发布层将实时提取和分析交通数据的过程发布在大数据存储层上，从各个城市的交通数据中上报该时间内所有道路的交通数据，以满足全息化智能交通诱导要求。

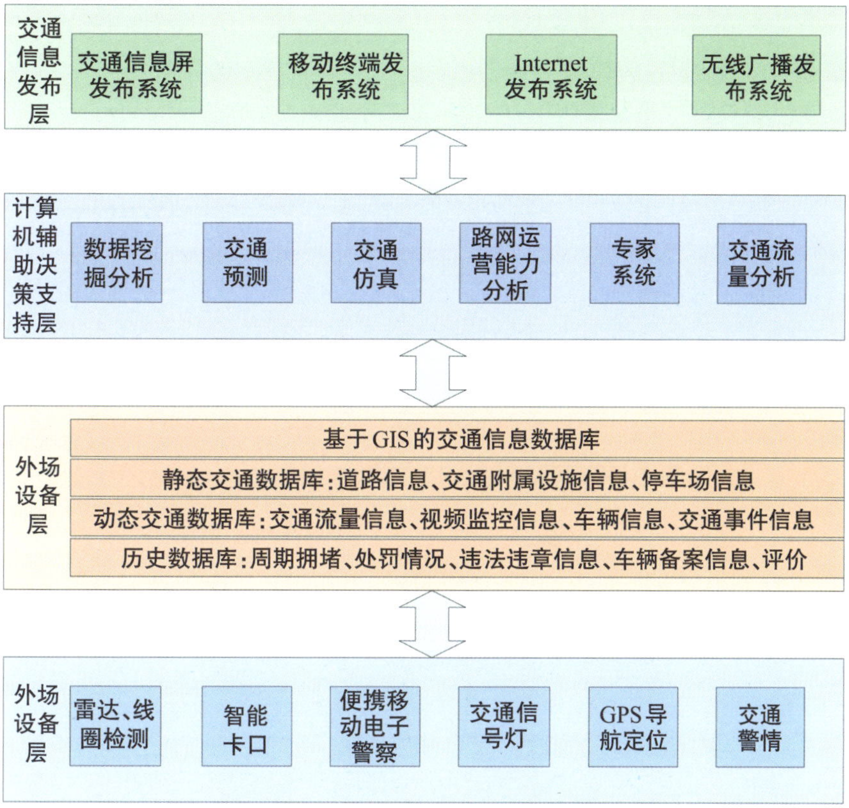

图1-9　智能交通诱导系统架构图

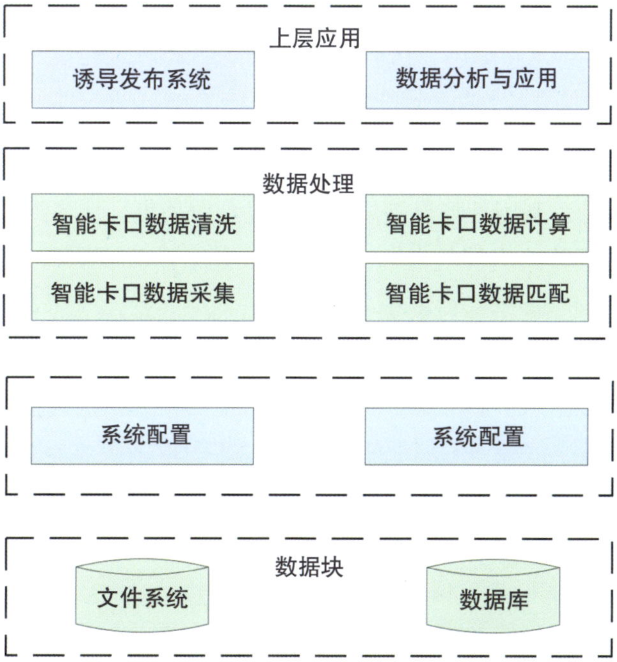

图1-10　智能卡口数据处理系统架构图

交通诱导系统主要通过将交通信息直观展示，实时引导出行车辆，系统通过把地图道路的数据信息呈现在LED大屏上，并把每个路段标注不同的颜色，显示道路的畅通状况，从而达到引导城市居民出行的目的。

1.3.1.5 协同式自动驾驶

2020年3月，工信部发布《推荐性国家审批公开标准》，征求社会各界意见，指出我国正式确立了自动驾驶汽车分级标准。该标准根据谁是执行人或控制人来划分不同的情形，谁是执行人或控制人即谁承担责任。按照标准，L3级控制自动化（有条件自主控制）在设计工况内连续执行所有动态驾驶任务，由系统承担责任，因此L3级以上才算是真正的自主控制。

单车智能和车路协同是自动驾驶发展的两大方向。单车智能是指车辆通过硬件设备对周边环境、状态的感知，将信息交由软件系统分析决策，并控制车辆完善既定的动作。相较而言，车路协同或是成本更低、实用性更强的自动驾驶发展方向。此外，车路协同相比于单车智能在商业落地和安全方面优势更加显著。商业落地方面，由于5G的发展，我国通信业基础设施建设迎来建设高潮，路侧改造进程加快，2018年下半年以来，百度、阿里、华为等科技企业纷纷推出相关战略规划。安全性方面，车路协同能弥补车载端感知盲区，拓展感知范围和感知距离，综合考虑路上所有车辆的运行情况，有效避免障碍物影响，提升智能驾驶安全性。

在全国建设智慧城市基础设施，实现不同程度的智能化和车联网在特定场景的示范应用，推动建设车联网平台，积极发挥各城市相关产业的集聚效应，提取试点经验，拉动智慧道路基础设施建设，促进车路协同行业快速发展。自智能网联汽车政策持续推进以来，部分先行城市积极开展试点项目予以响应，并进行规模化部署。全国先后确定的两批“双智”试点城市，各地区积极投入试点实践工作，并在“双智”建设中投入过亿，以期打造智能汽车产业集群；此外，智慧交通项目也在全国多个城市相继铺开。其中，深圳作为首个对L3及以上自动驾驶权责和定义等基础议题做出详细划分的先行城市，对于高级自动驾驶放行具有标准示范效应。

根据科技部2011年的规定，路路协同主要是指多种技术的交叉融合，通过采用先进技术实现车车、路路动态实时数据交互。简单地说，路路协同系统基于路侧系统和车载系统采集数据，通过无线通信技术传输数据，利用云管理技术实现数据存储和智能决策，最终实现信息化。人、车、路和通用智能交通系统之间的交互。在车路协同系统中，智能路侧系统主要采用路侧、路中间、智能传感器等智能设备。在路上，采集并与车辆共享实时路况数据，结合智能车辆信息进行综合分析，实现车辆检测、道路质量检测、信息交互等一系列功能。即通过外部道路感知与车辆内部道路感知的双重感知系统交互，实现人—车—路—网协同。

通常，智慧道路的路侧系统（RSU2，路侧单元）主要由基础设施、智能传感器和通信计算三个方面组成，如图1-11所示。其中智能基础设施主要包括信号灯控制器、电子标志牌、北斗差分基站等，主要应用于基础设施领域，采集交通动态、路侧事件和路况等数据，可以为司机提供危险驾驶提醒、车辆违章预警和交通信息异常分析等。智能传感器板块主要包括激光雷达、高精度摄像头、毫米波雷达等，可采集地图、定位和环境信息，检测车辆位置和实时路况等。通信计算板块（MEC3边缘计算）主要包括5G通信设备和边缘计算设备，通信设备用于数据和信息的实时传输，边缘计算设备用于交通中一些突发事件的分析和管理。

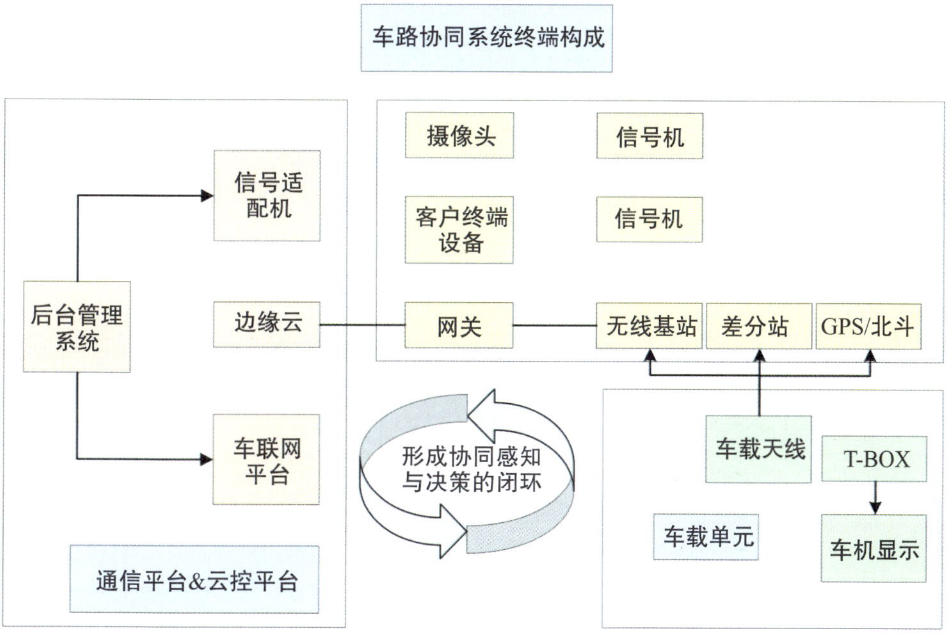

图1-11　车路协同系统终端

1.3.2　新能源与新智能联结生活化应用

1.3.2.1　生活化的应用智能

新能源对家电的影响和未来家电的发展在环境方面，新能源的生产和使用不产生一氧化碳和有毒物质，不危害环境，有利于气候和我们生活的生态环境。未来，家电将不断智能化、创新化。

人机关系更人性化：未来的家电将变得更加智能化和人性化。当人们早上醒来时，智能电视会自动打开并播放人们使用的天气、音乐、新闻等节目。

智能感应：未来，家电在智能感知方面将更加突出，能够清晰感知人来人往。

与新能源联系密切：未来家电都会在前一天节省一定的电量，第二天早上自动开机。未来家电的发展将融入新能源因素，越来越智能化，新能源将使家电变得更轻、更薄，更符合节能环保的新趋势，也将使家电变得更智能、更人性化。

1.3.2.2 区块链集成创新

可持续的绿色普惠发展离不开新能源技术的不断演进以及深化应用，从太阳能、风能、氢能等绿色能源源头产生开始到绿色能源传输存储的智能电表并网和分布式储能电池，到使用绿色能源的新能源四轮车、新能源二轮车、新能源电池和新能源换电等民生应用场景。

新能源与区块链的结合是一个新兴领域。区块链技术作为一项前沿的数据库技术，可快速安全地加入新节点或是在节点间进行信息传递，适用基于分布式系统的共享经济系统，在新能源产业的诸多交易互联场景中都有匹配度很高的应用需求。

国内外区块链+新能源产业发展现状

（1）区块链+新能源产业基本情况

经过近年来的快速发展，新能源产业已经由不受控的早期增长阶段进入规范化的增长阶段，新能源产业的进一步发展离不开计算机领域技术的支持，需要在智能电网、电力交易、系统架构、能源存储等方面做出重大变革。根据国际可再生能源组织（IRENA）发布的一份可再生能源报告，区块链技术有望成为引导新能源领域发展的关键应用技术，有望解决电网面临的问题。例如数据集成、网络安全和多主体协作。

（2）国内外发展现状

全球区块链+新能源行业应用研究尚处于实验室研究和项目试点的早期阶段。区块链+新能源产业侧重于新能源载体配套服务设施、分布式新能源系统、清洁能源生产认证等。目前，区块链+新能源备受关注，国内外已经有不少落地项目，下面总结一些典型的国内外能源项目。

美国布鲁克林微电网（BMG）是全球首例区块链+新能源项目。项目中的电能都在基于区块链技术的电网物理设施中流转，不再由传统的供电公司全权负责电力调度和供应。用户可在配套安装的智能电表中浏览购电开支和电能使用情况，如果用户安装了新能源发电装置，也可将多余电能在系统中售卖给有需要的用户。这一新能源+区块链项目的优势是让用户拥有了自主交易或是出售电能的权利，降低了电力交易成本。

德国能源企业 Innogy SE 也在新能源+区块链领域进行了深入研究，最终推出基于区块链技术的充电设施使用平台“Share & Charge”，为电力供应商和用户提供便捷可信的交易平台，用户的新能源汽车所需能源不再由单一的电力公司提供，而是在该平台上进行交易和结账。通过集成充电共享平台的方式，集中了各个电力提供商的价格等信息，用户可以自主地完成充电结算，使交易过程更加安全透明。

澳大利亚地理位置独特、光照资源充足，是全球光能使用率和普及率最高的地区之一，居民在自家安装新能源发电装置的情况非常普遍。澳大利亚 Power Ledger 公司推出了基于区块链的 P2P 模式能源交易平台，联通了新能源生产者和使用者，使用者可以在平台中自由选择不同来源的电能，也可作为供应方向其他用户出售额外的电能。区块链的智能合约取代了第三方见证者，自动为交易双方提供数据安全、交易保护、价格秩序维护等功能，用户可以在无监督的情况下向能源供应商购买电能。在用户和供应商的点对点交易中，不再需要互联网银行等中心化的信任机构支持，更加方便快捷。

区块链是一种以链式结构存储数据的数据结构。作为一种分布式技术，区块链中的数据由无中心机构的多方节点共同维护，基于哈希算法、加密算法、数字签名技术、同态加密算法、零知识证明等密码学算法保证数据传输和数据访问安全，实现数据存储内容一致、难以篡改、无法抵赖的分布式账本技术。公链以去中心化的方式运行，联盟链的中心化节点少，私有链以中心化节点为基础运行。

区块链技术通过高效、透明、不可逆、可信的方式添加、验证和记录对等点之间的交易。

借助去中心化的信任体系，为新能源数据交换提供隐私保护、所有权验证和权限管理、数据上报等功能。

区块链提供了在无第三方公证下，陌生节点间建立信任的新机制。以去中心化、不可篡改、可溯源等优势，吸引了包括新能源、金融和政府部门等众多领域的人士，可以为解决物联网终端数据安全交换问题提供有效方案。基于区块链技术建立物联网终端数据共享平台，可以利用哈希算法、对称与非对称加密技术来完成链上身份识别，利用激励机制来维持区块链的稳定运转，从而提供新型信任，解决新能源交易中数据共享意向和隐私泄漏问题，解决物联网终端数据保护与权限管理等难题，可以打破新能源企业和用户之间的数据孤岛桎梏，构建安全共享、开放高效、可信溯源的终端数据共享系统。

针对与新能源行业相关技术通过纵向和横向整合，打通新能源领域物联网产业链的综合通道，强化能源行业物联网的环保共识。不同地区、不同层级的分支机构之间可以进行有效的合作，提高合作效率。充分利用智能合约的数字信任，为业务项目、合同和订单的执行提供多层次的可靠记录和档案，降低分工协调成本，提高分工效率。传统的新能源企业组织内部协调沟通的人力成本较大。此外，员工对自身发展方向和在公司的职责认识不充分，与企业管理者的利益和目标不完全一致，甚至发生重大利益冲突，是缺乏有效的沟通渠道和科学的激励机制。分布式账本系统将成为一个由所有利益相关者共同管理和维护的大型数据库。不同于传统的合同管理，智能合约可以充分利用数字信任，为业务项目、合同和订单的执行提供多层次的可靠记录和档案，减少分工和协调成本，提高工作效率。

1.3.2.3 感知物联新高度

新能源汽车智能换电站系统由感知层、网络层、数据层组成，其系统架构如图1-12所示。系统主要功能是为用户提供在线预约服务，各换电站资源信息主要由省级车载终端运控中心下发查询，实现智能化管理。站外用户需要调用车载终端数据库，向特定站点发起预约服务。此外，系统除了引导用户完成线上线下电池换电外，还负责提供车站交通车辆、电池等信息服务，依托换电服务打造资源状态数据库。在网站实际运营过程中，依赖人工操作和网站个人终端。例如，在线接待用户时，可以在线智能监测电池更换状态，完成相关服务。车站交通计划可通过接收情报了解停车场的资源规划、监控、数据分析等。

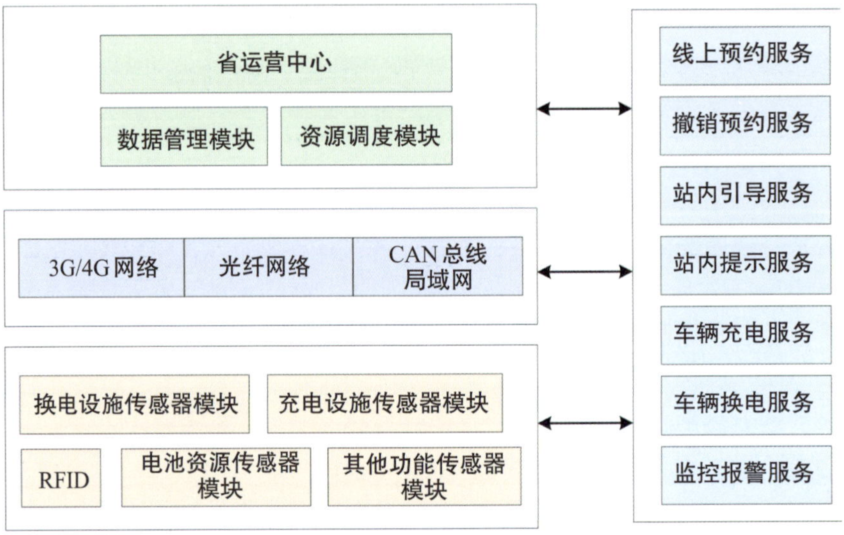

图1-12　系统架构

换电中心除了引导用户完成线上、线下电池换电外，还必须负责车辆、电池等资源信息的数据化抽象任务，由此依托换电服务打造资源状态数据库。在网站实际运营过程中，实际上依赖人工操作和网站个人终端自动完成相关服务。例如在线接待用户时，可以在线智能监测电池更换状态，并完成相关服务。比如入站车辆的身份识别、入站交通计划等，通过接收情报，了解停车场的资源规划、监控、数据分析等。

1.3.3　新能源与导向性智慧出行生态应用

1.3.3.1　智能网联化的智慧交通一张图发展

网络通信的发展一般包括四个阶段：信息辅助、低层通信、丰富的信息共享和网络连接。①广泛优化信息级辅助：驾驶员从道路设备接收路况信息，帮助驾驶员做出驾驶决策。②智能连接：驾驶员和车辆从车载设备和导航设备接收相关信息，辅助驾驶和决策。③层次丰富的信息共享：驾驶员和车辆可以从汽车配件、道路设备、全网信息中心、车对车数据共享设备等获取更多信息。不同的汽车凭借自身的驾驶知识进行驾驶和决策，包括驾驶员控制、自动驾驶和全车网络信息中心的引导。④网络和连接的优化程度：对于整个交通网络的数据驾驶员和车辆都能收到最好的信息，快速做出安全稳妥的驾驶决策。

融合发展应经历交通层面融合、区段层面融合、列车层面融合、全球宏观层面融合四个阶段。①融合阶段关键点：车联网在关键点与交通设备连接，接收建议和必要信息，解决所有重要交通区域的特殊情况设计，确保每个微节点的安全。这个阶段的目的是利用重要点和小区域之间的交通控制。②Level级集成层级：车联网连接微交通控制中心，接收指令和信息，根据指令解决微层面问题。此阶段的目的是管理和控制道路上的交通。③系统整合：联网车辆连接到中控中心以规划行程中观控制中心控制走廊的交通，提前预测拥堵情况，对全局规划达成一致。在这一阶段，通过对前一阶段管理的整合，建立对网络中工作有重大影响的铁路，管理层最大限度地支持铁路实现控制和管理水平。④宏观层面的全球一体化：从高层次改善交通配置，改善出行，降低员工出行和社会成本，实现全路网全球统一。

1.3.3.2 绿色高度自动环保驾驶辅助系统

1. 硬件设计

为实现驾驶辅助系统的绿色高度自治环保，设计了一套系统控制方案，如图1-13所示。它能在显示评估和驾驶提示的同时，在屏幕上显示警告灯；在驾驶员的行为不节能时显示各种驾驶状况，以不同颜色提醒非节能行为。

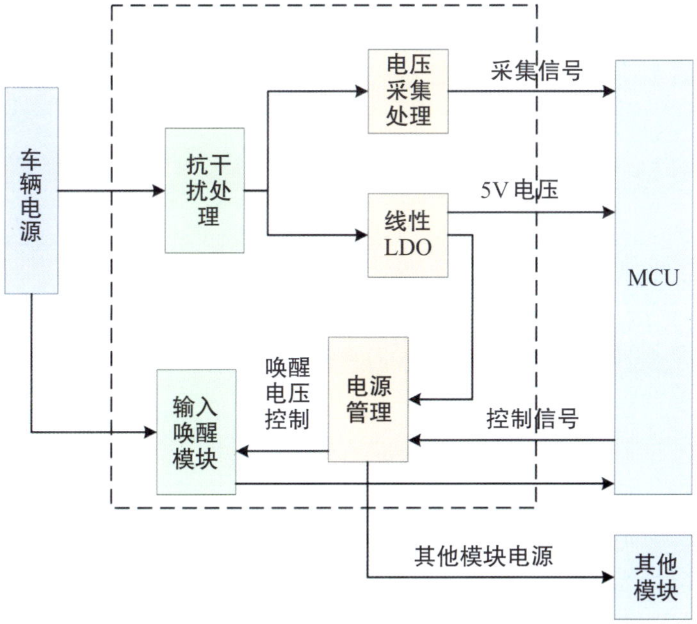

图1-13　MCU模块控制框图

2. 软件设计

智能辅助驾驶系统主要有以下功能：

（1）识别车辆当前驾驶情况；

（2）评价停车怠速时间；

（3）评价加速操作；

（4）评价当前车速；

（5）评价换挡时机；

（6）评价恒定车速；

（7）评价停车制动；

（8）评价滑行制动；

（9）实时显示并报警提示。

1.3.3.3 多模式路径导航融合生产生活规划

物流是自动驾驶的典型应用行业，时常存在有车有货没人运输，因此自动驾驶物流配送就很适用且急迫。当前无人驾驶车辆主要适用于两个固定地址之间的运输，不适合多点之间的配送，且没有人跟车的情况下，对装卸货过程就需要非常智能化的管理手段。

自动驾驶物流配送系统由硬件层、数据层、应用软件层组成，其系统的总体设计框图如图1-14所示。

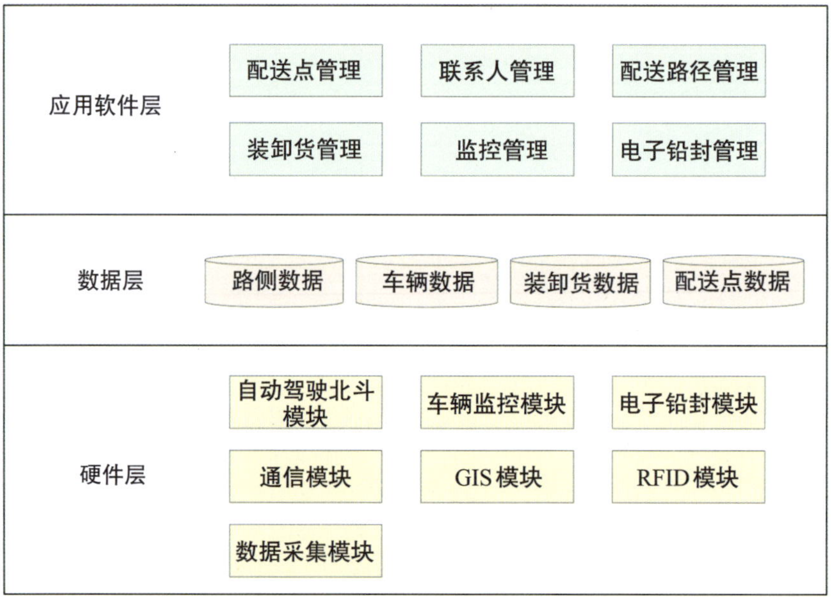

图1-14 系统的总体设计框图

首先，自动驾驶物流配送方法将表示为有向图的道路网络与边权值结合起来，根据GPS数据计算当前位置，并使用预处理在道路网络上找到从当前位置到目的地的最短路径。其次，在路线规划确定后，自动驾驶汽车要能够根据选择的路线，通过导航以及驾驶经验和道路规则与其他道路使用者进行交互。通过对传感器数据建模，学习其他车辆、自行车和行人的未来轨迹意图，包括交通对象数据、交通规则等。当一个行为决策决定了当前的驾驶行为（如直行、变道或右转）时，运动规划应结合车辆本身的当前状态（位置、速度）。将选定的行为转换为可由低级反馈控制器追踪的路径或轨迹。最后，货物装车后，托运人锁门并设置开锁密码，当车辆准备到达取货点时，通信模块发送短信通知，收货人根据收到的密码开锁；当特定地理位置无铅印卡等特殊情况需要对车辆进行封印作业时，监控人员可按申请和封印按钮远程开启封印，接入平台接口执行远程操作。

第2章 新能源智能网联汽车新型电子电气架构

2.1 新型电子电气架构

2.1.1 电子电气架构

当前软件和电子电气正在驱动汽车朝着智能网联方向加速发展，也使得百年历史的汽车行业方方面面都正经历一个前所未有的变革与重塑。博世（BOSCH）对未来汽车电子电气架构演进趋势的划分是目前业界普遍认同的一种划分方法。汽车电子电气架构正处于从过去的分布式EE架构迈向域集中式EE架构的转变过程中，预计到2025年左右就会完成这一转变。从2025年以后，将开启跨域的融合时代，也就是转变为“中央+区域”计算的EE架构时代。整车电子电气架构发展分为三步六段，第一步：分布式电子电气架构，包括模块化阶段（ECU与功能一一对应）、集成化阶段（ECU开始集成多个功能）；第二步：集中式电子电气架构，包括集中化阶段（全车分为五个域）、域融合阶段（功能相近的域进一步融合）；第三步：中央计算式电子电气架构，包括车载电脑阶段（车辆由中央计算机统一管理，按区域配置控制器）、车—云计算阶段（车辆与云端联动）。

在分布式EEA下，ECU通常都是特定于某个功能的，因此整车ECU的数量很多。此时，ECU之间的通信能力是非常受限的，一般需要通过传统的CAN或FlexRay等低速总线在需要协同的ECU之间进行点对点的通信。域内部的各个ECU之间通过本域的局部网络来进行协同合作，各域之间的网络一般是互相独立的，也即域和域之间的通信功能非常有限，只是根据需要通过传统的CAN或FlexRay等低速总线进行跨域通信。对数量众多、功能类似的ECU开启模块化整合，整合成一个模块。另外，汽车中央网关的加入使得功能模块之间数据通信变得更为容易，网关通过整合不同总线和网络的数据进行跨总线数据交换，比如CAN、LIN、FlexRay和MOST等。

集中式电子电气架构下，随着模块化程度和ECU功能集成度的更进一步提高，出现了“功能域”的概念。域集中式EEA最直观的表现就是有了“域控制器（DCU）”来作为整个功能域的核心。所谓域控制器是指域主控硬件、操作系统、算法和应用软件等几部分组成的整个系统的统称。基于DCU的域集中式EEA集成多个相似的功能域，主控处理器性能增强可以跨区域数据处理，相对分散的各个功能域被融合成“跨域集中式EE架构”。

中央计算式电子电气架构下，车载“中央+区域EEA”，也称为“中央集中式EEA”，或者“区域EEA”，主要包括车载中央计算机（VCC）、区域控制器平台（ZCU）、两级通信网络、分级供电网络。多个VCC组成一个异构服务器集群，作为一个通用计算平台（GCP），提供整车所需的计算、存储、通信和管理能力。ZCU是整车计算系统中某个局部的感知、数据处理、控制与执行单元。它负责连接“整车中地理意义上某一个区域内”的传感器、执行器以及ECU等，并负责本区域内的传感器数据的初步计算和处理，它本身也具有网关的协议转换功能，负责本区域内的网络协议转换。TSN以太网作为整车通信的主干网基础设施，要具备高带宽和实时通信，同时保证可靠性和fail-operational特性；而在区域内，ZCU与ECU之间、ZCU与传感器之间的通信仍然采用CAN、CANFD、FlexRay、LIN、10BaseT1s等中低速网络。一级配电网络（也就是骨干供电网络）有双电源保证供电冗余，它将电源输送到区域控制器ZCU节点；二级配电网络由区域控制器负责将电力继续向下输送到底层控制器。

总而言之，分布式EEA是“计算的分布式，供电的集中式”；而中央+区域EEA就是“供电的分布式，计算的集中式”，正好反过来。Zonal EEA不仅能将计算资源集中，便于软硬件分离；也给整车各个控制器的电源管理带来很多想象力。而ZCU作为分级通信和分级供电的区域节点，在整个体系中扮演了非常关键的角色。

2.1.2 域/域区混合电子电气

特斯拉EE架构已经实现多域控制，在行业内领先优势明显。从模型S到模型3，特斯拉电子电气架构出现了域控制器性能的变化，如表2-1所示。

表2-1 特斯拉EE架构由具有分域趋势走向实现多域控制

模型S	已经有了较为明显的域划分概念
模型X	Model X的部分控制器出现跨网段的特征，有比较明显的多域控制器MDC趋势
模型3	从域控制器的阶段直接进入多域控制器阶段。单个控制器可以对接到传统意义下不同功能的传感器，通过一块ECU来接入不同的传感器得到数据，对其进行分析，最终发出控制指令

模型3整车是由四大控制器控制着，分别是前、左、右三大车身控制器和辅助驾驶及娱乐控制模块。Private CAN、Vehicle CAN、Chassis CAN三路CAN总线连接全车各个功能模块，完成功能模块信息交互。根据整车设计需要自主研发车身控制器（形

状个性化），各车身控制器集成多颗MCU（高度集成化），控制器做到了软硬分离（功能标准化）。除了控制器的特点外，模型3还有以下特征，如表2-2所示。

表2-2　模型3在电子电气架构上的特征

特征	介绍
自己打造车载Linux系统	负责信息娱乐和通信系统的CCM模块搭载Intel Atom A3950处理器，Atom A3950平台上运行的是特斯拉自己打造的车载Linux系统，使用的软件80%以上为特斯拉自己开发
控制器为线束模块化服务	控制器的Passthrough为线束模块化服务，不同区域的线束可以通过控制器的PIN针连接或者耦合。比如，都与左车身控制器相连的座椅线束和仪表台中有两根线需要连接在一起，左车身控制器就会有一对Passthrough来使得二者相连。也因此模型3车载线束总长度1.5 km，是模型S的一半
去保险丝化和去继电器化	模型3除了电池内部控制器外，已经将继电器和可熔断保险全部换成了车身控制内集成的电子保险丝盒，通过金属-氧化物半导体场效应晶体管MOSFET控制不同的负载的供电以及进行开路诊断和过流保护，后者替代了保险丝的功能

模型3车身控制器多MCU冗余设计保障了部分功能的功能安全级别。与之相对的，在控制功能的任务拆解与分配、MCU间的板级通信、多MCU的诊断刷新以及OTA升级等方面，需要处理的问题也增加了。特斯拉对于继电器的处理主要源于继电器体积大带来的集成度上升，以及半导体在成本压缩和性能上的优势。采用电子保险丝盒做到每一个控制器供电的可控性，可以检测每一个ECU的用电情况，并且可以在静态功耗高时彻底断掉某些ECU的供电。

模型3采用X86系统部署软件，80%以上为自主开发。X86系统对于ARM有着天然优势，如表2-3所示。

表2-3　X86系统对于ARM有着天然优势

	X86	ARM
指令系统	复杂指令集(CISC)，复杂，庞大	精简指令集(RISC)，简单，高效
CPU频率	X86的CPU随便就是1G以上、双核、四核大行其道，通常使用45 nm(甚至更高级)制程的工艺进行生产	CPU通常是几百兆，最近才出现1G左右CPU，制程通常使用不到65 nm制程的工艺
硬件设计	X86结构的硬件设计采用“桥”的方式与外设扩展设备(如硬盘、内存等)进行连接；配套扩展的设备种类多、价格也比较便宜；性能扩展方便	ARM结构的硬件设计通过专用的数据接口使CPU与外设连接，设计时就定型，不考虑扩展，奉行够用就好的原则

续表

	X86	ARM
功耗	高	低
操作系统兼容性	任何常见OS都有基于x86的版本，Windows和Linux是主流。软硬件标准统一，所有OS都可兼容	仅仅只有小型实时系统RTOS和Linux的裁剪版本和定制版本。而且几乎所有的硬件系统都要单独构建自己的OS，与其他系统不能兼容
应用软件和工具	软件配套、开发工具的配套及兼容等工作，已经达到完美的境界。X86架构系统不仅有大量的第三方软件可供选择，也有大量的软件编程工具可以帮助您完成您所希望完成的工作。程序源代码短，软件开发时间短	没有成熟的开发者生态，所有应用软件都需即时开发，编程工具和第三方软件选择少，且应用软件不能方便移植。程序源代码长，软件开发时间长（谷歌的安卓系统算是为推动ARM的OS和应用开发统一做出了不少贡献，但相比X86和Linux，仍有一定差距）

2.1.3 跨域集中“计算+通信”

跨域集中功能域的具体划分，最常见的五域集中式EEA：动力域、底盘域、车身域、座舱域、自动驾驶域。三域集中式EEA可以理解为在5域集中式架构进一步融合的结果。三域集中式EEA涉及的域控制器主要有4类：车控域控制器（VDC）、智能驾驶域控制器（ADC）、智能座舱域控制器（CDC）及若干高性能网关，其中VDC负责整车控制，实时性安全性要求高；ADC负责自动驾驶相关感知、规划、决策相关功能的实现；CDC负责HMI交互和智能座舱相关（甚至整合T-Box）功能的实现。

华为的“计算+通信”架构（CC架构）也是由VDC、ADC、CDC和网关等部件组成，如图2-1所示。华为将ADC叫作MDC（移动数据中心）。

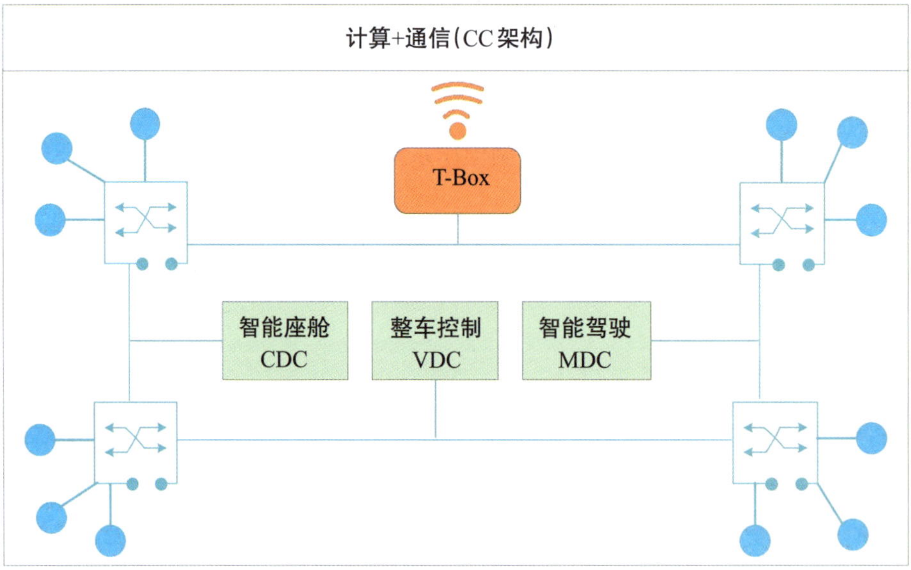

图2-1　华为的计算+通信EEA

MDC智能驾驶平台：昇腾芯片+智能操作系统，自研激光雷达和毫米波雷达；合作伙伴开发算法和应用；CDC智能座舱平台：麒麟芯片+鸿蒙OS；VDC整车控制平台：开发MCU和整车控制操作系统，开放给车企进行差异化的整车控制。

汽车行业传统的EE架构，采用的是总线＋分散控制的架构，这种架构最初是可行的，因为ECU数量少。1993年，奥迪A8上使用了5个ECU，最开始，ECU是仅仅用于控制发动机工作。随着汽车电子化程度越来越高，现在一些电子结构复杂的汽车，ECU数量早就超过了100个，而面对高级别辅助驾驶系统的要求，ECU的这个数量是远远不够的。然而随着ECU数量的急速增加，弊端也越来越多，如维护难、算力差、成本增加等。

Model S的出现，刷新了人们对智能网联汽车的理解，给用户提供了前所未有的服务体验。但Model S上市已有7年，市面上难以寻到一款与特斯拉在驾驶体验、娱乐体验、用户体验等方面媲美的车型，即便是特斯拉中国学徒的造车新势力，由于时间和技术积累问题，也没有解决这个问题。究其原因在于汽车行业一直都是依赖供应商技术发展，造车新势力也是如此，但没有任何一个供应商，可以为整车企业提供完整的从底层架构到驾驶体验、娱乐体验和车身控制的整体解决方案。

传统EE架构，总线＋分散控制已经无法适应新能源汽车智能网联化的发展需求。华为的CC架构，分布式网络＋域控制器可以做到硬件可更换、软件可升级，软硬件可拓展。全新的架构通过智能网联技术给用户带来驾驶、服务和娱乐方面的全新体验。

在MDC智能驾驶平台上，以昇腾芯片＋智能操作系统方式，通过自研激光雷达传感器和毫米波雷达传感器、打造执行部件接口标准、基于MDC开发算法和应用，将传感器生态、执行部件和智能驾驶应用联合形成一个生态系统。在CDC智能座舱平台上，以智能手机麒麟芯片＋鸿蒙OS方式，为座舱内用户提供丰富的娱乐服务。在VDC整车控制平台，以MCU+整车控制操作系统方式，该操作系统对车企开放，让各车企基于此搭建自己的VDC整车控制平台。

基于华为CC架构的上述三大平台，将会给汽车行业带来巨大的改变。“计算＋通信”的CC架构，每个平台都有各自的芯片，提供该平台的计算能力，用于CDC座舱平台的是麒麟芯片和用于MDC平台的是昇腾芯片，开发VDC整车控制平台的芯片。目前，华为正在对车内外场景需求进行研究，车内通信采用以太交换机技术；车外通信采用4G、5G和V2X技术。

2.1.4 分层开发

采用PREEvision工具对电子电气架构分层开发，可以很好地进行规划与设计，每层统一建模并做关联，不仅优化了开发流程，还降低了整体的工作量。EEA架构开发过程中，各层级之间工作既有继承性又存在并行开发，真正实现了单一车型统一建设，多车型统一管理。架构开发层级如表2-4所示。

表2-4　架构开发层级

架构开发任务	工作内容描述
产品特性及需求分析	产品特性偏重于用户的角度，描述用户能够感知的功能特性，不涉及技术实现方式，该模块用于描述客户所关心的车辆的配置信息。 需求分析偏重于开发人员的角度，在产品特性的基础上，深入技术层面制定并细化所有需求，详解技术实现方式及目标，从整体上详细描述某种特定类型的车型
功能逻辑设计	功能逻辑设计描述了整车各个系统功能的逻辑实现方式和各功能模块之间的信息交互接口。 功能逻辑设计并不依赖于软件或硬件中的具体实现，使功能负责人能够以更客观、更全面的思维方式去考虑功能的逻辑实现方式
软件架构设计	遵循AUTOSAR的定义，设计定义整车各个系统功能的软件实现方式以及各系统间的信息交换接口，将应用软件的开发与底层协议栈和驱动剥离开来，实现在同平台下不同车型的软件模块复用
硬件网络设计	描述了所有ECUs、传感器和执行器，定义硬件组件间的物理连接，确定整车网络拓扑并设计总线连接方式，如CAN、LIN、Ethernet等
通信系统设计	将功能逻辑及软件架构设计内容映射到确定的硬件后，架构开发人员需要进行通信系统的设计。 通过系统设计，可以得到整车的CAN、LIN、Ethernet总线的详细通信矩阵，并能够创建相应的数据库类型，如DBC、LDF和ARXML（用于描述Ethernet总线的数据库类型）
电气原理设计	电气原理设计主要完成电源分配系统定义，包含电源、保险继电器盒、接地点和电平衡等。电气原理设计将细化硬件拓扑设计所定义的连接关系
线束设计	线束设计将设计整车结构的线束原理，包括各部件之间的导线连接关系，导线型号、颜色选择，接插件、端子、密封塞等相关联零件的选型，胶带、扎带等零件的选型
整车总布置设计	整车总布置设计将电子电气部件，如传感器、执行器、ECU、保险盒、继电器盒等布置在车身合适的位置，并确定相应线束的走向，从而确定线束的长度，此部分设计完后可将线束长度等信息反馈给线束设计，从而确定线束设计中所有线束的确切长度

为使电子电气架构设计符合特定的性能要求，可以从开发工作量、系统变型管理、硬件成本等方面对形成的多个架构方案进行多维度的评估和优化，选择确定最优架构方案，最后按架构开发层级进行详细设计开发。典型的架构评估维度和权重如表2-5所示。

表2-5 典型的架构评估维度和权重

评估指标权重表						各项指标评分（10分）	
序号	一级准则	权重	二级准则	一级权重	二级权重	方案一	方案二
1	可靠性	25%	总线负载率	25%	6.25%	7	6
			子部件数量	25%	6.25%	8	7
			估计静态电流	15%	3.75%	8	7
			保险丝数量	35%	8.75%	8	7
2	可扩展性	15%	总线负载率	50%	7.50%	8	7
			网关数量	50%	7.50%	8	7
3	开发工作量	20%	ECU数量	25%	5.00%	7	6
			网关数量	30%	6.00%	7	5
			CAN网段数	25%	5.00%	6	8
			LIN网段数	20%	4.00%	7	6
4	系统变型管理	15%	ECU变型数	25%	3.75%	6	8
			网络结构变型数	50%	7.50%	6	5
			线束方案变型数	25%	3.75%	8	6
5	硬件成本	10%	ECU数量	25%	2.50%	7	8
			线束长度	20%	2.00%	7	8
			线束重量	10%	1.00%	6	8
			网络重量	20%	2.00%	7	8
			接插件数量	25%	2.50%	7	8
6	非硬件成本	15%	开发成本	25%	3.75%	7	5
			测试成本	25%	3.75%	7	5
			生产成本	25%	3.75%	7	5
			维修成本	25%	3.75%	6	5
	总计	100%		总计	100%	7.0455	6.5909

2.2 智能三电系统跨界发展

2.2.1 智能电机系统

电机作为新能源汽车三大核心部件之一，是新能源汽车的驱动系统，给车辆提供动力驱动。智能化、集约化、轻量化是电机系统的未来发展方向。以北汽自主研制的EU5电机系统为例，系统动力强、效率高，具体体现在以下几方面。

1. 高性能电机（图2-2）

高性能电机的特点具体表现为，第一，扭矩大。扭矩输出大，百公里加速时间仅为几秒钟，让车辆能够迅速响应、快速起步，具有超强爬坡能力以及持续动力强，加速感受始终如一。第二，损耗低。联合优化设计电机电控，提高系统动能与电能之间的转换率，同时降低车辆能耗，系统高效率运行延长了车辆的续航里程。第三，体积小和重量轻。整机轻量化设计，在提高电机性能的同时节省材料消耗和拓宽整车空间，车辆前后重量更平衡了，使用户拥有更舒适的操控体验。

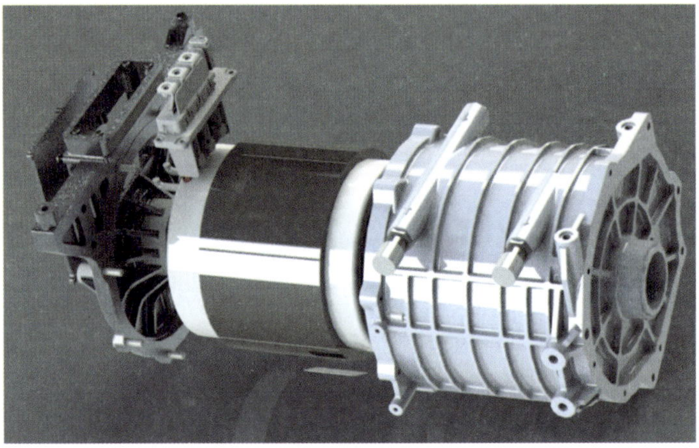

图2-2　高性能电机

2. 高速减速器（图2-3）

高速减速器的特点具体表现为，第一，低噪声。通过对轴齿系统进行优化设计，提高齿轮的配合度、降低错位量，把减速箱产生的振动与噪声降到最低，为用户提供一个安静、舒适的驾驶环境。第二，传动高效。齿轮低滑移率，配合专用润滑剂，带来了高效的传动，传动效率的提升直接延长了车辆的续航里程。第三，安全驻坡。在轴齿内部设有一个驻车机械单元，通过电子按键与电子驻车制动系统有效配合，让坡道停车和坡道起步能够安全进行。

图2-3　高速减速器

3. 电机控制系统

电机控制系统的特点具体表现为，第一，主动阻尼控制。车辆在加减速的过程中会出现抖动的情况，这时系统通过转速检测识别到异常波动进行抑制抖动，提高车辆舒适性。第二，矢量控制。通过对电机温度进行标定，电机的扭矩电流和励磁电流得到合理分配，低速输出扭矩增大，提高扭矩精度和加速性能，实现车辆精准灵活控制。第三，高扭矩响应速度。扭矩控制算法的电流上升速度决定电机扭矩的响应，扭矩响应速度够快，赋予车辆强劲的动力输出。第四，扭矩安全控制。非预期扭矩的出现可能会对用户人身安全构成威胁，通过监控输出扭矩是否为扭矩命令发出的有效扭矩，切实保证车辆的动力需求和用户的人身安全。

EU5电机系统采用集成化设计，将高性能电机、高速减速器、电机控制系统集成于一身，即一体化动力总成，汇聚三个部分的优势，系统集成度高、可靠性强、性能更优、成本低和维护费用低。电机系统架构变简、更精，优化和减少了各部件线路连接，EU5每一万公里保养一次，每次仅需半小时。一体化动力总成如图2-4所示。

图2-4　一体化动力总成

2.2.2 智能电控系统

智能电控系统是新能源汽车的大脑，其由各个子系统构成，主要包括整车控制系统（VCU）、电机控制系统（MCU）和电池管理系统（BMS）。三大子系统由电控系统协调管控，相互配合运行，如图2-5所示。

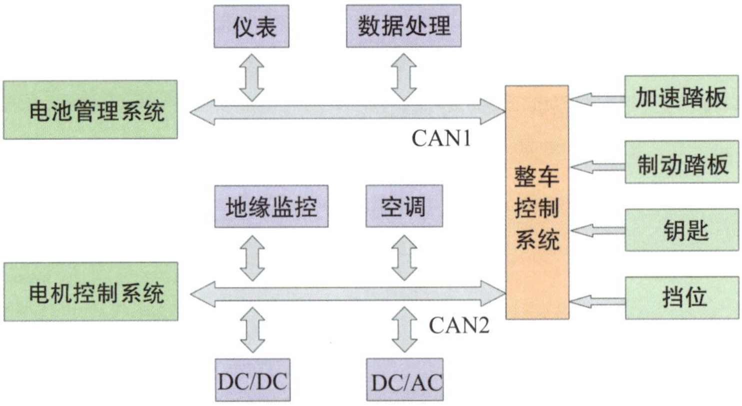

图2-5　电控系统结构

BMS系统智能分配电能，负责车辆电池故障与充放电管理，接收各个部件发送过来的信息。MCU系统智能管理动力，负责电池电能的输出与收回信息管理，自动识别问题故障，在突发或者紧急情况下可自动复位电动机。VCU系统智能调校驾控，根据用户操作指令转换输出车辆控制指令，使各个控制部件按用户预期工作，对来自BMS系统和MCU系统的信息进行整理合并，将形成的相关指令传送回BMS系统和MCU系统中，执行充放电操作以此满足车辆用电需求。整车控制系统结构如图2-6所示。

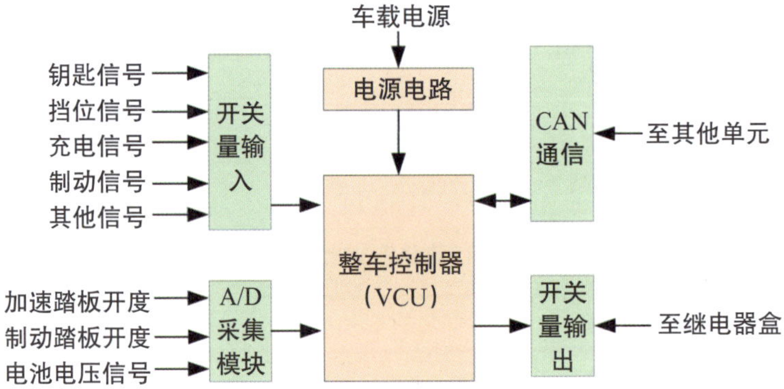

图2-6　整车控制系统结构

当系统线路出现短路，BMS系统会切断线路，停止电能输出，避免烧坏部件，造成更大损失。当电池因充放电温度过高，这时电控系统会对车辆用电需求进行一个预判，采用分级管理的方式控制用电单元的输出功率。而当温度超过设置的安全阈值，电控系统会直接介入切断高压，同时提醒用户。除此以外，当电池在不适宜条件下起火，电控系统也会直接介入切断高压，给乘员从电池起火到整车着火争取足够的逃生时间。此外，智能电控系统可以解决低温环境下的电池充电周期长的困扰，精准调节和实时修正电池电流，使电池达到最大的充电能力，极大缩短充电时间，降低极寒天气对充电的影响，让其在该环境下也能有良好的充电表现。

2.2.3 智能动力系统

电池技术是新能源汽车的核心技术，电动汽车的动力电池系统是一个集成动力能量系统，通过CAN总线与整车控制系统、充电机、电机控制器等部件进行通信。动力电池系统物理框图如图2-7所示。

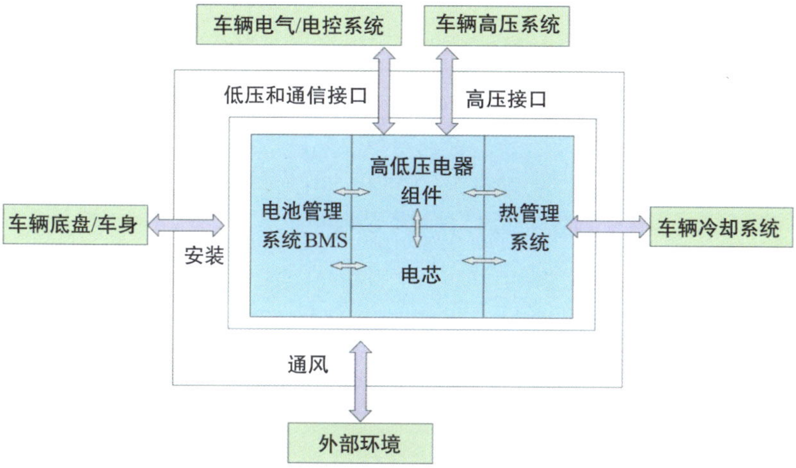

图2-7 动力电池系统物理框图

在动力电池系统中，比电池电量更重要的是电池、电驱及其背后算法等软硬件在一起构成的动力技术整体，才是决定一台电动汽车动力表现的关键。而软硬件并行研发完整智能电动技术的企业，至今只有特斯拉、比亚迪以及零跑。从结构上看，电驱系统全栈式研发包括从电路板、结构、软件、操作系统到电机、减速器的软硬件一体化全域自研，其中的每一项都是传统汽车产业链之外的“附加项”，几乎需要厂家从零开始摸索。特斯拉和比亚迪之所以能越来越受消费者拥戴，很重要的原因之一就是坚持软硬件齐头并进，把核心技术牢牢攥在手心。

特斯拉的模型S到如今的模型Y每一款车的加速性能和续航能力都要归功于其在电驱系统上的技术投入。尤其是在最核心的电驱控制器上，特斯拉采用了与通用完全不同的设计思路，用大量塑封IGBT和传统PCB工艺做到高度集成，以与电机同等的体积达到驱动和散热要求。比亚迪的成功也有相似之处。从e平台2.0开始，比亚迪e的“33111”模式电驱系统节约了40%的空间，空间的削减不仅为增大乘客舱容积提供了基础，而且可以帮助车辆减重，从而获得更低的电耗与更长的续航，在同级车型中形成明显的产品优势。

零跑作为全球第三家走这条路的整车厂，推出的全域自研“智能动力”与特斯拉和比亚迪的自研路径有所不同，零跑汽车推崇的智能动力是“智能当先”，也就是凭借智能化手段提升性能表现，为用户带来更好的体验。这得益于系列创新算法和云端AI

控制技术支撑，构建智能电驱的“灵魂”。

与内燃机相似，电驱系统同样需要“冷却系”和“润滑系”来维持设备正常运转，因为“冷却”能够直接影响车辆的续航、电机效率和传动效率。由于所有核心部件的“图纸”都掌握在自己手里，研发团队就可以轻松打通整车“通信协议”，改变整车的硬件结构，让原本独立工作的个体联动起来，形成我们最终看到的“冷热一体液态热管理系统”。将车辆的电池管理系统与电驱冷却系统打通，两套原本独立的管路可以实现串联与并联的切换，比燃油车的大循环和小循环还要巧妙。

在工作期间，电驱系统会因为高负荷工作产生热量，这股热量就可以用来给电池包加热，降低电池包在冬天的能耗损失，让车辆的冬季续航更有保障。反过来，在电池包冷却管路的温度过高时，系统也能借助电机散热器给电池散热，保证车辆在冬夏季都能处于最佳工作状态。应用PITM预判式智能热管理技术，结合一系列基础和高阶算法，精准计算和预测，保证恶劣工况下电机性能的稳定输出，将电驱系统温度控制在合理范围。行驶在不同工况下，电驱系统的工作状态及消耗的能量也会不同，会产生额外损耗。如果可以通过软件预判和主动热管理，提前预知什么时候该“放”，什么时候该“收”，能量消耗就会平缓，能量转换效率也会更高。

和能量管理相辅相成，软件的作用还体现在提升驾驶质感上，包括对路况和驾驶员意图进行分析，动态匹配加速踏板和驱动力释放之间的关系，保证驾驶平顺性。AEAT自适应效率分配系统，会AI识别用户，对其高频使用场景进行AI优化，最终实现驾驶特性自适应，最大程度提升驾驶性能。再加上整车FOTA功能，车辆的行驶逻辑还会越用越聪明。在各类软件算法的加持下，车辆隐藏的性能潜力就会得到释放，同样的配置水准在其他车型上能够展现7成功力，零跑汽车却能通过“辅助技能”展现出9成，以此就能让消费者获得超越期待的体验。

2019年5月，零跑汽车量产了全球首款八合一电驱架构创造电动车硬件集成度的新纪录。在电机、控制器、减速器三大领域上持续迭代。把冷却效率更高的油冷式电机、五合一和高功率密度模块化控制器以及三轴承减速器组合在一起，使智能动力系统向着电耗更低、性能更优、质量更好的方向发展。首先是冷却方式，一般车辆采用的水冷方式的弊端在于，日常使用的水都会导电，所以只能在电机壳体内布置冷却管道。而油冷的方式，则允许把作为冷却介质的油直接灌入电机内部，喷淋到热量较高的定子和转子上，散热效果一定比水冷更强。散热改善后，电机的耐久性和输出功率都可以放心大胆地上调。如今的零跑C11性能版拥有400 kW/720 Nm的最大动力输出，以及4秒破百的加速能力，NEDC效率也大于88.5%。

其次，这套电机总重量小于85 kg，相比特斯拉模型3的90.7 kg优势明显。除此之外，直驱油冷增程发电机、大功率高压油冷电驱在稳步推进中。在不远的未来，零跑汽车的产品将全面覆盖单电机、单速驱动和多电机、多速驱动，满足消费者不同的使用需求，为里程焦虑、高速动力衰减等当下新能源车痛点找到全新的“破解方案”。

2.3 新能源智能网联电池与充电系统

2.3.1 智能电池系统

智能电池系统利用多种感知方式对电池内部的物理化学状态进行识别，提取电池数据信号，实现高效的感知控制。智能感知流程如图2-8所示。智能电池的应用如图2-9所示。

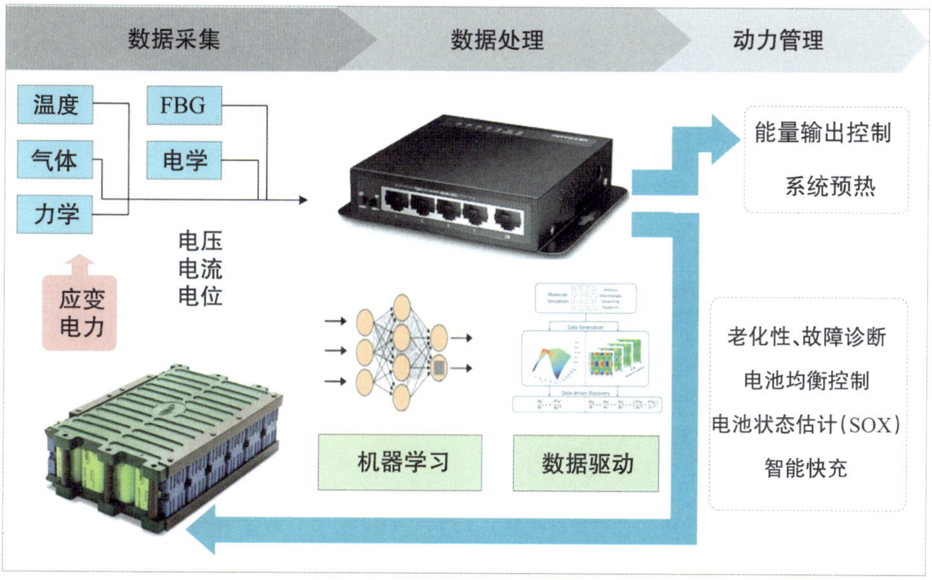

图2-8　智能感知流程

采用柔性电子技术可实时监控电池温度状态，将经过柔性处理的温度传感器植入集流体多点检测，电压—电流—电位三合一温度感应功能，采集集成温度传感信号，准确探测电池温度。单体内部压力也会对电池的性能和寿命产生影响，通过在电池内部植入TPMS芯片，可以反映出内部气体压力随电池荷电状态（SOC）变化的关系，实时高精度测量电池气压。为能更好地探测电池内部压力分布，与充放电状态、电池安全状态、析锂衰减程度的映射关系，可采用植入柔性的薄膜式压力传感器进行采集。植入电池内部的进行数据采集的传感器必须具备抗拉伸性、抗腐蚀性、耐高温性和高介电性等特性，才能在电池内部复杂的环境中发挥出稳定应变探测能力，光纤布拉格光栅（FBG）传感器同时具备了感知温度和应力变化的功能。

对锂离子电池产生的气体进行检测判断其状态，因为不同气体的产生对应电池不同的状态。应力、气体压力、烟雾、气体浓度、绝缘电阻等物理信号进行采集。通常采用将参比电极植入电池中测量电池液相电位，植入式电位传感为电池提供了一个原位诊断工具。

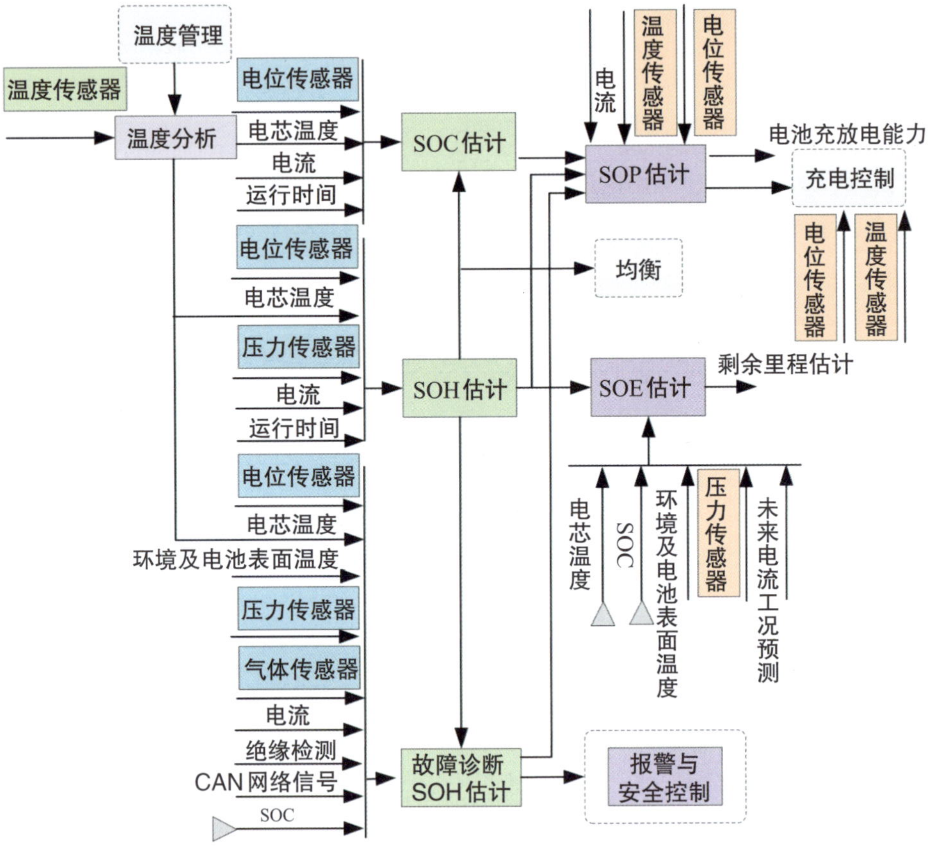

图2-9　智能电池的应用

在单体热失控初期副反应加剧，可能会产生严重的安全事故，此时传感器会检测各种电池信号，进行有效预警和预防。通过内部植入温度传感器和压力传感器的智能电池，直接测量电池内部温度和压力，可以突破电池SOC估计技术难题，解决电池在行车形成热梯度的问题。电池功率状态（SOP）可通过内置的电位传感器和温度传感器得出SOC状态和温度状态进行查表估计。相比于外置电池表面的温度传感器和压力传感设备而言具有快速、准确检测效果。完成电池在线诊断和精确估计SOC。电位传感器还可应用于析锂检测，通过正负极电位的异常变化，诊断出因内短路电池进而诱发的热失控。

2.3.2　智能充电系统

智能充电系统要求短时间内快速给车辆充电和换电。如何解决充电时间、充电容量和充电效率之间的矛盾。在保证充电功率的前提下，设计最优充电曲线，解决电池内部温度和电位差，才能真正解决限制充电的电池过热和负极析锂问题。智能充电系统正逐步向800～1000 V电压平台发展，充电功率快，系统产生热量高，电池也会面临充电温度过高，实行一体化热管理，采用低温预热技术方案，采用极速自加热全气候电池快速实现电池温升。充电站输配电容量要能满足大功率充电的需求，还要保证电力系统的稳定性。同时，配备储能电池可以有效调节电站功率波动、平稳功率负荷。

换电模式车电分离具有延缓电池衰减、等待时间短、能量补充快、减少对电网的冲击等优势，可全天候对电池进行补电，只花几分钟即可实现车辆换电。从以下几方面实现换电技术突破：第一，制定换电行业标准，支持换电站多车型互换；第二，创新换电模式，采用人工智能机器人加协同调度控制系统实现快速协同换电；第三，智能检测技术，把车辆准确无误停在指定位置。

智能充电系统快充与快换的发展，需要电网的支撑，可利用可再生能源构建一个能源补给微网，以满足多类型新能源汽车充换电需求。将光伏系统、储能系统、充电系统和换电系统有机结合起来，对现有微网能量优化管理成为关键，“光—储—充—换”智能微网系统如图2-10所示。“光—储—充—换”微网分层控制结构（图2-11）从不同层级的算法、时间尺度、通信结构等角度进行改进，提升能量管理策略的最优性、实时性和鲁棒性。

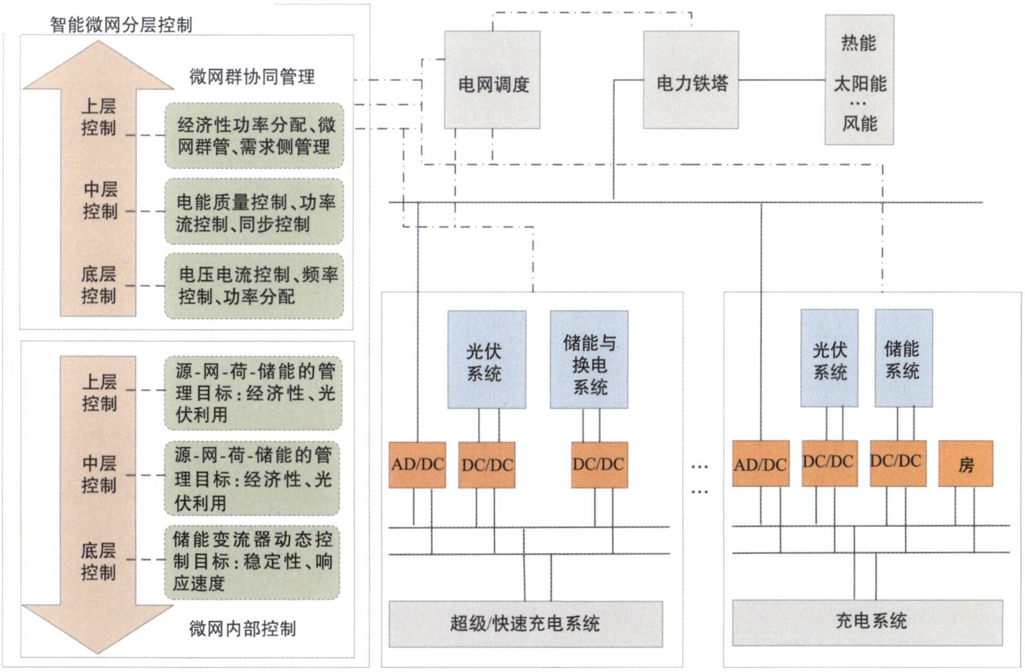

图2-10 “光—储—充—换”智能微网系统

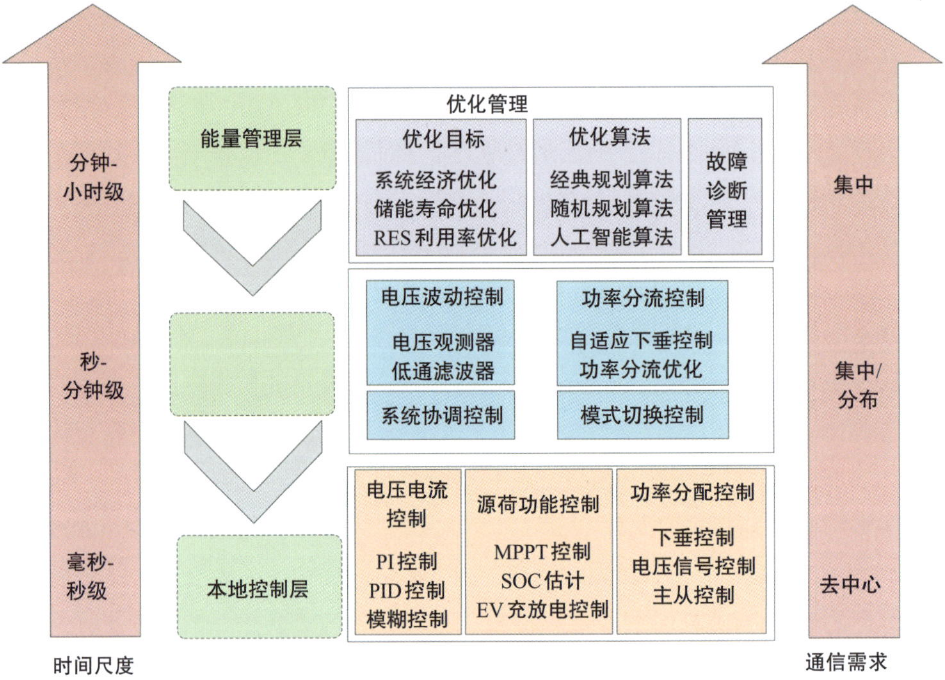

图2-11 “光-储-充-换”微网分层控制结构

2.3.3 新能源汽车智能热管理系统

目前，新能源汽车车室空调系统制热方式主要有以下三种方式。

1. 单冷空调系统+完全电加热系统（图2-12）

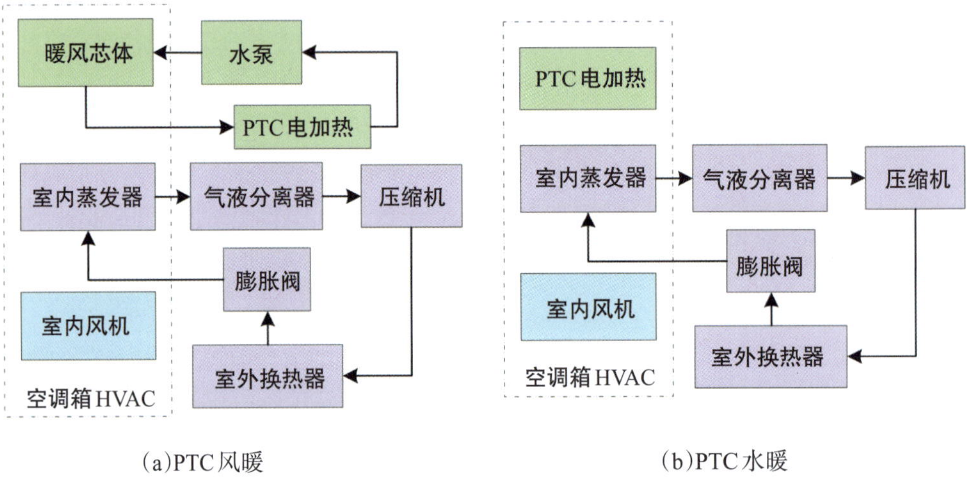

图2-12 单冷空调系统+完全电加热系统

系统通过单冷空调+PTC方式实现车室的冷热供应，包括PTC风暖和PTC水暖两种形式，该方式具有结构简单、成本低的优点，缺点是电池电能消耗大、效率低。

2. 热泵空调系统+辅助电加热系统（图2-13）

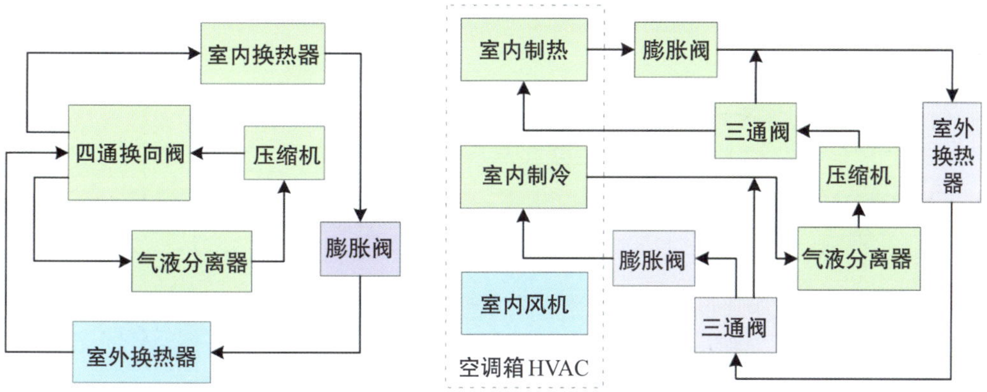

（a）四通换向阀切换模式　　（b）三通阀+三换热器切换模式

图2-13　热泵空调系统加辅助电加热系统

系统通过热泵空调+PTC方式实现车室的冷热供应以及除湿和除霜，该系统利用了阀件和换热器的组合方式实现的系统功能。热泵空调系统包括直接热泵式系统和间接式热泵系统两种方式，提高热泵系统在严寒工况环境下的制热能力，如图2-14所示。

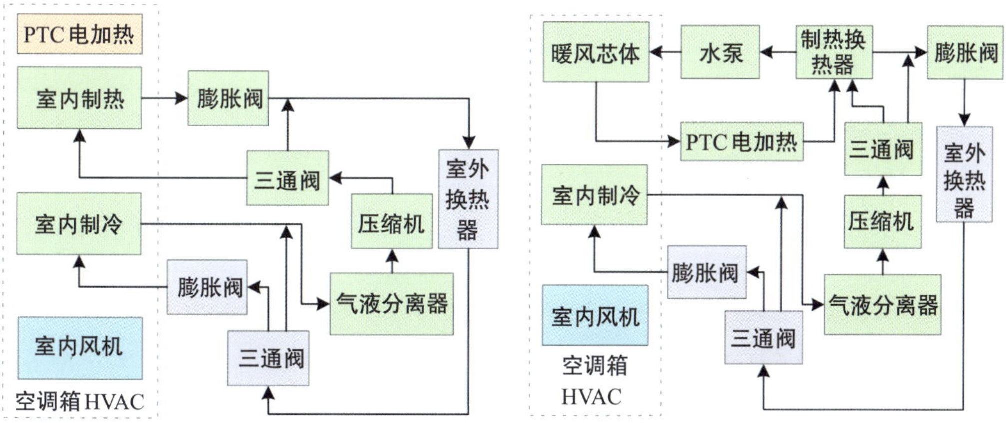

（a）直接式热泵空调系统　　（b）间接式热泵空调系统

图2-14　热泵空调系统

3. 一体化（电池、电动机、电控系统）热管理系统（图2-15、图2-16）

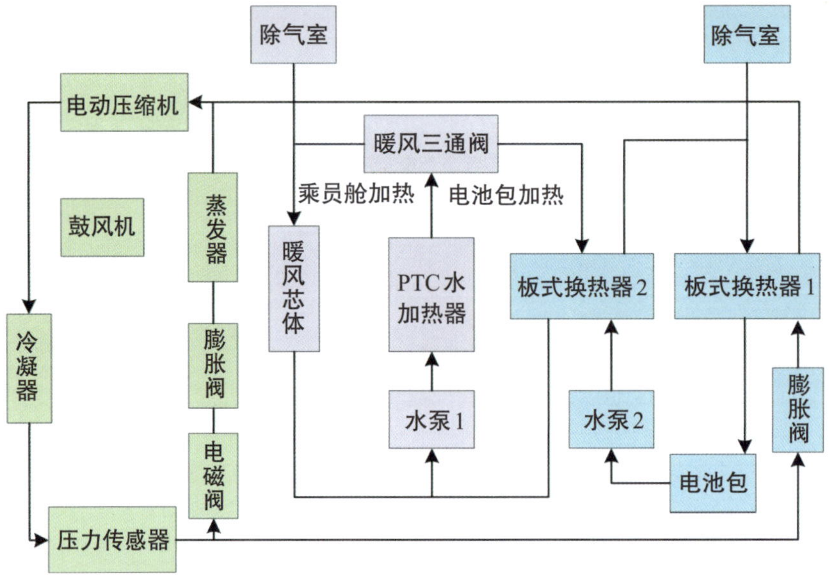

图2-15　车室空调、电池温控并联式热管理系统

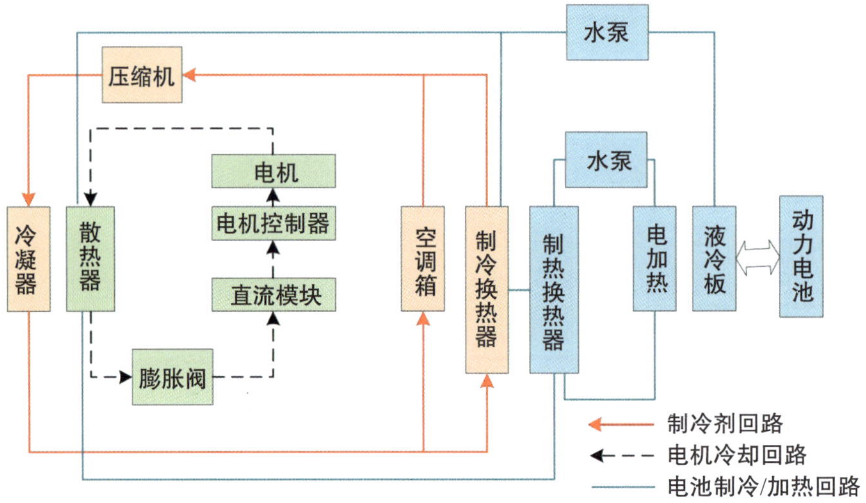

图2-16　车室空调、电池冷却、电机余热回收式热管理系统

将车室空调与三电系统进行组合，使三电系统处于合理的温度区间，同时满足车室内制冷和制热的需要，保证全工况范围内车辆的正常启动和提高续航里程。

第3章

车辆平台线控与云端自治式集成应用

3.1 车载线控平台

3.1.1 操作系统智能化延伸

车用操作系统对于安全性和可靠性的要求处于中等水平，该类操作系统发展迅速，依托于该类操作系统的生态也处于迅速发展时期。在智能网联的汽车浪潮下，软件定义汽车的理念已经成为共识。车载操作系统是“软件定义汽车”的基石，是应用功能的平台。

在电子电气系统架构从分布式向域集中式演进的大背景下，各种功能模块都集中到少数几个域控制器中，以前需要N个ECU实现各种功能，现在只需要一个DCU，节省了大量的线束和接插件，减轻了车身整体重量。但是，在汽车电子电气系统中，不同的ECU提供不同的服务，具有不同的优先级，对底层操作系统的要求也不一样。例如，根据ISO 26262标准，汽车仪表系统与娱乐信息系统属于不同的安全等级，具有不同的处理优先级。汽车仪表系统与动力系统密切相关，要求具有高实时性、高可靠性和强安全性，以QNX操作系统为主，而信息娱乐系统主要为车内人机交互提供控制平台，追求多样化的应用与服务，以Linux和安卓为主。

要使不同类型的操作系统运行在同一个计算平台，以达到主机的硬件能同时运行一个至多个虚拟机作为用户机的目的，这样能够使得这些虚拟机高效地分享主机硬件资源，如图3-1所示。虚拟化的概念被引入车载操作系统之后，供应商不再需要设计多个硬件来实现不同的功能需求。

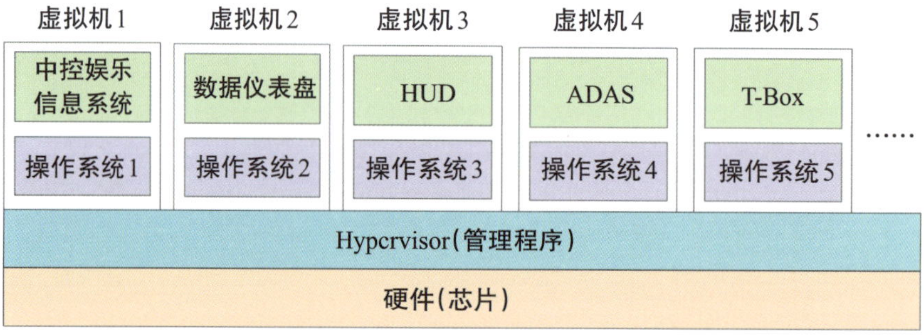

图3-1　Hypervisor技术可使多系统运行在同一计算平台上

Hypervisor解决方案提供了在同一硬件平台上承载异构操作系统的灵活性，同时实现了良好的高可靠性和故障控制机制，以保证关键任务、硬实时应用程序和一般用途、不受信任的应用程序之间的安全隔离，实现了车载计算单元整合与算力共享。Hypervisor的出现使得“多系统”的概念成为可能，只要资源足够就可以在控制器上安装多种不同类型、种类和供应商的操作系统来满足上层功能的需求。比如我们可以在智能座舱域控制器中，装上ASIL QM的信息娱乐系统，也可以添加满足ASIL B/C的ADAS实时操作系统。

在车载虚拟化领域，主流的Hypervisor技术提供商包括黑莓QNX管理程序（闭源）及Intel与Linux基金会主导的ACRN（开源）。目前，只有QNX管理程序应用到量产车型，它也是目前市场上唯一被认可功能安全等级达到ASIL D级的虚拟化操作系统。

目前汽车底层操作系统，格局较为稳定，主要有QNX（黑莓）、Linux（开源基金会）、安卓（谷歌）。对于座舱域这类对功能安全和信息安全要求较低的控制器，国内多基于安卓、AliOS开发，国外多基于Linux开发；而有着高实时性、安全性的自动驾驶控制器目前仍多以Linux、QNX开发为主。主流车载操作系统具有不同的特点及应用场景如表3-1所示。

表3-1　主流车载操作系统具有不同的特点及应用场景

操作系统	简介	优势	劣势	合作主机厂零部件供应商
QNX	属于黑莓公司，是全球第一款通过ISO26262 ASIL level D认证的车载操作系统	内核小巧，运行速度极快，具有独特的微内核架构，安全性、稳定性极高，符合车规级要求，可用于仪表盘	需要授权费用，只应用在高端车型上	通用、克莱斯勒、凯迪拉克、雪佛兰、雷克萨斯、路虎、保时捷、奥迪、大众、别克、丰田、捷豹、宝马、现代、福特、日产、奔驰、哈曼、伟世通、大陆、博世等

续表

操作系统	简介	优势	劣势	合作主机厂零部件供应商
Linux	基于POSIX和UNIX的多用户、多任务、支持多线程和多CPU的操作系统	免费、灵活性、安全性高	应用生态不完善,技术支持差	丰田、日产、特斯拉等
安卓	谷歌开发的基于Linux架构的系统,属于"类Linux系统",应用生态最为丰富,主要应用于移动设备	开源,易于OEM自研,移动终端生态完善。安卓手机上的APP不需要经过大的修改就可以应用在车机上,有利于国内互联网厂商切入汽车领域,快速建立起车载软件生态	安全性、稳定性较差,无法适配仪表盘等安全要求高的部件	奥迪、通用、蔚来、小鹏、吉利、比亚迪、博泰、英伟达等
WinCE	微软发布的32位的多任务嵌入式操作系统,具有多任务抢占、硬实时等特点	在当时实时性出色,Windows应用开发便利	现在开发者和应用已经非常少,即将退出历史舞台	福特Sync1、Sync2等

Hypervisor介乎于底层DCU硬件和上层OS软件之间，与标准化服务器（X86）+标准化OS（Windows和Linux）的云虚拟化应用场景不同，汽车嵌入式环境中的虚拟化技术面临的挑战是Hypervisor往往需要定制适配底层DCU硬件和上层OS软件，这一点对于Hypervisor的大规模商用与普及是一个非常大的技术障碍。VirtIO标准旨在提供一种通用的框架和标准接口，减少Hypervisor对底层不同硬件和上层不同软件的适配开发工作量。VirtIO是一套易维护和易扩展的通用设备仿真接口，由前端驱动程序、后端驱动程序和VirtIO虚拟队列构成。

Hypervisor虚拟化为同一个硬件平台承载多种不同类型的操作系统、不同时间响应要求的业务应用提供了关键的技术支撑。借助Hypervisor虚拟化技术，既消除了硬件冗余，简化了总体设计，降低了整车重量，又满足了资源复用、算力共享、安全隔离的需求。当前，大多数的Hypervisor都需要与指定的底层硬件和上层Guest OS配合使用，随着越来越多的Hypervisor提供商和Guest OS供应商遵循VirtIO标准，以及VirtIO标准对特定汽车硬件的虚拟化支持，Hypervisor将进一步解耦车载软硬件，车载系统供应商将更容易在不同的DCU硬件平台上支撑不同的Guest OS和应用程序，从而真正实现软件定义汽车。

3.1.2 基于芯片的车载线控智能

基于线控底盘电子芯片电路板控制系统包括底盘、四大I/O网关、网关载板、三大（底盘域、动力域、智能驾驶域）控制器以及各系统和模块，如图3-2所示。通过对新能源车辆的底盘、动力及智能驾驶进行结构布局，收集分散在底盘上的各个电子元件的各种信息的任务主要由与网关载板相连接的四大I/O网关负责，将收集到的数据信息发送给网关载板。

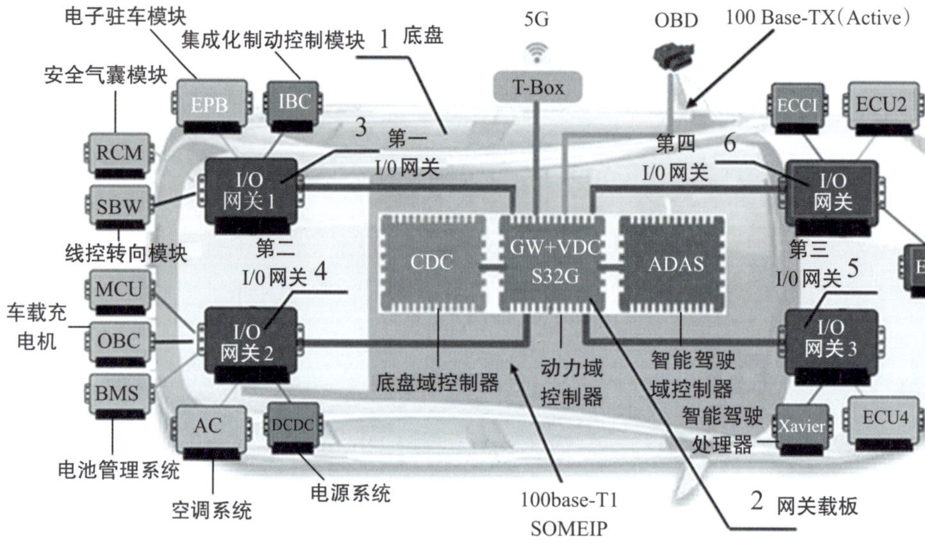

图3-2 基于线控底盘电子芯片电路板控制系统结构组成图

四大I/O网关都各司其职、分领域控制，与第一I/O网关连接的EPB、IBC、RCM和SBW；与第二I/O网关连接的BMS、OBC、AC和DCDC；与第三I/O网关连接的Xavier；与第四I/O网关连接的多个ECU控制单元都有各自的功能。各主流车载操作系统简介如表3-2所示。

表3-2 各主流车载操作系统简介

系统/模块	简介
SBW	将方向盘位置信息、转向杆位置信息、转向助力信息及转向阻尼信息进行收集并进行调节，并将信息传送至网关载板，当ADAS收到需要进行驾驶辅助控制时，接手SBW控制权，输出控制信号至网关载板，经过网关载板转换后控制信号传送至SBW
IBC	对底盘的制动信息进行收集，包括刹车片厚度、温度、振动频率、线速度、阻尼、刹车油压等信息收集并根据刹车踏板的信息进行刹车执行，若ADAS收到需要进行驾驶辅助控制时，接管IBC的控制权，输出控制信号至网关载板，经过网关载板转换后控制信号传送至IBC对制动进行控制
RCM	将汽车安全气囊信息进行收集并对气囊进行控制
EPB	将汽车驻车信息进行收集并对驻车进行控制，电子驻车模块EPB在辅助驾驶模式下可接受驾驶域控制器ADAS控制
BMS	将信息通过网关载板送至动力域控制器，动力域控制器根据车辆状态对动力电池进行管理

续表

系统/模块	简介
OBC	动力域控制器控制车载充电机对车辆的充电进行控制，保证单体电池充电的同步性，控制充电模式
AC	通过空调系统的指令信息及电池信息发送空调控制指令，同时对电池冷却进行控制
DCDC	将动力电池的电力经过转化为车载控制器提供电源
Xavier	智能驾驶处理器收集分布于车身上的摄像头、激光雷达、红外检测、定位系统等设备的信息，并根据内置的模型建立车辆周围的环境信息，将这些信息通过网关载板发送至ADAS，ADAS结合车辆自身的状态信息，计算出车辆的行驶状况，在人为驾驶状态，对可能涉及的危险发出警告，在自动驾驶状态，根据模型和驾驶目的对车辆驾驶状态进行调节和控制，达到安全驾驶的目的
ECU	诸如玻璃升降、灯光控制、后备箱控制、雨刷控制等控制器在根据车辆按键进行控制的同时，可将车辆状态信息信号发送至各域控制供使用

3.1.3 座舱控制

早期的汽车是一个纯机械产物，它脱胎于马车，当时人们对它的理解就只是代步工具。在20世纪初期的汽车主要由引擎、传动系统、悬挂系统+车轮、车身4个部分组成。1897年，博世生产出了汽车磁力发电机点火装置，汽车正式开始汽车电子化和座舱舒适化的进程。随后在1915—1940年，博世陆续推出了启动电机、车载喇叭、柴油喷射系统、车载收音机等量产产品，持续完善座舱内车载电器控制功能。到二十世纪六十到九十年代，汽车座舱开始有了今天的雏形。早期座舱信息只服务于驾驶者，显示基本驾驶信息。主要包括机械式仪表盘及车载收音机、对讲机等设备。这些设备的操作基本都是物理按键形式。

随着汽车电子技术的发展，汽车座舱进入座舱+电子设备时代。汽车座舱开始加入小尺寸中控液晶显示屏。车内添加了车载导航、蓝牙、媒体播放设备。用途也是查个地图，导航一下；连个手机蓝牙或者插上U盘听歌。在这个阶段，座舱的便利功能主要依靠将电子设备“搬”进车内来实现。功能之间的整合并不合理，体验也不够流畅。车载中控的功能和硬件性能体验甚至不如消费级平板电脑。

今天所说的智能座舱可以说是从2015年开始的。大尺寸中控屏开始成为标配，例如特斯拉的一些车型，推出把仪表盘与中控屏“二合一”的设计。部分车型开始采用HUD显示、流媒体后视镜等一系列汽车配件电子化的尝试。人机交互上，开始搭载ASR技术来代替原本需要手动输入的信息查询。在座舱功能控制上，也有了把空调收音机的实体按键到中控屏上触摸的设计。座舱系统开始朝着芯片大算力、智能化发展。

座舱智能化的进展得益于新能源汽车的三电系统替代掉发动机动力系统。汽车电子设备入驻车内开始变得更加容易和普及。座舱的控制得益于汽车系统汽车电子设计能力的提升，能够使用ECU对汽车控制和反馈。使用CAN通信能够大幅减轻汽车线束的数量，减轻汽车系统线路设计和布局难度。甚至通过车载功能虚拟化到集成芯片的方式，允许添加功能可以不再依赖汽车硬件升级。仅靠车载座舱系统OTA，即可实现功能的升级和落地。

从汽车座舱的发展可以看出，座舱的发展有三个清晰的方向，分别是汽车硬件电子化、汽车控制系统集成化和座舱环境舒适化。为了这三个方向的功能推进，座舱硬件、座舱控制系统、座舱驾驶辅助设备不断涌现，就是智能座舱在今天和未来的发展方向。目前智能座舱主要构成可以分为硬件（座舱芯片、HUD、电子后视镜等）、软件、操作交互（语音识别、人脸识别、触摸识别、生物识别）三大部分。

1. 智能座舱硬件

随着传统汽车的电气化发展，目前在汽车中安装数量达到100～200个ECU之多，数量多且不便控制。在集中式E/E架构下，新增的域控制器被集成了更多的功能。这使得主控芯片若要与其职能相匹配，那算力必须随之提升。可实现多个应用共用一套硬件装置，有效减少硬件数量。同时，集中式架构可以统一交互，可以节省汽车电路的线束布局，整车质量减轻。

流媒体后视镜相比于传统玻璃后视镜，通过在车后安置摄像头用于拍摄车后方情况，在中央后视镜显示屏呈现出真实、清晰的画面，减少了视觉盲区。

HUD汽车抬头显示仪基本原理就是将信息光源通过反射映照在显示板或者前挡风玻璃上。HUD当前有三种主流投影成像技术。其中，C-HUD是一种将信息镜像到透明面板，通常距离驾驶员的眼睛约2 m；AR-HUD具有数据融合和图像处理功能，可将图像精确地绘制到道路上向驾驶员导航。无须低头就能看到所需信息且不遮挡视野。这极大地提升了驾驶过程的便利与安全。

2. 智能座舱软件

车载OS可分为域控制器底层OS和二次开发OS。域控制器底层OS和二次开发OS之间的差别在于是否拥有完全的车载操作系统架构。在汽车电子设备的控制中，座舱操作系统的运作模式是通过虚拟机的方式整合在一个系统中。域控制底层OS在虚拟环境下，能够直接调度CPU、内存和I/O等硬件资源，并允许多个操作系统在虚拟机的协调下可以共享算力。同时还让每个操作系统可以保持彼此的独立性，可以说是“全知全能”了。但缺点是需要通过车规级标准的验证，而且研发非常昂贵。而二次开发OS虽然不能从底层算力的组织上直接控制汽车电子设备。但优势是可以规避从0开始研发到验证的耗时和经费，能快速实现座舱系统的落地。

OTA即远程在线升级技术，通过网络自动下载升级包对车辆自动升级。OTA分为两种类型，SOTA软件远程升级，远程给汽车软件系统进行升级和完善，主要服务于车载信息和娱乐系统；FOTA固件远程升级，远程给汽车固件系统进行升级和完善，主要服务于自动驾驶和动力系统。OTA技术的应用，能够让用户不再需要把车开到4S店，在任何一个有网络的地方就可以对车辆进行升级。例如特斯拉曾出现刹车逻辑Bug，通过OTA升级，很快就能修复而不需要召回或维修。

目前可进行OTA升级的系统包含：中控屏界面、操作按钮、娱乐系统、刹车系统、加速踏板力度等。当前汽车系统虚拟化后，任何一个汽车电子系统的部分都可以通过OTA来实现座舱系统的接管。可以说OTA不仅是保障汽车安全和省心省力的保障，同时也是汽车智能化路上的“加油站”。

3. 座舱智能交互

智能座舱的人机交互是建立在AI技术的辅助驾驶功能。利用AI和传感器的配合，提高驾驶安全和提升座舱互动便利。

DMS（驾驶员监测系统）是检测驾驶员出现疲劳及其他异常驾驶状态的辅助设备。DMS系统基于摄像头和近红外技术，从闭眼、凝视方向、打哈欠和头部运动等，检测驾驶员状态。若出现情况能及时语音灯光提示，起到警示驾驶员，防范驾驶严重事故的作用。目前DMS在我国“两客一危”上已经普及，作为保障乘用车安全和交通违章辅助设备而存在。

早在中控屏还是“车载导航”的时期，人们就已经采用说话的方式查询目的地了。但彼时的座舱语音还只是简单的语音识别，识别率低尚且不说，智能就更谈不上了。但在座舱SOC算力能够支持AI的今天，座舱语音助手能够解决的可不止查地图这样的功能。目前语音助手在识别准确率提升之后，还能够完成声源定位、语义理解、单句多任务等功能。例如声源定位可以让后排右边的乘客仅说出打开我的车窗，就能实现精准定位，打开车窗。而语义理解能够凭借粗略描述就能精准反馈结果。单句多功能可以打破原先的“一句一操”的呆板互动，变成一次性从关上车窗、打开空调、导航的连贯操作。可以说语音助手的终极目标是替代用户完成所有在车内需要动手的操作。

3.2 云端智能网联数据自治式集成

3.2.1 云端智能网联数据匹配自治模型

通过构建云端智能网联数据匹配自治模型可以有效解决传统云计算数据上传带来的延时大、效率低的问题，首先获取应用场景的数据信息并进行分类，与计算模式匹配关联后建模。利用构建的模型可实现边缘设备的协同计算和信息交互，这不仅能够有效缓解云端数据的处理压力，还可以大幅提高设备之间任务的执行效率。

P2P（对等式网络）与CDN（内容分发网络）是两种具有不同功能的网络技术。对等式网络是一种采用点对点的信息交流技术，节点具备服务器的功能；内容分发网络是一种智能虚拟网络，其功能是帮助用户就近边缘服务器获取所需服务。通过将CDN与P2P相结合，采用该方式可以降低单点负载和提高负载均衡，这样就减少了硬件的投入和运营的成本。边缘自治的关键是任务的动态划分，采用任务动态划分技术对数据的分解和并行进行算法控制，实现任务自动并行化、协作化的智能运行，同时采用任务分发、迁移技术配合任务的划分，通过计算当前任务和历史任务以及使用迁移学习方法加速任务分配和完成子任务。边缘自治拓扑示意图如图3-3所示。

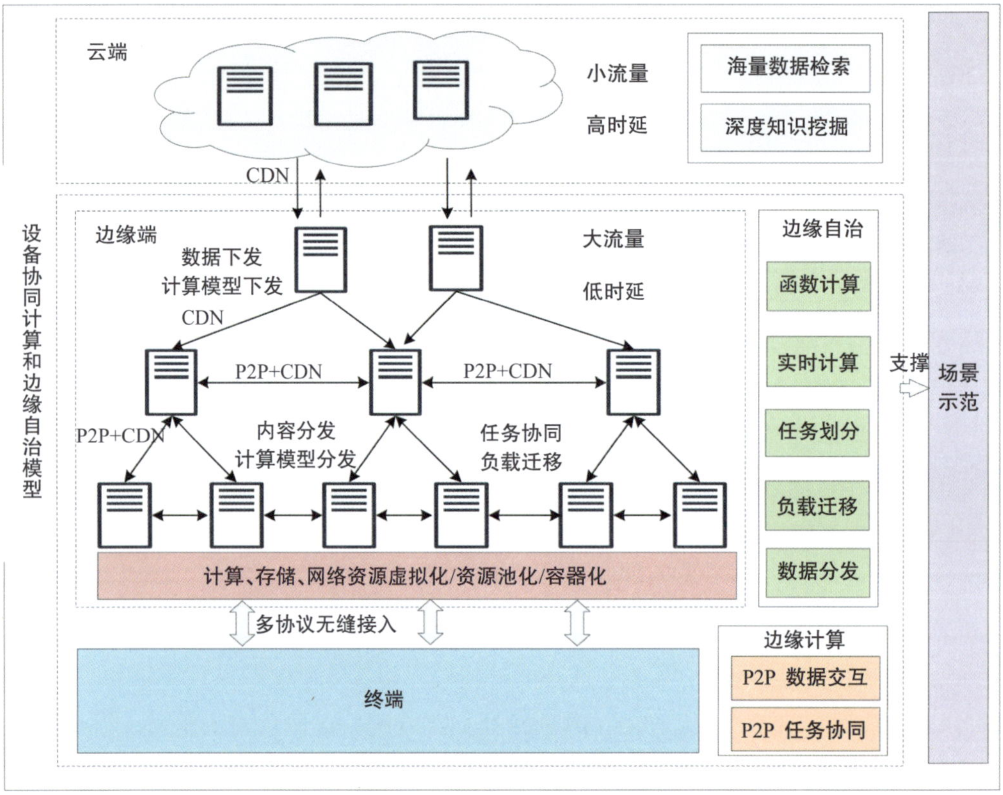

图3-3　边缘自治拓扑示意图

3.2.2　云端海量数据清洗与优化

数据挖掘技术的发展提高了大数据的质量，但仍不可避免数据库出现一些脏数据和不完整数据，这些数据的存在增加数据处理时间和难度，重则误导决策失误。数据库的规模随着各种异构的数据源的不断存入而不断增大，增加数据的存储和维护难度，导致数据遗失、数据过期、数据错误录入及恶意数据攻击等各种问题出现。因此，对数据进行清洗与优化就很有必要，可以有效去除冗余错误数据，保证数据导入和使用前的准确可靠，提高数据的应用价值。基于云计算的海量数据清洗处理总体框架图如图3-4所示。

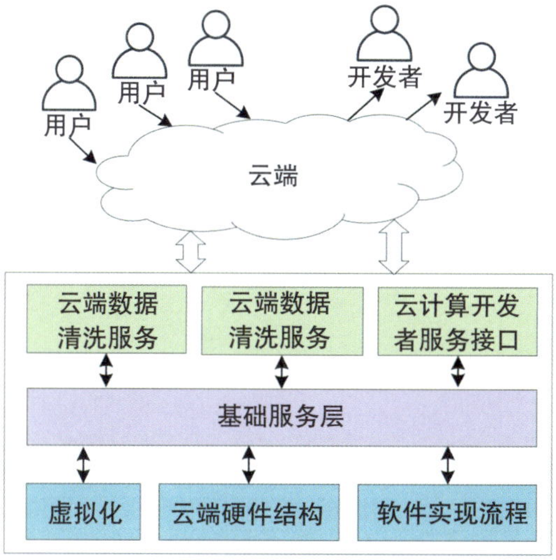

图3-4　基于云计算的海量数据清洗处理总体框架图

大数据的清洗主要是对错误、冗余、不完整和不规范数据进行纠正、剔除、补充和格式转换等。云端海量数据清洗与优化利用云端提供的硬件构建和软件开发服务功能，多配置、扩展性强的系统特性，以及数据计算处理能力强大，可为用户提供多样化的需求服务和定制服务。基于云计算的海量数据清洗系统的硬件结构图如图3-5所示。

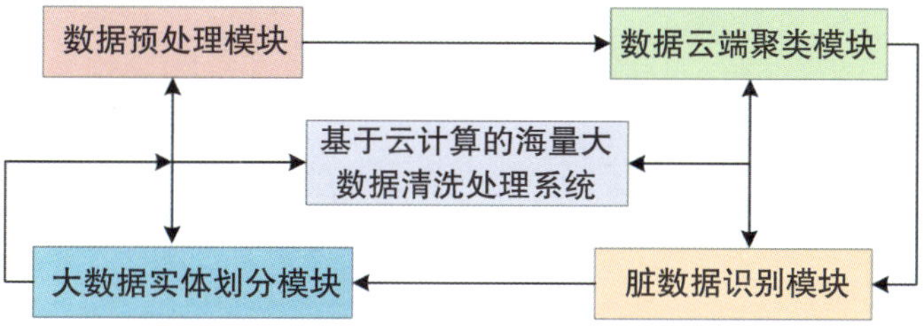

图3-5　基于云计算的海量数据清洗系统的硬件结构图

要进行清洗的海量数据首先进入数据预处理模块，该模块主要负责去除冗余数据和数据降维处理，将每一条输入的数据进行数据格式的匹配与变换。数据云端聚类模块主要负责不完整或不合理数据干扰处理，把不合规的干扰数据删除。脏数据识别模块主要负责判断冗余删除结果。大数据实体划分模块主要负责删除冗余数据和错误数据，缩小大数据函数阈值的边界。

3.2.3　云端离线式自治管理模式

随着新能源汽车智能网联化水平的不断提升，对指数级增长数据的处理需要，同云计算数据处理能力有限、能源消耗大以及数据隐私安全等矛盾，边缘计算应运而生，边缘计算能够有效减少数据传输和处理的网络延迟。作为云计算平台的延伸，边缘计算平台不是一个孤立的系统，而是与云计算平台保持关联，实现边云平台统一的设备和应用管理视图，事件、消息、数据的跨边云高效同步，微服务在全局的自动发现和流量治理等。同时，边缘计算平台要与中心的云计算平台保持解耦，提供本地自治的能力，以应对弱网甚至是断网的场景。

KubeEdge是一个开源的边缘计算平台，分为云、边、端三个层次，解耦式的架构。“北向统一应用开发接口，南向支持异构边缘形态”是KubeEdge的核心原则，围绕这个原则，在“IoT设备—边缘计算节点—边缘应用”3个层面，实现了边缘计算全流程生态开放。通过双向多路复用消息通道，支持边缘节点跨私有网络和云端进行通信；基于WebSocket和信息封装，统一管理所有连接，大幅减少通信压力，在高时延高抖动下仍可正常工作；通过云边信息校验系统，在网络不稳定时防止数据丢失。支持海量边缘设备管理和主流设备通信协议（如Wi-Fi、ZigBee、MQTT、Modbus、Bluetooth等）。

边缘网络的不稳定性导致边缘节点经常出现和管理系统的断连，该场景下如何保证边缘应用持续稳定地运行，也是边缘云原生平台需要解决的重要问题。通过在边缘上引入一个轻量的元数据管理模块（MetaManager）对边缘应用的元数据进行存储。当边缘节点离线时，EdgeD可以基于MetaManager存储的元数据对应用进行管理和恢复。每个节点上的MetaManager只存储了部署在本地的应用的元数据信息，这样既保证了较小的资源开销，同时也保证了集群中其他节点数据的安全性。当云边连接断开后，边缘节点重启，EdgeD从数据库读取元数据，边缘业务可正常恢复和稳定运行。当网络恢复后，云端控制器会同步恢复到边缘。

图3-6是网络条件良好的情况下的调用关系图，比如查询操作首先就需要通过云访问获取。图3-7是离线环境下的情况的调用关系图，直接从数据库中获取需要的应用数据。

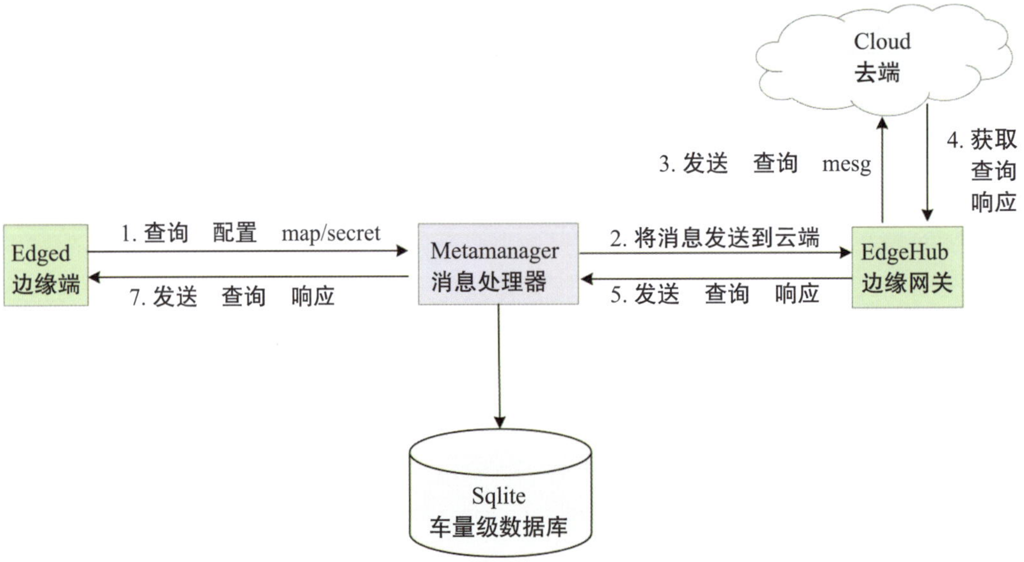

图3-6　从边缘到云的远程查询操作

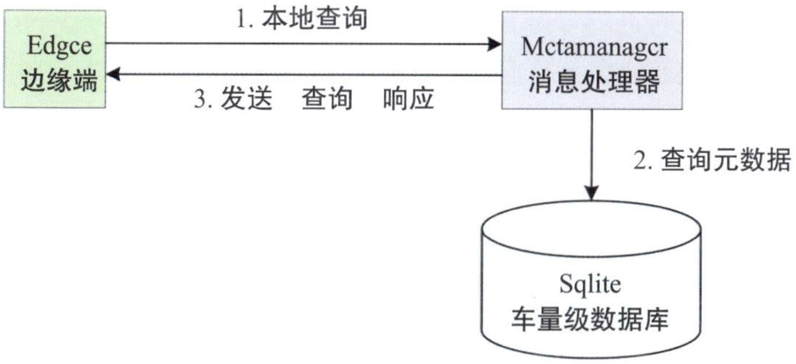

图3-7 边缘的本地查询操作

3.3 智能网联感知环境集成模型

3.3.1 多模传感器融合感知技术集成应用

采用混合式融合（全分布式融合+全集中式融合）架构，其拓扑结构如图3-8所示。优势是传感器、ECU针对不同功能搭载可分层管理，在某些异常情况下ECU失效时，传感器可充当冗余控制器实现一些必要安全性功能，以保证驾驶辅助安全性。

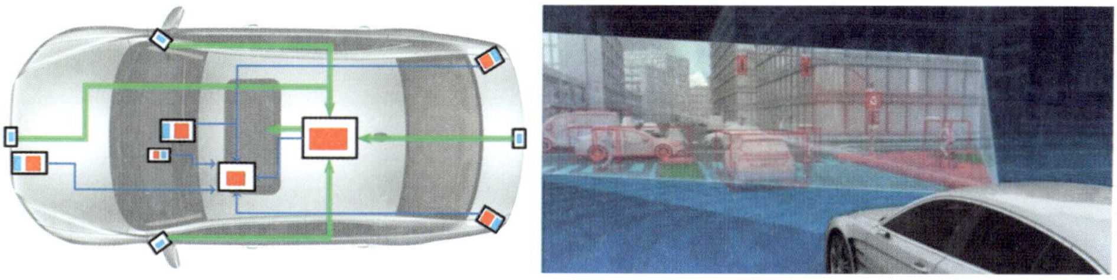

图3-8 智能网联汽车多传感器融合拓扑结构与目标识别示意图

1. 车辆识别

基于视觉传感器的车辆识别是指利用摄像头获取主车周围的环境信息，利用图像处理或人工智能等技术检测和识别获取环境信息中的车辆。识别的车辆可以是运动的，也可以是静止的。基于毫米波雷达的车辆识别是指利用毫米波雷达探测主车周围的车辆，视场角小，覆盖范围比视觉传感器小。基于激光雷达的车辆识别，可以对车辆进行精确定位。由于激光雷达价格昂贵，自动驾驶级别较低的智能网联汽车不需要使用激光雷达，因此基于激光雷达的车辆识别主要用于无人驾驶汽车。

2. 行人识别

智能网联汽车的行人识别主要有两种应用场景：一种是城市工况下车辆外的行人识别；一种是驾驶室内的驾驶员脸部识别。城市工况下的行人识别系统是搜索车辆前方的行人，发现后对其标记并跟踪，提醒驾驶员或自动驾驶系统车辆前方有行人，提高城市的交通安全。驾驶员疲劳检测与驾驶行为识别预警系统能够实时监测驾驶员状态并在确认其疲劳和行为不规范时发出提示信息。

3. 交通标志识别

交通标志识别主要使用视觉传感器，对应无人驾驶汽车，也可以利用激光雷达。目前交通标志识别的典型应用是限速识别预警系统，该系统可帮助驾驶员观察道路限速标志，利用视觉传感器探测行驶道路上或道路旁的限速标志，在组合仪表上向驾驶员显示限制车速。

4. 交通信号灯识别

未来智能网联汽车或无人驾驶汽车交通信号灯可以通过V2I技术识别。交通信号灯的自动识别是实现城市无人驾驶汽车安全行驶的关键，特别是在十字路口，可实现车路协同控制，提高通行效率。如果能从车内预先得知前方的交通信号灯状况，提醒驾驶员目前适合持续加速或者维持速度恒定，甚至预先减速，可以使行车更为顺畅，通行效率将大大提高。奥迪推出的交通信号灯信息互联系统就是为了解决交通信号灯对于行车顺畅所造成的问题。交通信号灯信息互联系统建立在车辆与基础设施联网（V2I）的技术之上，让车辆可以透过网络与基础设施连线，共享彼此的信息。交通信号灯信息互联系统正是让车辆能够与交通信号灯建立连线，使驾驶员在车内就能预先得知前方交通信号灯的状态，包括红灯或者绿灯，以及红灯与绿灯的剩余秒数等信息。交通信号灯信息互联服务除了可以透过仪表盘或者HUD抬头显示预先得知前方路口的交通信号灯状况外，系统还能够以当下的车速进行计算，判断抵达下个路口时信号灯将会是红灯还是绿灯。若系统判断抵达下个路口时，信号灯将会是红灯，也会显示红灯的倒数计时，让驾驶员可以调整当下的车速。如果调整得宜，将可以迎来一路常绿的状态。

5. 道路识别

道路识别可使用视觉传感器和激光雷达，激光雷达对道路进行识别和转换，视觉传感器起到驾驶辅助作用，如用于预警提示辅助的车道偏离预警系统，当车辆偏离当前车道时，提醒驾驶员纠正；用于控制辅助的车道保持辅助系统，自主控制车辆回到车道中间，使车辆保持在原车道内行驶。

3.3.2 环境感知系统任务

环境感知系统（图3-9）利用多传感器获取车、路、人等信息，为车辆决策提供依据。环境感知系统由感觉、感知、认知、控制和执行五个部分组成。自动驾驶等级越高环境感知系统越复杂。

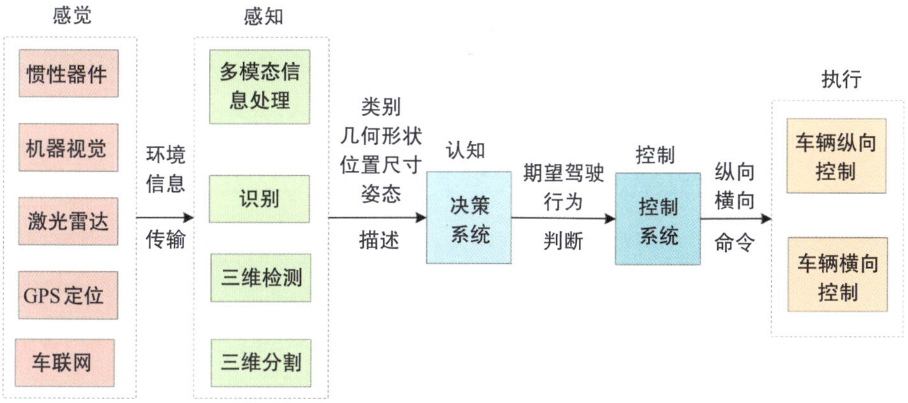

图3-9　环境感知系统

在感觉阶段，采集车辆行驶过程中真实的状态信息并转化成数字信息，传送至下一个阶段。在感知阶段，进一步全面、准确感知车辆行驶环境，得到的感知信息为认知与控制阶段的安全智能行车提供保障。从二维识别到三维检测，可以从立体空间多角度、全方位地感知分析车辆行驶物理参数，随着感知内容的深化和评价指标的多元，以及感知技术的愈发成熟，感知应用场景也从高速公路场景向城市道路场景转变，提高感知的实用性、丰富性以适应更多的场景需要。在认知阶段，基于目标（障碍物）的表现和状态进行分析和推理，获取其类别、几何形状、位置尺寸、姿态等物理和语义信息，做出准确的判断（期望驾驶行为）。这样，决策系统作为汽车的“驾驶脑”，拥有了决策指挥的能力，可对控制系统“发号施令”，让其执行具体的驾驶操作。

目前，环境感知系统常用传感器如表3-3所示，各有其优势和局限性。比如摄像头受光照条件影响较大，不适用于长距离的环境感知；激光雷达在一定程度上弥补了摄像头的缺点，可以精确地感知物体的距离和形状，因此适用于中近距的目标检测和测距。但其受天气影响较大，且成本较高，量产难度大，感知距离也有限。毫米波雷达可以很好地弥补激光雷达的缺点，可全天候工作，价格也相对较低，感知距离较远，能精确地对目标进行测距和测速，因此适用于低成本的感知系统或者辅助其他的传感器。但是缺点在于高度和横向的分辨率较低，对于静止物体的感知能力有限。因此，采用单一传感器无法采集车辆的完整行驶信息，通过在车身不同位置布置多个或者多种传感器取长补短，最大优势地发挥传感器的环境感知作用。

环境感知系统的基础是多种传感器，核心是感知算法。利用各种传感器（比如摄像头、激光雷达、毫米波雷达等）检测各种移动和静止的障碍物（比如车辆、行人、建筑物等）；利用高精度地图，以及惯性导航（IMU）和全球定位系统（GPS）作辅助，确定车辆在环境中所处位置。

表3-3 环境感知系统中常用传感器

种类	优点	缺点	主要用途
视觉传感器	范围广、数据多、价格低廉	无法获取准确三维信息、使用环境严格	识别路径及物体、增强视觉
激光雷达	直接获取环境的三维信息	处理速度偏慢、成本高	环境深度信息感知、三维重构
毫米波雷达	能够近距离获得目标运动状态	分辨率低、易受干扰	获取目标距离、速度等
超声波雷达	处理速度快	方向性差	近距离目标检测
红外线	精度高	分辨率低，距离短	夜视、红外成像

感知算法的两个主要任务是物体检测和语义分割。物体检测得到的是场景中重要目标的信息，包括位置、大小、速度等，是一种稀疏的表示；而语义分割得到的是场景中每一个位置的语义信息，比如可行驶、障碍物等，是一种稠密的表示。这两个任务的结合被称为全景分割，这也是自动驾驶和机器人领域最近兴起的一个概念。对于物体目标（比如车辆、行人），全景分割输出其分割Mask、类别和实例ID；对于非物体目标（比如道路、建筑物），则只输出其分割Mask和类别。环境感知系统的终极目标就是要得到车辆周边三维空间中全景分割结果。当然对于不同级别，不同场景下的自动驾驶应用来说，需要的感知输出也不尽相同。

3.3.3 车联网感知技术融合

车联网感知技术融合是利用各种感知技术实现车与车、人、路、物、网和环境的感知。车联网信息感知分为内层感知，车自身的感知，包括机械本体感知、电控系统感知、位置与姿态感知；外层感知，车与其他物体的感知，包括车—人感知（V2P）、车—车感知（V2V）、车—路感知（V2R）、车—物感知（V2T）、车—网感知（V2I）、车—环境感知（V2E），如表3-4所示。

表3-4 车联网信息感知各层级信息表

第一层级	第二层级	定义
内层感知	机械本体感知	感知车辆各部件静、动态信息，如发动机转速、车速、油耗、燃油量、冷却液温度、胎压等信息，有利于驾驶者及时掌握车辆状态，进行合理操控、决策等
	电控系统感知	感知各类车载电器、执行机构等的故障信息，这是辅助车辆维修的重要手段
	位置与姿态感知	对车辆的经度、纬度、海拔高度的绝对位置感知及在地下工程等场所的相对位置感知是进行车辆监控、在线调度和辅助驾驶的基础

续表

第一层级	第二层级	定义
外层感知	车—人感知	1. 车内人员感知：感知驾乘人员的图像、身份等信息可实现车辆的安全防范；感知音视频信息可作为实时通信的基础；感知驾驶员面部图像结合方向盘转动等信息可用于判断驾驶员是否疲劳驾驶。 2. 车外人员感知：感知人的身份、距离等信息并与报警联动，是汽车安全防范、防撞、安全行驶和智能驾驶的前提条件
	车—车感知	1. 任意车间感知：通过感知身份等信息可具备一定的社交功能，通过组建无线网络实现信息的交互和资源共享，通过感知距离、速度等信息用于车灯控制、防撞预警。 2. 车队内部感知：统一管理的车队易于组建稳定、高效的局域网，可实现车队成员间的信息交互；进行音视频通信与广播便于指挥调度；实时共享车距、位置、路况及车况等信息，可大大提高车队的信息化、精细化和安全管理水平
	车—路感知	1. 路面感知：感知路面平整状况、周边情况，便于驾驶者进行合理的操控；感知自身所处车道位置，可确保行驶或超车的安全，也是实现无人驾驶的重要部分。 2. 交通状况感知：感知行车速度、交通拥堵状况等信息是车联网进行智能调度等的信息基础。 3. 交通信号感知：主动感知并识别各种交通信号，或被动接收数字化交通设施发送的信号，提前获取红绿灯状态等信息，可使驾驶员做出预判，合理选择路线，对实现智能驾驶具有重要作用
	车—物感知	1. 车内物品感知：感知车内物品、特殊载荷的信息与状况，把这些信息借助车联网系统传输到物联网系统，可以对车联网系统中的物品进行实时联网监控、可视管理、在线调度，从而实现智慧物流的运作。 2. 车外物品感知：对车外建筑、物品及前后车辆的感知是保证行车安全、实现智能驾驶的信息基础
	车—网感知	1. 智能交通感知：智能交通感知车联网与智能交通的融合与集成。车辆信息与智能交通的感知可实现不停车收费（ETC）、停车场管理、紧急救援等车联网应用。 2. 互联网感知：将车辆接入互联网，使车辆成为物联网的有机节点，车辆与网络同行，使用户畅享丰富、无限的互联网资源
	车—环境感知	包括感知温度、有害气体浓度等，直接关系到驾驶员的舒适度与健康

车联网对各类信息的感知主要依赖识别技术、传感技术、通信技术和导航定位等关键技术，技术与技术之间两两或多种相互融合组成新的技术、功能、形态，如图3-10所示。

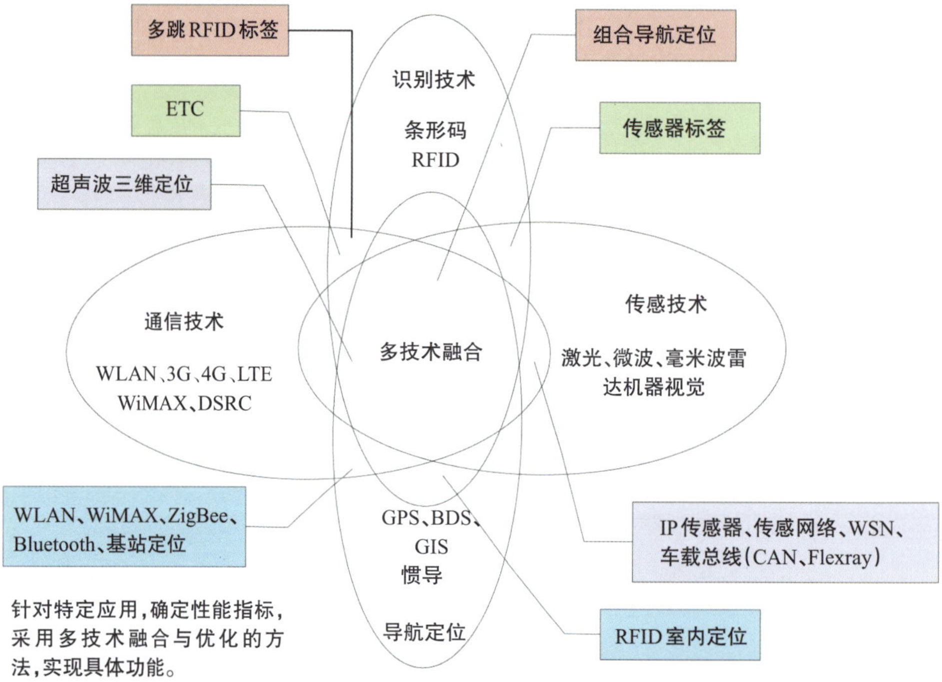

图3-10　多技术融合示意图

1. 识别技术

识别技术主要包括条形码和RFID，应用情形包括位置感知、交通状况、交通信号、任意车间、车队内部、车内物品、车外物品、车内人员、车外人员、智能交通等。

2. 传感技术

传感技术包括激光、微波、毫米波雷达、机器视觉，应用情形包括运行状态、车辆故障、车内环境、路面感知、交通信号、任意车间、车队内部、车内物品、车外物品、车内人员、车外人员等。

3. 导航定位

导航定位包括GPS、BDS、GIS、惯导，应用情形包括位置感知、交通状况、车队内部等。

4. 通信技术

通信技术包括WLAN、3G、4G、LTE、WiMAX、DSRC，应用情形包括运行状态、位置感知、交通状况、交通信号、任意车间、车队内部、智能交通、车网交互等。

3.3.4　人机交互感知技术应用

人机交互技术研究始于1970年，人机交互是辅助驾驶系统的重点研究领域，驾驶员的驾驶行为是保障车辆安全行驶的前提，良好的人机交互关系可以给用户带来舒适的操作体验感。人机交互技术发展到今天，现行比较主流的人机交互系统主要有宝马

iDrive、奔驰COMAND、奥迪MMI、丰田G-BOOK等系统。国内外部分汽车人机交互系统应用情况如表3-5所示。

表3-5 国内外部分汽车人机交互系统应用情况

人机交互系统	应 用
宝马iDrive系统	iDrive系统(intelligent-Drive system)是宝马公司的智能驾驶控制系统,采用了简单、安全和方便的未来驾驶理念。宝马iDrive系统的外显装置是一个位于传统轿车排挡杆位置的旋钮控制器和仪表板中部的一个显示屏。旋钮具有类似电脑鼠标的功能,通过推拉、旋转和下按等动作,可以控制显示屏菜单,实现数百个功能的选控,旋钮周围分布了退后、选项、菜单等功能的操作,用一个手就可以完成所有的操作,在熟悉功能和逻辑后可以实现盲操
奔驰COMAND系统	COMAND是奔驰研发的独立影音控制系统,这套系统由前台液晶屏下方的一排按键和中央扶手箱上的一个旋钮来控制。控制终端的旋钮可以进行向下按、旋转和前后左右四向移动控制,实现菜单功能的选控,在熟悉按键位置和功能设置后可以实现盲操。另外,在汽车后排这套系统还有一个分支按键,同样可以进行功能的操作。显示屏最上方的主菜单有导航、音响、电话、影像和车辆5个选项,通过旋钮旋转或左右拨动来选择相应的内容,按下旋钮即进入下一级菜单;返回上一级可向上拨动旋钮或按返回快捷键,每一级都有类似的数据库结构,操作逻辑清晰
奥迪MMI系统	奥迪MMI(Multi MediaInterface)是多媒体交互系统,MMI在一个显示屏和操作系统中融合了所有信息娱乐系统的操作。MMI采用统一逻辑,通过精减控制器几个按键完成所有功能的设置和操作,快速、直观地使用相应的功能,使用相同逻辑,即可操作各种功能。具体操作通过八个功能键,选择各个主要功能;旋转和按下控制按钮,选择并激活子功能;多媒体交互系统显示屏的四个角分别对应四个控制键的当前功能,驾驶员按下“返回键”,即可返回上一级菜单。在汽车行驶的时候,通过多功能方向盘上的菜单滚动键也可对其进行操作,操作原理和逻辑不变
安吉星系统	安吉星是通用汽车、上汽集团和上海通用汽车的合资公司,应用于凯迪拉克、别克、雪佛兰等多种车型。通过应用全球卫星定位系统(GPS)和无线通信技术为用户提供汽车安全信息服务,包括碰撞自动求助、路边救援协助、全音控免提电话、实时按需检测和全程音控领航等十多项
福特MyFordTouch系统	MyFordTouch系统是福特的车载多媒体互动系统。主要包括一个可触摸的显示屏,界面和图像由新一代福特SYNC支持。交互系统以微软Windows Embedded Auto作为平台,集成三维彩色导航、多媒体娱乐、无线网络、蓝牙电话、空调控制等功能于一体,驾驶员可以通过彩色显示屏和语音来控制各种功能
沃尔沃Sensus系统	沃尔沃全新Sensus系统主要由“智能在线”和“随车管家”两大核心功能组成。系统包括了互联、服务、娱乐、导航、控制在内的车载互联功能,采用了人性化设计的控制系统,屏幕由多个“功能模块”构成,各模块可以交互展开,方向盘上增加Sensus相关功能快捷键、集成式语音控制、自适应巡航等功能

续表

人机交互系统	应用
日产CARWINGS系统	CARWINGS是日产的车载信息服务系统,有中央屏幕支持触摸和旋钮两种操作方式,方向盘右手侧有一键语音的快捷键,能够对电话、导航、音响进行简单控制。娱乐系统方面支持多种音源。人工后台为车辆提供远程服务,可以通过电话、网络对驾驶员及车辆提供服务,还能够实现人工导航
丰田G-BOOK系统	G-BOOK智能副驾即车载智能通信系统,G-BOOK平台的操控集中于变速杆的右侧,通过一个G-BOOK的操作摇杆进行操作。其中,用户能够通过车载智能通信系统G-BOOK智能副驾,以无线网络连接数据中心,获得包括紧急救援、防盗追踪、道路救援、保养通知、话务员服务、资讯服务、G路径检索、预订服务、网络地图接收、高速公路安全驾驶提醒以及图形交通信息服务在内的15项智能通信服务
荣威inkaNet系统	inkaNet是上汽集团发布的3G智能网络行车系统,基于3G互联实现了丰富的车载功能,涵盖了导航、收音机、对讲机、电话、网络、音乐、视频等多项内容,采用物理按键和触摸显示屏结合的交互方式。同时,还具备了"一键服务",能够接通荣威客服中心,进行远程问题沟通
比亚迪DiLink智能网联系统	DiLink智能网联系统是比亚迪基于移动互联、人工智能、语音识别、车联网等技术独立自主研发的交互系统。采用了智能自动旋转大屏DiPad,可根据软件的应用场景和交互方式提前预判,进行智能自动旋转。同时,大屏还支持分屏功能,可以同时显示多个软件界面。DiLink智能网联系统包含DiPad、Di云、Di生态和Di开放四大能力平台,可以实现连接人—机—车—云

第4章 智能网联汽车多级分布式V2X计算模型

4.1 自主式驾驶辅助ADAS-V2X计算模型

4.1.1 自主式驾驶辅助界定

自动驾驶辅助（Advanced Driving Assistance System，ADAS）是比较初级的智能驾驶能力，主要用于辅助人类驾驶员进行驾驶车辆。目前，驾驶辅助技术处于L1和L2的自动驾驶技术水平。L1时期，汽车逐渐介入制动和转向控制之一，分担驾驶员的工作，主要包括自适应巡航、车道保持、紧急停车制动等功能。L2时期，汽车逐渐接管了多个纵横向控制，驾驶操作由系统完成，但仍要保持驾驶员的注意力，及时接管汽车。自主式驾驶辅助系统分为预警提示辅助系统、控制辅助系统、视野改善辅助系统，如表4-1所示。

表4-1 自主式驾驶辅助系统分类

类型	系统名称	功能说明
预警提示辅助系统	车道偏离预警系统	提醒驾驶员车辆正在偏离当前车道,注意纠正
	前向碰撞预警系统	提醒驾驶员,当前车辆可能速度过高、距离过短,可能发生与前方车辆或障碍物的碰撞
	盲区检测系统	提醒驾驶员当前在视觉盲区内存在行人或其他障碍物
	驾驶员疲劳预警系统	推断驾驶员当前属于疲劳驾驶,提醒驾驶员恢复集中精神驾驶或采取其他措施
控制辅助系统	车道保持辅助系统	车道偏离预警的进阶,进一步自主控制车辆回到车道中间,保持行驶
	自动制动辅助系统	前向碰撞预警的进阶,进一步自主控制车辆制动,避免碰撞
	自适应巡航控制系统	自主调节车速,使车辆始终与前车保持安全距离
	自动泊车辅助系统	控制车辆自主泊入车位

续表

类型	系统名称	功能说明
视野改善辅助系统	自适应前照明系统	自动调节前照明系统的工作模式,如远近光灯调节,甚至是照射角度等
	夜视辅助系统	使用热成像能力,在晚上显示行人或动物等
	抬头显示系统	将一些重要的驾驶辅助信息通过投影方式显示在驾驶员正前方的挡风玻璃上
	全景泊车系统	车辆四周360°全景显示

4.1.2　自主式驾驶辅助主要实现模式

- **L2行车驾驶辅助**

1. 纵向巡航辅助

纵向巡航辅助为在传统定速巡航的基础上，采用前车雷达与前向摄像头探测前方车辆、骑行者、行人（后续统称为目标）的运动情况以及道路曲线、道路标志，并针对本车和目标之间的相对距离和相对速度、本车所处的弯道情况及道路限速情况，通过对动力系统、制动系统的主动干预控制自车与目标始终保持合理的车间距及车速行驶，从而减轻驾驶负担的驾驶辅助系统。在本车道有引导前车且引导前车的车速低于自车目标巡航车速时，自车选取引导车辆作为跟随目标进入跟车巡航状态，在跟车巡航过程中系统会以趋近前车车速及设定时距为控制目标；本车道没有前车或与前车的距离大于本车时距且前车速度高于自车目标巡航车速时，ACC系统控制本车以目标巡航车速定速行驶。机动车自适应巡航控制原理如图4-1所示。

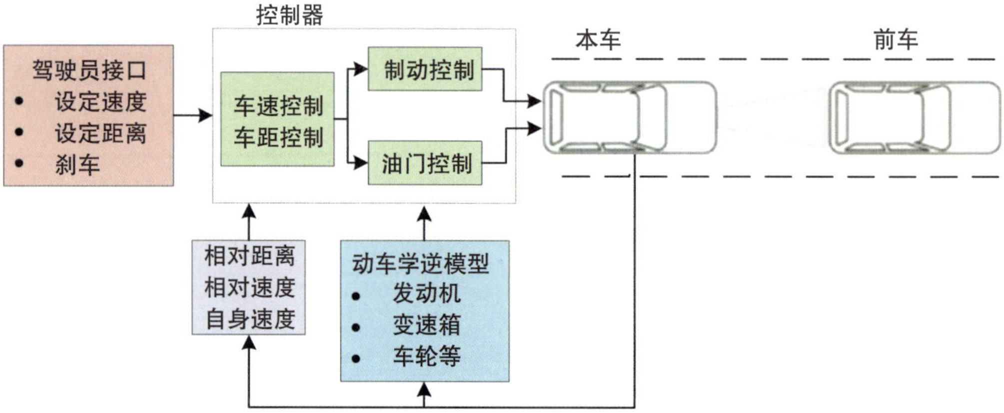

图4-1　机动车自适应巡航控制原理

在有明显被摄像头识别到的弯道时，ACC系统即使在没有前车或者驾驶员干预的前提下根据弯道的大小及当前的车辆运动状态、不依赖跟随巡航功能自主降低巡航车速通过弯道的功能。

在ACC模式下的目标巡航车速与当前道路的限速信息进行关联控制，以减轻驾驶员对目标巡航车速的频繁调整。系统应当实现以下功能：根据导航及道路上的限速牌获取当前道路的限速信息、提示驾驶员手动或系统自动设定ACC当前的巡航车速为道路限速、当限速解除时提示驾驶员手动或系统自动恢复驾驶员设置的初始巡航车速。

2. 横向居中辅助

横向居中辅助包括LCC车道居中控制、TJA交通拥堵辅助、ALC命令式变道辅助。横向居中辅助采用前向雷达与前向摄像头探测道路环境中的车道线及前车的行驶轨迹线，规划出自车应正确保持的行驶轨迹（路径），通过对转向系统的主动干预控制自车按规划的轨迹（路径）行驶，从而减轻驾驶员对转向控制负担的驾驶辅助系统。车道居中控制是指在车道线清晰的条件下，系统通过对转向系统的主动控制使车辆始终保持在车道内居中行驶或沿车道线行驶的驾驶辅助功能。

交通拥堵辅助是指车辆在沿车道线行驶时，诊断到车道线发生丢失时，跟随前车的行驶轨迹行驶，直至车道线再次识别，TJA功能将切换回LCC。

在ACC+LCC启用的前提下，依赖驾驶员的转向灯指令，ALC系统对周围环境的监测，在特定的驾驶环境下，实施自动化变道。

3. 脱手检测

脱手报警基于EPS的驾驶员手力扭矩信号实现，设定低于一定阈值（0.15 Nm，滤波200 ms）时驾驶员为脱手状态、高于阈值时驾驶员为手握状态，然后据此进行计时并分级提醒。

4. 驾驶员状态监测

采用安装在A柱或者方向盘上的DSM摄像头对驾驶员状态进行监测，当车辆为驾驶辅助LCC且驾驶员状态为分神（低头、左顾右盼）或者疲劳（闭眼）时，系统会做出预警或者功能退出。

5. 智能远光灯控制

功能开启后，系统根据前方三目摄像头和前雷达识别前方车辆、其他交通参与者、交通环境的光照情况，并结合本车的运动状态，可以自动请求激活或解除远光灯。如果前方无行驶车辆且环境亮度低于0.125 lux，系统会激活远光灯。如果有会车、跟车或路灯照明灯状况存在，远光灯会切换为近光灯。

● **泊车驾驶辅助**

1. 自动泊车辅助系统（APA）

APA系统功能主要包括利用超声波雷达或环视摄像头实现车位识别，并计算出合适行驶轨迹，对车辆进行横向、纵向控制使车辆驶入车位；若车辆使用自动泊车功能入库，则可自动泊车出库功能；通过钥匙控制车辆向前或向后直行；当探测到车辆周围有障碍物时，通过图像或声音的方式对驾驶员进行预警。

根据划分标准的不同，车位类型存在不同的划分方法。根据探测传感器的不同，车位可划分超声波车位和视觉车位。超声波车位指由两辆车（或其他障碍物）构成的空间车位；视觉车位则指地上划线的车位。摄像头识别车位主要依靠车位线与地面的颜色不同来实现的，当对比度较低时，车位线无法识别。超声波视觉融合车位对于视觉车位两侧或一侧有障碍物的情况，系统会根据障碍物与车位线的距离对泊车姿态进行调整。自动泊车辅助系统结构组成示意图如图4-2所示。

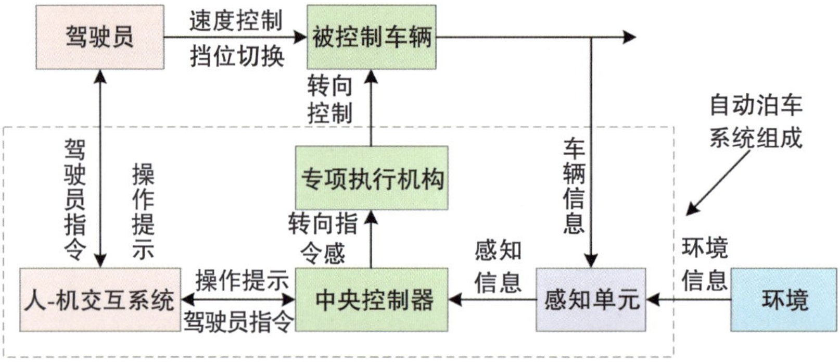

图4-2　自动泊车辅助系统结构组成示意图

2. 自主泊车（AP）

指车辆自动驾驶从停车场入口开到停车位完成泊车，或从停车位驶出到停车场出口的功能。一般分为三个阶段：(1) 记忆泊车（VPA）：在驾驶员监控下，对于常用车位的，基于自学习停车场地图的停车场自动入库/出库功能；可延伸为一定距离范围内的增强遥控泊车。(2) 自动找车位泊车（ASP）：在驾驶员监控下，基于自建停车场地图、第三方地图的自动寻找车位泊车功能。提供多条搜索路径供用户选择；可延伸为充电车位的指定车位泊车（需网络接入空闲充电车位信息）。(3) 自主代客泊车（AVP）：无须驾驶员监控，基于第三方智慧停车场（提供地图、实时空闲车位、实时监控），用户可用手机激活的代客泊车、召唤功能，可以泊入指定车位或自动寻找车位泊入。

● 主动安全驾驶辅助

1. FCW/AEB

FCW即前向碰撞预警。根据报警的紧急程度不同可分为预报警和紧急报警。当系统检测到碰撞危险时，会先触发预报警功能，考虑到预报警的触发条件相对容易并且尚有供驾驶员反应的时间余量，因此预报警使用较为柔和的视觉和听觉的提醒方式。预报警之后，如果情况持续恶化且驾驶员未主动接管，此时危险程度提高，将会进行紧急报警。紧急报警将通过触觉报警的方式（点刹、方向盘震动、安全带震动等）对驾驶员进行强烈的提示。当条件满足后上层会发送紧急制动请求给ESP来执行点刹这种触觉报警，点刹需要保证驾驶员可正常控制车辆。

如果驾驶员在系统报警后仍未作出任何干预反应，并且碰撞的危险程度继续恶化，当达到系统触发阈值时，将会触发自动刹车。上层系统向ESP发出减速度指令，ESP根据整车牵引力和制动力以及当前坡道的影响综合计算出所需制动力，并通过纵向加速度传感器来做闭环控制来实现对上层减速度需求的精确响应。

2. LDW/LKA/ELK

LDW（车道偏离预警系统）、LKA（车道偏离纠正辅助系统）以及ELK（紧急车道偏离抑制功能）共称为LSS系统，属于包含了横向危险的主动报警和主动干预。LDW是一项汽车驾驶安全辅助系统。LKA实时监测车辆与车道线的相对位置，持续或在必要情况下介入车辆横向运动控制，使车辆保持在原车道内行驶。ELK是指系统主动控制转向系统，在紧急情况下（路沿、单侧实线、会车、变道超车）对车辆进行转向控制，以避免碰撞等风险。

3. BSD/DOW/RCTA/RCW

BSD（盲点车辆识别系统）的功能是对车辆的盲区（邻区）进行监测。变道时或者潜在变道时，如果监测到可能发生碰撞，将会通过预警来提醒驾驶员。这有助于避免因盲区而造成的交通事故和危险的车道切出。系统包含两级警告，提醒驾驶员可能的碰撞：一级报警，目标物体进入盲区探测区域，并会形成碰撞风险后，后视镜报警灯常亮；二级报警，一级报警状态下，驾驶员开启对应侧转向灯时，后视镜报警灯闪烁。

DOW（开门预警）。当自车车速0～5 km/h时，如果任一车门打开（除去后备箱门），且目标车辆在相邻车道靠近本车时，且TTC满足阈值则发出报警信号。报警提示方式为车门氛围灯闪烁、嘀嘀报警音和仪表“开门危险”提示。角雷达具有网络管理功能，在车辆下电3 min之内，DOW也可以正常工作。

RCTA（倒车侧向警告）。RCTA功能适用于车辆倒车驶出停车区域的情形，如果后方来车的行驶路线与本车倒车路线有交叉，则发出报警。

RCW（后碰撞预警）。RCW功能应检测从后方接近本车的对象，并在可能发生碰撞时触发警告。RCW的相关警告区位于本车正后方。目前，如果在警告区内检测到任何具有足够危害性的相关对象，则雷达会发出特定警告。

4.1.3 自主式驾驶辅助计算机模型

自主式驾驶辅助计算机模型采用Faster R-CNN算法，其算法流程如图4-3所示。

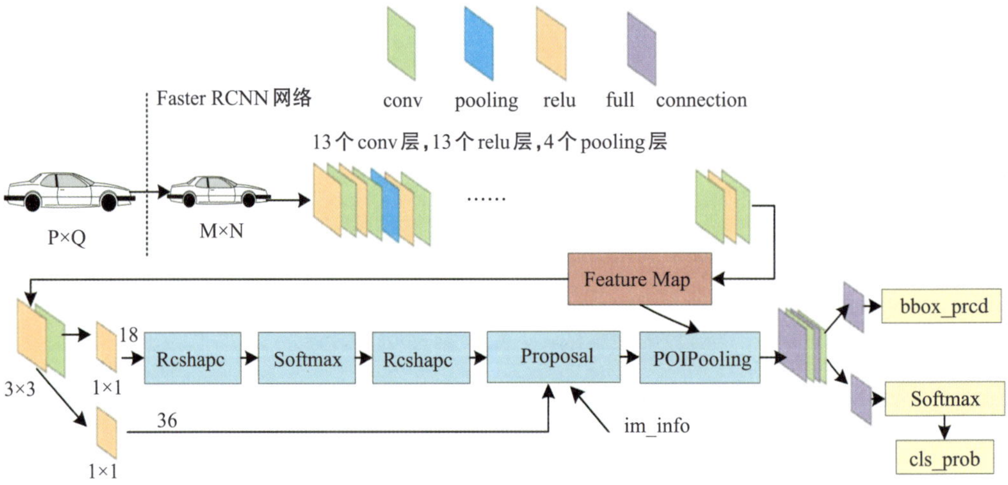

图4-3 Faster R-CNN 算法流程图

根据卷积和池化公式可得，经过每个conv层后，feature map大小都不变；经过每个pooling层后，feature map的宽高变为之前的一半。

RoI进行池化操作，将每个RoI缩放到特征图尺寸范围内对应的区域。RPN成的RoI是对应于输入图像的，为了后面接全连接层生成预测结果，因此需要使用RoI Pooling将不同尺寸的各个RoI都映射至相同大小。

RoI pooling会有一个预设的pooled_w和pooled_h，表明要把每个proposal特征都统一为这么大的feature map。由于proposals坐标是基于M×N尺度的。

从RoI pooling处获取到pooled_w × pooled_h大小的proposal feature map后，送入后续网络，通过全连接层和softmax对所有proposals进行具体类别的分类。假设pooled_w和pooled_h都为7，那么这些proposals在经过RoI pooling后的特征向量维度为[7，7，256]，假设一共输出了300个proposals，那么所有的proposals组合起来维度就是[300，7，7，256]，经过最后一个全连接层之后（会有拉平操作），维度应该是[300，类别数]，则该向量就能反映出每个proposal属于每一类的概率有多大。最终就知道每个proposal是属于哪一类，根据proposal索引来找到具体是图上哪个proposal。再次对proposals进行边框回归，获取更高精度的预测框。假设一共输出了300个proposals，回归这里的全连接层输出维度应该是[300，4]，4还是代表偏移量。最终用proposal原始坐标加上偏移量，修正得到最终的预测框结果。

4.2 网联式驾驶辅助V2X计算模型

4.2.1 网联式驾驶辅助界定

网联式驾驶辅助是指利用V2X技术帮助驾驶员安全驾驶车辆的手段之一，通过信息提示和语音播报以及两者结合的方式为驾驶员提供一个良好的驾驶环境。以车辆在一般道路行驶为例，通过车辆所在车道的转向规则（左转，直行，掉头，右转）预测车辆的路径，使车辆在车多、人多以及存在其他障碍物的情况下快速、安全行驶，提高路口的通行能力。

网联式驾驶辅助在路口的场景应用，如图4-4所示，通过V2V获取基础安全信息（BSM），由车辆发出的转向、速度、双闪、刹车、位置等信息；通过V2P获取路侧安全信息（RSM）；通过V2I获取地图（MAP）、路侧信息（RSI）、交通灯相位与时序消息（SPAT），包括超速预警、限速标志、道路施工、公交车道预警等。V2V通过车载单元OBU实现车端和车端的通信。OBU通过CAN总线获取车辆发出的信息和向车辆发送控制信息。V2I通过路边单元RSU实现路端和车端的通信。RSU通过TCP/IP协议分别从信号机、云端管理模块或本地边缘服务器获取路口灯色、倒计时、地图和道路信息。

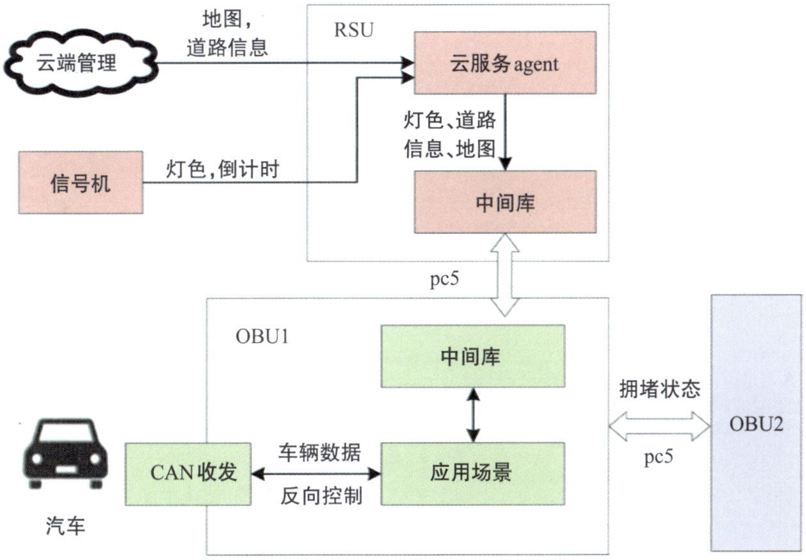

图4-4　网联式驾驶辅助示意图

4.2.2　网联式驾驶辅助主要实现模式

C-V2X车联网+ADAS驾驶相辅相成，从车厂和用户视角看车联网对5G和C-V2X的需求是可以极大地提升交通安全，通过5G网络控制智能座舱和智能驾驶系统，利用OTA系统升级实现高精地图下载和升级服务、车载导航（AR、自动驾驶分享）、车载高清视频、远程监控、远程驾驶。通过信息车路交互，实现V2X协同感知，面向安全和便利的ADAS+，V2X协同控制和增值业务AVP泊车，ToD。对于基于V2X的车路协同来说，构建车路协同全方位融合感知，首先需要使能自动驾驶三大典型场景（包括高速公路、城市道路、封闭园区道路几个）。先进的驱动解决方案最有可能首先应用于高速公路是因为这些场景更容易处理，用户的移动行为更容易预测，技术解决方案也不那么复杂。

C-V2X驱动下的车路协同实现的道路场景，对于无论是传统的交通驾驶辅助场景（如ACC、LKA、LCC、AEB等）还是高阶驾驶辅助系统中需要解决的边缘场景（如行人探测、匝道并道、各种碰撞预警、超速预警等），都可以进行有效的自动驾驶的系统性能提升。以C-V2X实现自动驾驶车辆认证和高精地图下发服务为例进行有效说明，如图4-5表示一种利用V2X对高精定位地图信息的上传与下载原理。

此过程中，基于感知信息的及时捕捉和道路状态的变化，可以为基础地图更新提供数据服务。此外，基于动态感知路侧信息可以实时生成T4数据，为安全辅助、自动驾驶提供第三方感知。同时，基于车辆签约服务可以提供差异化图层信息服务，最后是基于证书对自动驾驶车辆合法性认证并提供服务。

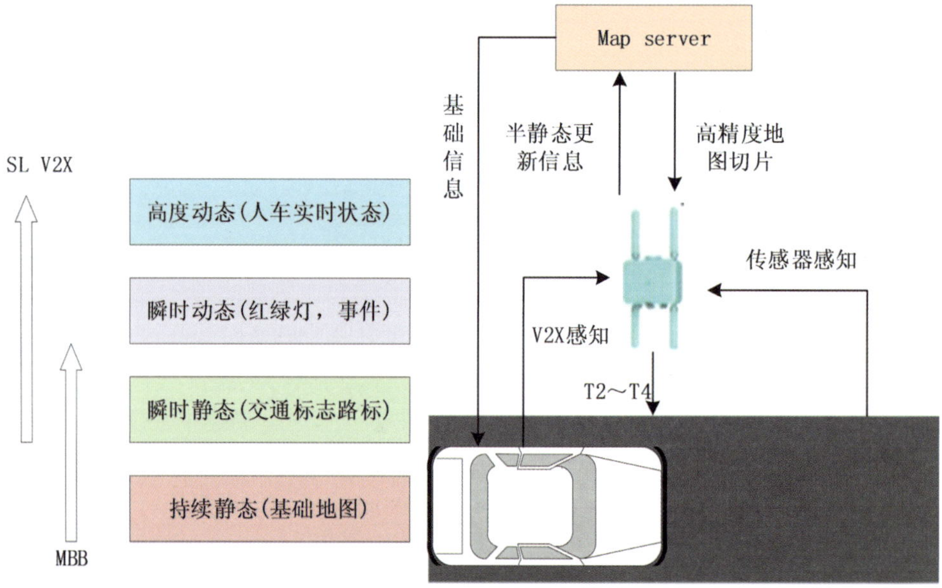

图4-5　V2X高精定位方式

具有异构需求的众多ITS服务需要一个灵活的无线空中接口、多种无线接入技术以及虚拟化汽车软件。对于未来的无线接入，以及为5G提供成熟的技术使能，如何将5G与V2X有效结合并应用于自动驾驶系统设计就是一个比较关键的问题。这一设计过程不仅与其核心设备有关，也与网络、架构等息息相关。

1. 车路协同核心设备

V2X结合5G标准下的高速公路环境架构包括5G站点、数字基础设施、光纤连接、固定传感器、雷达、激光雷达、摄像机等。其中，V2X的所涉及的路端主要包括C-2X芯片、RSU及车路协同解决方案、模组&T-Box、V2X服务器几个大类。对于核心C-V2X而言，通常需要支持4G/5G到PC端的能力，并且定义了两种互补的传输接口模式：

（1）PC5接口

PC5接口主要是采用直连的方式进行通信。基于LTE Direct设备到设备设计，增强了高速/高多普勒、高密度、改进的同步和低延迟性，可有效用于诸如速度、位置等信息传递。其特点如下：近距离直接通信（100米）；在覆盖范围内和覆盖范围外均可运行；使用对延迟敏感的用例，例如V2V安全设计。

（2）Uu接口

网络通信使用LTE广播将消息从V2X服务器广播到车辆等。车辆可以通过单播向服务器发送消息。主要用于诸如预报前方1公里是否有特殊车道、是否发生事故等。其特点如下：采用广域网通信；利用现有的LTE网络；更多延迟容忍用例，例如V2N态势感知。

（3）RSU

对于路端核心设备RSU来说，主要包括信号机、摄像头、交通雷达、激光雷达、路牌路标、气象站、显示牌的信息交互。通常需要同时支持PC5+Uu接口：提升通信可靠性支持全场景，其中PC5支持5.9GHz频段的20MHz带宽且时延小于20ms。支持自主可控的供应链及灵活的部署方式（包含支持无线、有线的两种回传方式），支持RSU互联，扩展PC5覆盖范围。当然最后也需要确保折叠轻便，即插即用的自配式，免调试方案。

（4）OBU

针对5G制解调器以及车辆运行的CAD相关应用程序而言。OBU允许车辆作为通信基础设施的一部分发挥作用，因为它们可以接管网络的功能，例如数据中继或覆盖范围扩展。这得益于它们不断增长的硬件功能，能够将车辆视为通信基础设施的一部分。此外，从汽车软件的角度来看，如今可以通过虚拟化和强大的OBU可以同时执行多个应用程序以及互联实现自动驾驶（CAD）功能。为此，车辆可以执行第三方应用程序［称为车辆基础设施（VAI）应用程序］实现5G V2X的辅助功能。

2. 车路协同基础核心网络

当前的蜂窝网络已经启用了许多联网汽车应用，但基础设施将应用限制在GPS导航和交通信息等功能上。提供信息娱乐、远程信息处理、安全和其他高级功能需要一个可靠、安全、低延迟的通信系统，该系统能够在各种不同的场景中能够处理多个连接，并保证服务质量（QoS）。如果使用蜂窝网络，它们必须满足所有这些要求，同时还支持其他移动连接。

（1）802.11p/WAVE（DSRC）

802.11p是一种IEEE标准通信协议，由Wi-Fi开发并用于交通应用。DSRC（专用短程通信）是一种专注于安全应用的V2X技术，在特定频段使用802.11p/WAVE。C-ITS G5是基于802.11p的欧洲交通通信标准。DSRC技术已经存在多年，但尚未得到广泛部署。

（2）C-V2X（LTE-V2X）

LTE-V是为3GPP内的标准化提出的一组特定功能，以提供C-V2X（蜂窝V2X），这是一套使用移动行业3GPP标准中的功能来提供V2X的技术。它基于4G的变体，仅使用一个芯片组，并且可以快速部署，因为它与现有基站兼容。

（3）5G

5G网络技术通过提供1毫秒的超低延迟、每平方公里100万个连接的容量以及99.999%的可靠性，将提高未来联网汽车的安全性和效率，并有助于推动自动驾驶汽车的发展。5G可在使用100 MHz带宽时产生3.6 Gbit/s的平均速度——几乎是LTE速度的10倍。

5G+C-V2X车联网包含移动网络和V2X路网，两个管道互补支持车路协同。支持从上到下三层网络层。车载信息娱乐网络层主要承载4G、5G网络；数字智能化基础设施层主要用于承载V2X网络与4G/5G均可；车路协同通信网层主要用于承载V2X网络。

通信方式的性能比较如表4-2所示。

表4-2　通信方式的性能比较

项目	车辆基础传感器	802.11p	LTE-V	5GAd Hoc
距离	100～200m	100m	蜂窝+侧链	蜂窝+5跳
频带	N/A	5.9GHz	700,1800,2600	Tbc
带宽	N/A	30MHz（in the EU）	20MHz	<100MHz
覆盖度	N/A	中度	较高	很高
健壮性	N/A	中等	中等	高等
延迟性	N/A	由于大的载体间距而高	多普勒效应需要在接收器处进行补偿,这导致效率低下	高/新波形在时间和频率上支持高度分散的通道
干涉	N/A	仅限于低干扰水平	Sidelink导致UL干扰	蜂窝和临时并行
普及度	高	较高	较高	从2020年开始2025年普遍采用
协议类型	N/A	CAM DENM	ProSec,Day1&2	Day 1,2,3
自动泊车	支持	N/A	N/A	N/A
紧急停车	支持	支持	支持	支持
并道	暂不支持（需高精定位）	支持	支持	支持
辅助驾驶	受限	基本支持	基本支持	支持
自动驾驶	受限	有限的100毫秒90%接收	有限的100毫秒90%接收	1毫秒99.999%硬实时

4.2.3 网联式驾驶辅助计算机模型

相比于基于传感器识别技术，基于C-V2X技术能获取更为准确、更多的信息，通过车辆自身的AN、惯性器件和GPS定位设备获取邻车信息，而且信息获取方式受天气和障碍物影响小。而5G技术的出现将通信技术推向一个新的高度，网络通信的时延将得到有效解决和改善。网联式驾驶辅助计算机模型采用基于C-V2X交叉路口预警算法，其流程如图4-6所示。

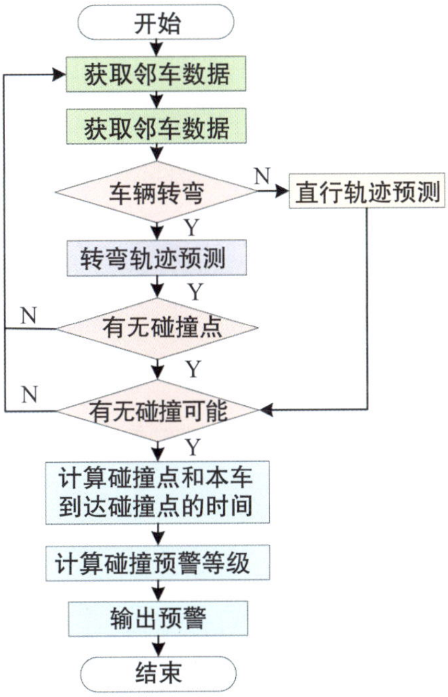

图4-6　交叉路口预警算法流程图

单行道车辆转弯轨迹计算坐标图如图4-7所示。车辆行驶时的轨迹预测的流程图如图4-8所示。

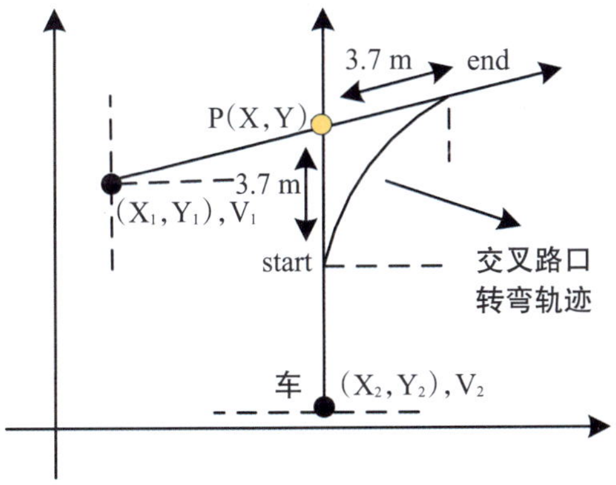

图4-7　单行道车辆转弯轨迹计算

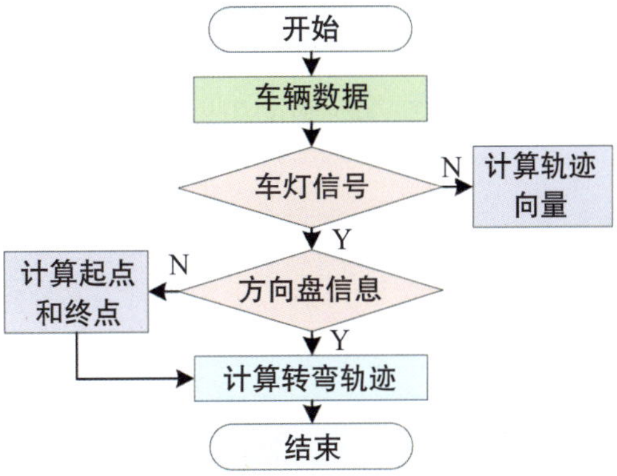

图4-8　轨迹预测流程图

4.3 人机共驾V2X计算模型

4.3.1 人机共驾界定

人机共驾顾名思义是指人与机器共同控制车辆的驾驶模式。人与机器是相互配合的关系，人具有较强的应对复杂驾驶环境和学习处理能力，而机器可以做到精细感知、规范决策和精准控制，结合两者的优势，使车辆驾驶始终处在最优水平。切换型人机共驾模式下，人与机器分时享有车辆的控制权，驾驶权可以在人与机器之间灵活转移。系统对人与机器的驾驶控制进行评价，选择驾驶状态更优的控制车辆。共享型人机共驾模式下，人与机器对驾驶享有不同程度的控制权，但同时占有车辆的控制权，均可实时地控制车辆以期望实现自身目标的最大化。

自动驾驶目前仍然属于L2到L3的级别，自动驾驶系统在运营过程当中需要不断跟驾驶员来进行信息的交换，同时需要跟车外的其他车辆包括路上的行人进行交换信息；在规划决策层面，自动驾驶可以提供在限定工况下的自动驾驶的条件，但在人机共驾的背景下，机器对车辆有最终的控制权，人机协同怎么做，自动驾驶需要接管时怎样在控制决策层面处理驾驶员跟驾驶系统的关系，这是在人机共驾阶段需要重点考虑的问题。

为了实现对车辆的有效控制，人和机器组成的团队必须共同保持对外部环境有充分的感知。负责控制车辆的依然是人，但前提是要对人的状态、驾驶方式及之前的人机合作经验做充分的考量，同时把车辆的转向、加减速等交由人工智能系统负责。人机共驾要求同时搜集人和车辆的感知数据，在进行数据采集时，不局限于单一的传感器来源，而是对整个驾驶体验通盘考虑，并将所有的传感器数据流通过实时时钟汇总、聚合，用于多个神经网络模型的标注。这种方式能够让驾驶场景与驾驶员状态能够很好地匹配起来，而在聚合的传感器数据流进行标注工作，使模块化的监督学习可以在数据规模允许时轻松地向端到端学习过渡。

对驾驶员的整体心理以及功能特征，包括分心、疲惫、注意力分配和容量、认知负荷、情绪状态等的不同程度进行多维度的衡量和评估。对驾驶员状态的感知和监控是实现高效人机共驾的第一步，同时也是最关键的一步。在过去的二十多年里，来自机器视觉、信号处理、机器人等领域的专家都进行过相关课题的研究，目的都是在探讨如何尽可能保证驾乘人员的安全。此外，对驾驶员状态的监测对如何改善和提升人机交互界面、高级驾驶辅助系统ADAS的设计都有很大帮助。随着汽车智能程度的不断提高，如何准确、实时地探测到驾驶员的各种行为对打造安全的个性化出行体验尤为重要。

将人置于感知和决策规划闭环中的关键位置。因此，整车感知系统就变成了支持性的角色，为人类驾驶员提供外部环境信息，这其实也是为了解决机器视觉本身存在的局限性而考虑的。自动驾驶系统执行的感知任务，包括对驾驶员面部表情、动作以及可驾驶区域、车道线以及场景内物体的检测。首先，从视觉上可以看到神经网络做出的判断、道路分割的区域以及对驾驶场景状态的预估的可信程度；其次，将所有的感知数据整合并输出融合式的决策建议；再次，将人类驾驶员操控车辆时方向盘的动作作为训练数据，进一步优化端到端的深度神经网络；最后，使用争论机器为主要的感知-控制系统提供了来自人类的监督。通过调整AI系统的参数，使其能够更适合人类操作并呈现出一定程度的定制化，最终的系统应该带有该驾驶员的行为特征。

系统存在的不完美对人和机器而言，在进行感知模型的交换和融合过程中，能够提供密集、多样的信息内容。如果将AI系统的不确定性、局限性和错误都隐藏起来，这也就错失了与人建立信任、深度理解关系的机会。把人工智能系统的局限性通过文字和视觉的形式与人类进行充分沟通。例如将人类和机器对外部世界的感知视觉化，让驾驶员知晓AI系统的局限所在。尽管这种沟通机制要实现还面临一些技术上的难题，比如视觉化的过程通常对芯片的算力和实时调用的能力要求很高。但值得机器人、自动化以及人机交互等领域共同关注并思考解决的办法。

4.3.2 人机共驾主要实现模式

在人工智能与“互联网+”大背景下，无论从产品还是产业链角度，智能交互都将是为汽车产业带来重大变革的核心技术之一，随着车辆运行安全性和舒适性的需求日益提高，整车制造企业、自动驾驶系统供应商都在加速推进自动驾驶系统的量产落地，智能网联车辆将长期停留在人机共驾的阶段，当前应同步关注。人机共驾涉及人机交互和人机接管两个方向。其中，人机交互包含语音数据、人脸数据、手势识别、人因数据等几个方面。其上各方面分别是从数据采集，建立样本库，开发算法，到最终形成评价应用入手进行研究。而人机接管过程则更多与智能驾驶的控制过程做强绑定，实现需要从驾驶员、环境、采取机制等几个大方向的研究策略。具体说来可包括几个业务体系，如图4-9所示。

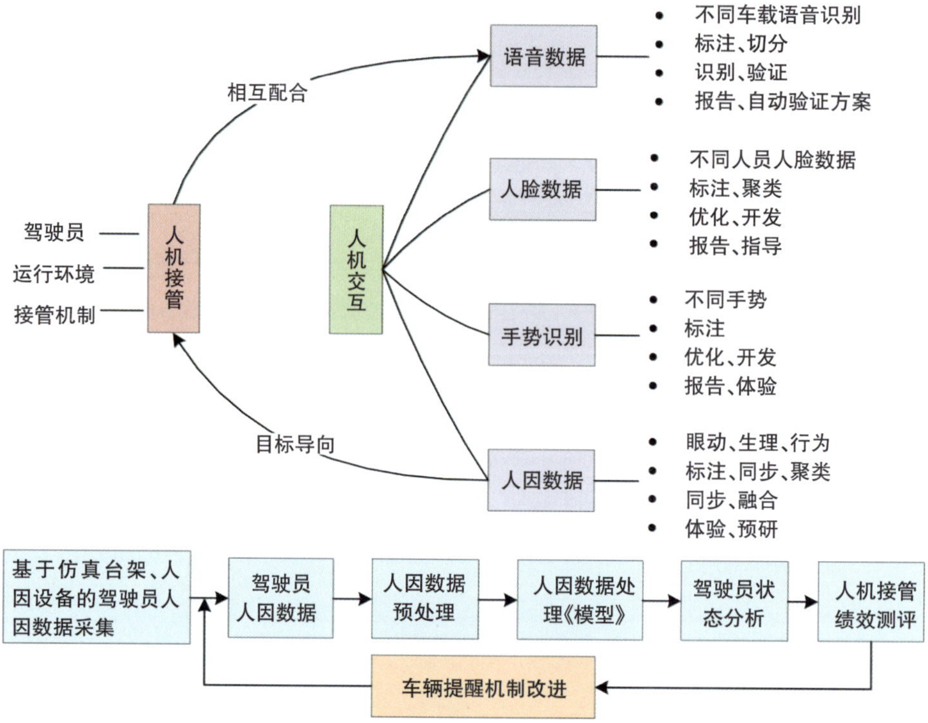

图4-9　智能交互业务体系

1. 智能交互数据库建设——语音数据

（1）语音数据采集。采集规则参照人员、语料集、噪声源几个方面进行。采集规则需要遵循国际标准、不同风格、特殊群体进行。其中人员以20～60岁年龄阶段，每隔10岁为一段年龄平均分布。

噪声源信息主要来自不同车型的噪声源（包括多人背景、声源定位、外部噪声及多媒体干扰）。其中采集过程涉及不同车型的噪声数据采集、不同车速引起的胎噪、不同场景环境下的噪声、不同背景噪声数据采集等几方面。对于采集数据库而言，则需要保证在从冷启动、地上怠速、地下停车场怠速等不同场景下对于车窗开关及多媒体开关的不同响应。

（2）语音算法开发。语音交互旨在进行算法的优化与技术积累。

语音增强涉及波束形成、声源定位和声源去噪。其中语音增强是一种利用声源定位确定目标语音信号的方向，通过深度学习和波束形成的方法抑制噪声和混响的算法模块。语音波束形成过程中实际是通过来自多个原始声源和噪声源的输入叠加，其形成的声源波束实际是各个音源的合成。在输入后通过一定的算法提取出感兴趣的且能量最高的声源作为主处理声源。随后通过一些经典的程序，包括进行数据云端同步、多通信语音、目标掩蔽等处理手段形成的空间协方差矩阵，利用该矩阵进行掩模处理最终对声源进行有效的去噪。期间使用波束形成和深度学习相结合的系统，提升去噪性能。

除开以上初级的语音处理手段外，还需要通过一定的语音识别算法进行相应的语音识别。其中包括从语音数据库中进行特征提取，声学模型训练，导出声学模型。其次是利用文本数据库中训练的语言模型及语义字典输入至语音解码和搜索算法，最终实现语音算法输出合适的语音。

（3）语音测试评价。通过对采集的语音唤醒与指令数据进行多重标注，并建设车载语音识别模块的自动化测评方案，对算法进行评价。评价过程包括数据切分、数据标注、实际测试过程。

数据切分包含设置唤醒词、指令词、多重交互指令。其中，唤醒词测试用例中需要包含基础唤醒词、相似唤醒词、干扰唤醒词。指令词测试用例中包含设置基础指令词、性别干扰、噪声干扰、相似指令词、多媒体音频、背景音、方言干扰、位置影响等。多重交互指令中，涉及选择词、错误输入、内容输入等几个方面。

数据标注内容主要是针对样本库中的不同类型进行文本内容、词槽标注、意图标注、响应时间标注等。样例库中的主要几大类分为通信、地图、影音娱乐、系统、车身控制、车辆信息查询、生活信息查询、聊天互动等。

测试过程包括对场景模块的数据输入后通过“测试语科”识别语音是属于背景音、车内噪声还是车外噪声。测试内容涉及语音基础识别、交互成功率、语音唤醒、语音打断、语义理解、响应时间、声纹识别等。

此外，针对语音测试结果需要利用合理的评价机制进行语音评价。就应用而言，都是针对车载语音识别功能，形成量产车功能对标报告、交互逻辑的梳理、驾驶员主观体验调研与交互场景类别的交互规则设计。评价维度是针对不同的场景（商务模式、家庭模式、爱人模式、朋友模式）形成对应主题下的主客观指标。客观指标通常会从安全性、整体性、适应性、易用性四个维度去做分析，且对于这四个评价维度而言需要分配不同的评价比例。主观体验则着重于从识别率高、操作步骤简化、合理语音引导、交互过程流畅程度、响应速度快、不产生使用困惑、注意力占用程度等几个大方面进行的。

2. 智能交互数据库建设——手势数据

（1）视觉数据采集。眼动数据指对眼部比如虹膜与眼睑的关键点、瞳孔、视线方向等进行标注。身姿数据指对人体骨骼关键点位置进行打点，进行骨骼连线。脸部数据是对人脸进行26点、54点、96点、206点的人脸关键点进行标注，关键点跟踪等。

（2）手势识别算法开发。算法开发中的重要一环是进行手势数据切分与标注。对于手势切分而言，主要是通过前期大量的针对不同光照、年龄、性别、手势姿态的状态识别建立可用的识别标签。这些标签实际是可以进行分类的。比如，大拇指状态分类就有大拇指朝上、朝下、竖起大拇指、勾大拇指。手掌状态则指手向内外推开、顺时针逆时针旋转手掌。两根手指向下滑动、两个手指缩小、全速放大、向左右滑动、手向前后滚动、握拳。对于如上每个手势而言都需要进行数据增广以便形成与之类似的匹配数据库。对于手势标注而言，则是标注手部的21个主要骨节点，包括指尖、骨连接等。

（3）手势识别测试评价。通过对驾驶员的手势、人脸、眼动、动作等视觉数据进行有效切分后进行标注与聚类，形成功能测试用例，用于功能的验证与算法评价。针对手势识别功能，从硬件平台算力、产品性能表现、负荷状态以及极限状态下的表现等方面对手势识别表现进行评价。

功能涉及通用功能和特定功能两个内容。通用功能主要是指选择、切换、确认等。特定功能：电话、多媒体、主界面等。在考虑一定影响因素的前提下，如手势方向或座舱位置、手势角度转动、环境影响（光线、挂件等）、操作范围（远近距离、左右范围、上下范围）、手势持续时间（动作快慢）等，以在各类评价维度中，将响应时间、误识别率、准确率、丢帧率作为首要考虑的要素，进而确保在车机运行状态下性能满足指标。这些性能包括驾驶员正常驾驶与操作状态下的算力+性能表现；车辆长时间运行后对算力与性能的影响；车辆不同功能（导航、多媒体等功能下的3D渲染、动画、视频显示等）开启下的对系统剩余算力与性能的影响三个大方面。

当然，极限情况下还可以进行冗余测试。包括多手势不停变换，手势不标准，动态手势中断或视野范围内指令不全，特殊群体手势指令，车机功能高负荷运转时识别表现，功能重叠时识别表现，主副驾多种手势同时出现时识别表现，错误手势等。

4.3.3 人机共驾计算机模型

对于在实现完全无人驾驶过程的SAE L5级之前，在一些自动驾驶无法正常处理的复杂或突发工况下，要求驾驶员必须在规定的时间内进行足够能力的响应过程，从系统角度上讲，需要能够尽可能地探测驾驶员当前的精神状态（如注意力是否集中、是否疲劳等）以及是否具备足够的驾驶接管能力，问题处理成功的关键是驾驶员是否及时且有效的响应系统发出的报警信息以及能否采用最有效的运动反应。这个过程实际是带有一定的不确定性，除开对于自动驾驶报警系统过程需要进行实时且准确的要求外，对驾驶员也有很高的要求，比如驾驶员接管力度、速度、方式、能力等等。如何科学地建立一种方法，通过定性（描述性）以及定量（数学）的经验模型推导来获取驾驶员控制模型参数是比较重要的。

利用预测性原则或称“预期的可观察性标准”，对驾驶员接管控制与驾驶状态进行监视，量化人类对车辆固有的驾驶能力限制，系统探测道路和交通环境特征与驾驶员能力限制之间的差距。利用先验知识对驾驶员行为进行行为预测，然后是基于一定规则对预测的驾驶员行为进行建模，最后利用采样感知数据与驾驶员建模结果融合生成一定的控制信号。

（1）基于基础先验知识的驾驶行为。基于先验知识的驾驶行为模型包含三个主要层面的驾驶员响应处理，首先通过驾驶员监控系统传感器输入对驾驶员特征信息进行检测，以此识别驾驶员身份或当前状态，其二是对驾驶员相关任务进行决策，如需要发出制动、转向或关闭转向灯等等，最后对生成的驾驶任务进行规划，可以按照安全或舒适模型进行排序，优先响应安全级别最高的驾驶任务。

（2）基于规则的驾驶行为。在系统获取了驾驶员先验知识模型后，对于该驾驶员相关的驾驶风格及能力已经有了相应的判断，通过类似大数据收集模式将该驾驶员的驾驶行为模式（规则）拟成类似清单一样的格式，可以存储在相应的模型存储单元中，该模型可以根据主观经验选择有效的变体。

（3）基于技能的驾驶行为。基于技能的行为特点是类似反射的刺激-反应机制，这就是通过第二层基于规则的驾驶行为收集过程后，自动驾驶系统可以逐渐对人类驾驶行为进行学习并建立人类驾驶行为仿真模型，这些是系统在经过或多或少长时间的学习过程中形成的，然后以准自主、稳定的流程进行驾驶行为模拟。从而后期系统可以逐渐以完善的人类驾驶技能进行主动驾驶。这种自主学习过程不仅可以极大程度提升系统驾驶控制能力，减少对于人类驾驶的接管依赖度，也可以在不断对于人类驾驶的处理过程中学习到对于各种工况下的稳定处理能力。

人类驾驶行为从心理学上讲分为导航、指导与稳定化三个部分。

导航级别的典型时间范围是从一次完整行驶的可能持续时间（大约几个小时）到几分钟的范围（如果突然宣布要求更改路线，例如通过交通标志）。因此，当今的导航系统会从第一个指示开始，并在接近关键点时反复进行和证实。在良好的能见度条件下，驾驶员只要眼睛能感知到前方相应的道路和交通场景，就可以得出所需的目标变量并启动预期的控制动作。

考虑到运动预期时间约为1s，特别是在发生突发事件的情况下，交通环境感知的过程必须明显提前。报告的反应时间显示平均值约为2s，也就是说，在复杂的道路交通环境中的信息和警报系统应该使总的预期时间长于大约3s。

在以前未知的交通环境中，导航任务需要有意识的计划过程，因此必须分配给导航任务基于先验知识的行为级别。导航过程的特征可以是通常由不同的道路标记引发的时间离散活动。

“引导性驾驶任务”就是利用导航信息指导自动驾驶车辆朝向目的地沿着固定的轨迹进行自动驾驶。自动驾驶系统在对驾驶员指导级别上的核心任务是从前方的交通场景中得出合理且安全的所需功能，例如目标轨道和目标速度，同时通过预期的开环控制进行预测性干预，以便为所需和实际输出功能之间的最小偏差创建有利的前提条件。在此，子模型“预期的开环控制”的单个输入变量是规定的期望轨迹（道路中心线）的曲率（即半径的倒数）。预期前馈控制动作在所需路径曲率变化之前的某个时间间隔（称为“运动预期时间TA”）开始，然后通过增益因子和平滑滞后时间常数进行传递。

“稳定性驾驶过程”则是对自动驾驶车辆的实际控制作用，在稳定的任务级别上，驾驶员必须将车辆运动与所选的引导变量对齐。这意味着他必须通过闭环控制过程来确保通过适当的纠偏动作保持出现偏差的稳定性，并补偿在可接受的水平。稳定性控制模型中主要是采集后向反馈的横向位置偏差、航向角以及路径曲率误差来做补偿控制。为了满足稳定性标准，较高的车速需要驾驶员做出较小的时移。这种必要性也可以通过所谓的交叉频率模型来解释：车辆横向动力学的稳定性裕量随车速的增加而减小。

在指定的各种行为类别中，自动驾驶系统引导和稳定性任务的执行结果在很大程度上取决于系统驾驶经验以及系统已经遇到特定交通状况的频率。对于驾驶员驾驶过程的三层控制，特别是在静态环境中移动以及运动中的异物会不断改变驾驶员的感觉输入信息，特别是在驾驶员眼中三维世界的透视表示中，不断变化的这一视野包含指导变量以及车辆运动状态与驾驶员意图的偏差。

（1）驾驶员转向控制行为建模。基于前面介绍的驾驶员行为建模基础，在自动驾驶系统中的具体实现方法建模框图如图4-10所示。

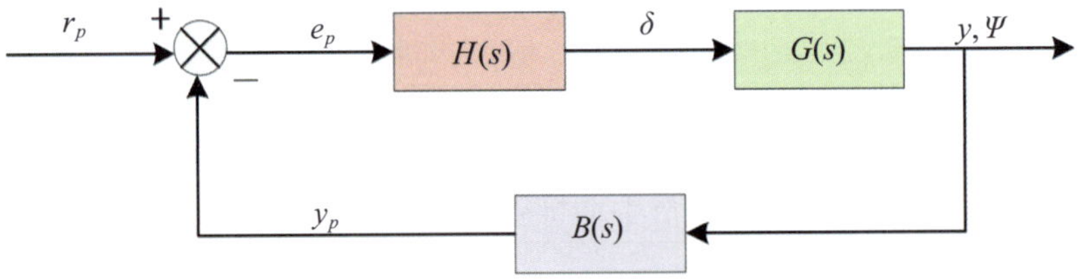

图4-10　驾驶员转向控制行为建模框图

其中，$H(s)$ 表示驾驶员控制模型，其接收到传感器发送的预测车辆的相对位置r_p与实际反馈位置y_p之差$e_p=r_p-y_p$，其输出的驾驶员转向角δ作为车辆动力学模型$G(s)$的输入用于调节模型输出的实时计算值并更新车辆位置y与实时横摆角Ψ。其中$B(s)$所表示的预测器对当前已经更新的位置y进行重新预测，最终更新预测值y_p，该预测器可以采用卡尔曼滤波器进行预测+更新。

（2）驾驶员横向控制对自动转向控制AFS影响。一般情况下，对于自动驾驶控制而言，当检测到有碰撞危险情况时可以通过制动或者转向进行避撞，实际过程中往往通过权衡二者之间的避撞权重关系进行决策，比如采用制动的权重大于转向，则系统自动利用转向进行避撞，而实际过程中，驾驶员可能观测到前方的碰撞危险状态，从而及时做出一定的决策反应，比如施加轻微的制动力或者转向力在自车上，此时系统需要通过一定的算法充分检测到驾驶员对于系统的控制作用，及时调整系统本身的控制策略，如下图表示了一种驾驶员对系统控制的干扰过程。

AFS控制器表示由自动驾驶控制的转向过程扭矩或转角，而驾驶员控制器表示对驾驶员驾驶模型的预测器，当对驾驶员操作的预测输出转角δdriver被检测到时，将其作为AFS的作用因子输入AFS控制器中，从而控制AFS的实际输出转角δΛFS，作为反馈每一个输出控制的实际观测值$x(k+1)$都将作为作用因子，从而影响驾驶员控制器与AFS控制器的新一轮预测值。

最终对于前轮端的输出转角表示如下：

δfront wheel =（δdriver+δAFS）/gear ratio

无论驾驶员采取何种策略，都应该是系统配合驾驶员进行输出控制调整，因此系统的策略是需要充分检测驾驶员对转向的控制（如转向角及转向速率）而进行的。

（3）驾驶员纵向控制行为对L3的影响。一般针对L3控制下的低速场景，驾驶员模型的回避能力通常是采用仅通过制动进行的。通过释放加速踏板或踩下制动踏板进行速度校正通常比转向需要更长的预期时间。系统驱动程序模型分为感知、决策、执行三个部分。而系统控制过程中需要实时地对驾驶员可以控制车辆的能力及行为进行判断和预测。

除此之外，在L3控制下的高速场景，通常随着速度的增加，驾驶员对于前方危险的预判能力就越弱，或者说其反应时间越滞后，为了保持整个驾驶员-车辆控制系统的足够的稳定性裕度，必须通过增加差动部分和缩短驾驶员响应的延迟时间来补偿这种影响。

在自动驾驶车辆过程中，总会出现驾驶员需要手动干预系统进行人机共驾的情况，或者在设计运行范围外需要驾驶员手动接管的情况，期间，系统需要对驾驶员采取的干预或接管策略及影响进行及时的预测、响应及反馈调节，如何对驾驶员行为模式进行有效的建模，是自动驾驶系统可以更好地控制车辆的前提。

4.4 高度自动无人驾驶V2X计算模型

4.4.1 高度自动无人驾驶界定

高度自动无人驾驶具备高度的信息化和智能化，可为单个自动驾驶车辆提供周围车辆的动态信息和纵横向控制指令，可对自动驾驶车辆进行横向和纵向的控制。交通控制中心可更优调配所覆盖的车辆，达到全局最优化，在特定场景、区域混合交通场景下，可实现高度自动化驾驶。自动驾驶等级划分如表4-3所示。

表4-3 自动驾驶等级划分

<table>
<tr><th colspan="8">自动驾驶分级</th></tr>
<tr><td rowspan="2">分级</td><td>NHTSA</td><td>L0</td><td>L1</td><td>L2</td><td>L3</td><td colspan="2">L4</td></tr>
<tr><td>SAE</td><td>L0</td><td>L1</td><td>L2</td><td>L3</td><td>L4</td><td>L5</td></tr>
<tr><td colspan="2">称呼(SAE)</td><td>无自动化</td><td>驾驶支持</td><td>部分自动化</td><td>有条件自动化</td><td>高度自动化</td><td>完全自动化</td></tr>
<tr><td colspan="2">定义</td><td>人类驾驶员全权驾驶汽车，在行驶过程中可以得到警告</td><td>通过驾驶环境对方向盘和加速减速中的一项操作提供支援，其余由人类来做</td><td>通过驾驶环境对方向盘和加速减速中的多项操作提供支援，其余由人类来做</td><td>由无人驾驶系统完成所有的驾驶操作，根据系统要求，人类提供适当的应答</td><td>由无人驾驶系统完成所有的驾驶操作，根据系统要求，人类不一定需要对所有的系统请求作出应答，限定道路和环境条件</td><td>由无人驾驶系统完成所有的操作，可能的条件下，人类接管，不限定道路和环境条件</td></tr>
<tr><td rowspan="4">主体</td><td>驾驶操作</td><td>人类驾驶者</td><td>人类驾驶者/系统</td><td colspan="4">系统</td></tr>
<tr><td>周边监控</td><td colspan="3">人类驾驶者</td><td colspan="3">系统</td></tr>
<tr><td>支援</td><td colspan="4">人类驾驶者</td><td colspan="2">系统</td></tr>
<tr><td>系统作用域</td><td>无</td><td colspan="4">部分</td><td>全部</td></tr>
</table>

L1表示车辆可以自动完成横向或纵向操控中的一项，其余所有工作仍然需要人类来完成。而L2级则是对横向和纵向多项操作同时进行控制。L1、L2驾驶员是驾驶主体，所以即使自动驾驶功能运行，驾驶员仍然需要保持注意力，监测环境，双手保持在方向盘上随时接管车辆。L2到L3是一大飞跃，目前国内还没有支持L3的量产车辆，L3的驾驶主体切换成了系统，驾驶员只是支援角色。在L3功能开启时，系统完全负责操控和环境监测。驾驶员可以双手脱离方向盘，移开注意力去做一些别的事情，但是需要时刻准备接管车辆。问题是一旦车辆遇到需要人类接管的情况，人类可能也来不及做出适合的处理了。L4的关键差异在于，系统不再需要人类的支援。在限定道路和环境情况下，系统可以完全负责操控和环境监测。到了L5，道路和环境将不再受限制。系统将在所有情况下实现自动驾驶。在这一阶段，方向盘、刹车、油门这些操控装置已经不再必需。

对于自动驾驶技术来说，需要海量的数据才能够帮助识别障碍、车辆、行人，这些数据来源于遍布整车的传感器。作为数据采集（识别技术）的零部件，这些传感器各有优势，有的技术较高，有的工艺简单，但即便简单，也不可或缺。传感器是自动驾驶能够实现的底层逻辑和工具。

自动驾驶如何实现看到行人要躲避，看到障碍物要绕过，看到红绿灯要停车，这就需要自动驾驶技术能够像人脑一样，对不同的场景进行决策，这样大脑才知道这里是该停车还是绕行还是前面要拐弯，成为汽车的“智慧大脑”。这就需要将一个个应对不同场景的程序算法事先设置好，设计的决策内容包括参考路径、交规决策、路径决策、速度决策、场景的分类和调度。这些规则需要事先预测并写进程序，当司机面临的决策满足程序触发的条件，自动驾驶技术就会自动执行。除了一开始就将这些场景做成程序编进自动驾驶这个智慧大脑中，现在研究自动驾驶技术的厂商还致力于开发模仿人类大脑的AI大脑，实现算法的自进化，当然这个过程还有很长的路要走。

自动驾驶定位系统需要依赖卫星实现导航，因此自动驾驶技术必然是在城市规划明确、卫星信号覆盖完善的城市路段率先实现。未来一个具有价值、重要的应用场景，在路况复杂的山区进行货运或者载客。而未来能否在山区通过自动驾驶满足无人送货等功能，还有赖山区能否实现卫星和信号铺设的能力，当然也有赖于自动驾驶技术本身。在L2级别的自动驾驶，主要以车道中心线和边界线、参考点等等静态的道路基本信息为主。但高级别的自动驾驶技术需要对更加复杂的路况进行分析，以便找到最佳的应用方案，这时，动态的行驶数据就显得极为必要，包括天气、交通拥挤程度、道路状态等等。所以，高精度地图可以说是启动驾驶技术能够有效应用和不断进步的必备条件。

4.4.2 高度自动无人驾驶主要实现模式

基于线控底盘“人机解耦、高精度、高安全性”等特点，线控底盘将为实现高阶自动驾驶的必要条件，未来有望逐步取代机械式底盘。自动驾驶功能的实现依赖于感知层、决策层和执行层三部分的协调配合。当自动驾驶发展进程由低阶迈向高阶的过程中，不仅需要感知层传感器、决策层主控芯片及算法等的持续升级，对于执行层性能亦将有着更高的要求。相较于传统机械式底盘，由电信号控制的线控底盘则在响应速度、精度等方面具备更强的优势。同时，当自动驾驶功能等级迈向L4级及以上时，车辆的行驶将完全脱离人工干预，也即整车执行系统不再具备驾驶员作为安全冗余。因此，为保证整车在无人驾驶过程中的安全性，高阶自动驾驶车辆在执行层的设计中，需要在制动、转向等关键执行环节实现双重甚至多重冗余。而考虑到车内空间、信号传导机制、响应精度等因素，以线控结构替代机械式结构则是实现执行器多重安全冗余的必要条件。

对于制动系统而言，如果仅考虑以两套制动系统（制动系统与电子驻车系统双冗余）做双冗余，则并没有考虑到其中单制动系统的冗余控制措施，存在控制器切换控制延时、安全性能差等问题，因此，线控制动系统往往需要多重冗余的设计（图4-11）。例如，自动驾驶主辅控制器之间的冗余、5GCPE设备与车端所有控制器的冗余

（实现关键时刻的远程接管）。基于线控制动技术的应用，整体可满足自动驾驶车辆在各种失效条件下的行车安全需求，进一步保证了高阶自动驾驶系统的可靠性。

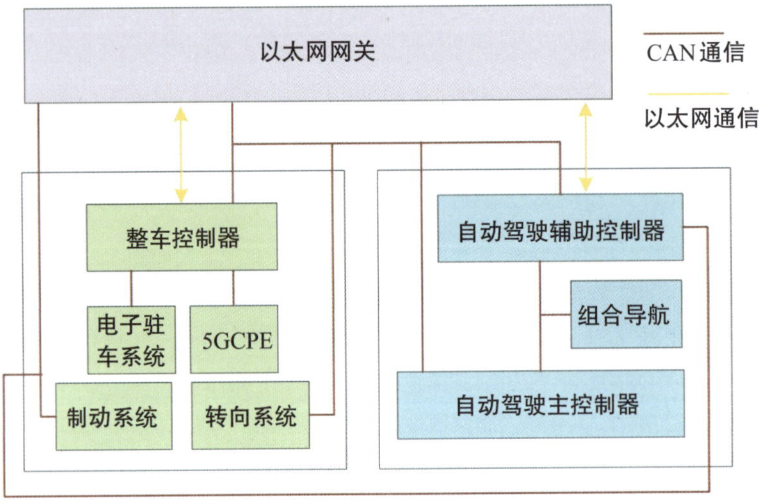

图4-11　多重冗余线控制动方案

相较于传统的液压制动，线控制动（EHB）以电子助力器替代了真空助力、以导线替代液压、气压管路。其工作原理为通过传感器监测加速踏板的行程和力，车速传感器判断汽车是否处于正常减速中。线控制动由于可实现能量回收的特性，成为新能源车的重要配置。线控制动协调式（并联式）能量回收逻辑如图4-12所示。

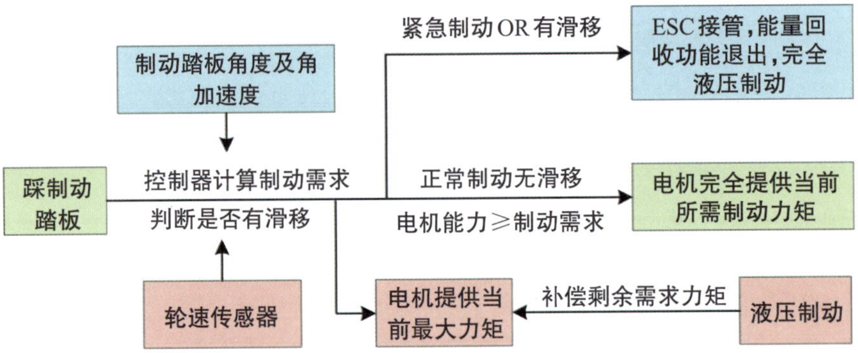

图4-12　线控制动协调式（并联式）能量回收逻辑

线控悬架又称电控悬架/主动悬架，实际是以空气悬架为基础，进一步增加传感器和电控系统，以实现行车/驻车姿态的精细化控制系统、提升驾驶舒适度。线控悬架可实现行车/驻车姿态的精细化控制如表4-4所示。

表4-4 线控悬架可实现行车/驻车姿态的精细化控制

功能	悬架调整策略	使用场景
底盘抬升	升高40毫米	爬坡、涉水、烂路，底盘升高40毫米，增加通过性
底盘下降	降低20毫米	运动模式，底盘降低20毫米，降低整车风阻系数，并且使行驶更稳定。 车速高于120km/h，悬架立刻下降20毫米。 车速高于110km/h，且保持30秒以上，悬架下降20毫米。 车速低于70km/h，悬架立刻调整为标准姿态(176毫米)。 车速低于90km/h，且保持30秒以上，悬架调整为标准姿态(176毫米)
便捷上下车模式	降低40毫米	便捷上下车模式打开时，底盘降低40毫米，方便乘客上下车
装载模式	降低50毫米(后轴)	装载模式打开，后轴降低50毫米，往后备厢里搬运物品更便捷
悬架自动调平	负荷调节	当车辆载荷及载荷分布(即乘客数量和位置)变化引起车身高度的变化时，高度传感器会实时监测每个悬架的高度，并触发悬架自动调节功能保证车辆姿态始终处于良好的状态

线控转向实现了方向盘与转向系统之间的物理解耦，可满足高阶自动驾驶的同时兼具舒适性、轻量化等优势。线控转向的结构可理解为在R-EPS的基础上取消了管柱与转向器之间的机械连接（中间传动轴），通过各种传感器获得方向盘的转角数据，然后ECU将其计算为具体的转向数据，结合车速及车辆行驶状态来对转向电机进行控制实现转向。此外，线控转向还将标配路感模拟器和电调转向管柱。其中，路感模拟器利用电机人为地进行路感模拟，给予驾驶员一定的路感反馈；而电调转向管柱实际是在线控的前提下，帮助驾驶员大距离调节方向盘位置。可以看到，线控转向最大的特点在于实现了方向盘与转向系统之间的物理解耦，转向系统完全通过电信号传输控制指令，转向机构与驾驶员之间无直接的物理力矩传输路径。因此，理论上可通过软件算法的调试，任意调节传动比、任意调节路感反馈、任意收缩方向盘位置等。

4.4.3 高度自动无人驾驶计算机模型

高度自动无人驾驶计算机模型包括CNN层结构设计、LSTM层网络设计、视觉注意层设计。基于深度视觉注意神经网络的自动驾驶模型整体结构如图4-13所示。

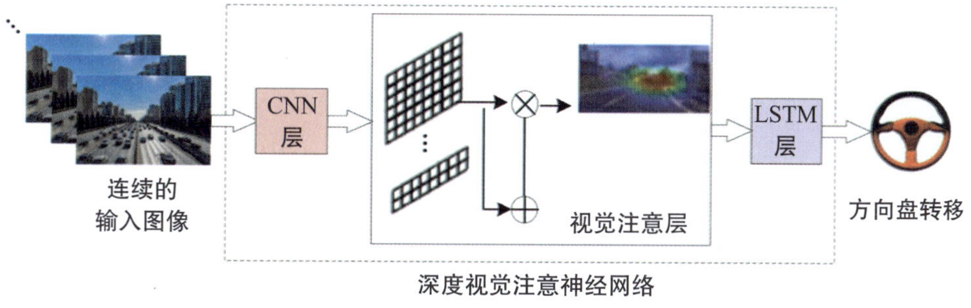

图4-13 基于深度视觉注意神经网络的自动驾驶模型整体结构

1. CNN层结构设计

CNN层结构中提取输入图像的空间特征过程如图4-14所示。

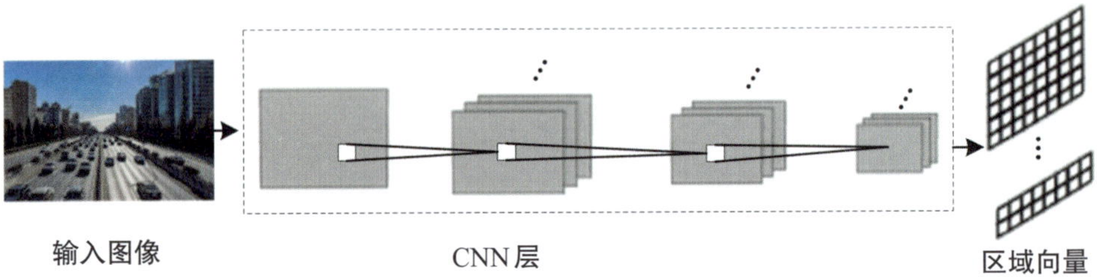

图4-14　CNN层结构

2. LSTM层网络设计

LSTM层中提取图像前后帧的时间特征过程如图4-15所示。

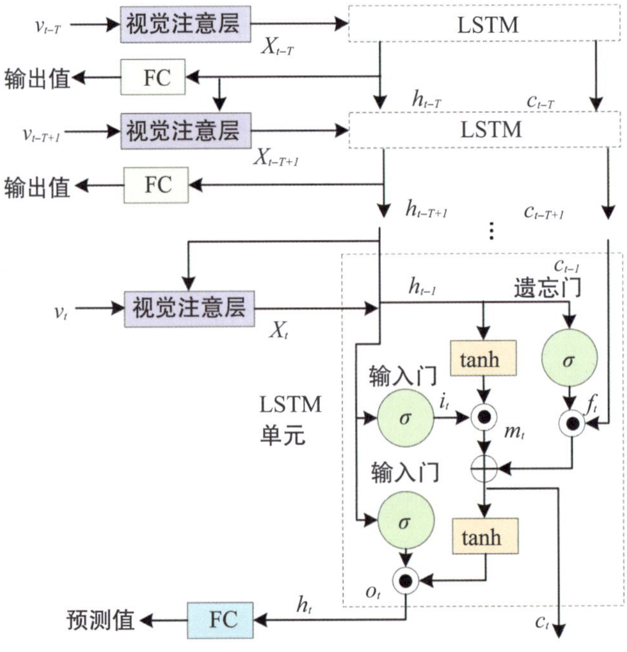

x_t:表示t时刻LSTM单元的输入

c_t:表示细胞状态,记录随时间传递的信息

i_t:表示输入门确定x_t输入多少信息给当前细胞状态c_t

f_t:表示遗忘门决定上一时刻细胞状态c_{t-1}保留多少信息给c_t

O_t:表示输出门控制c_t传递多少信息给当前状态的输出h_t

h_{t-1}:表示t−1时刻的输出

m_t:为状态候选值

图4-15　LSTM层结构

3. 视觉注意层设计

视觉注意层结构如图4-16所示。

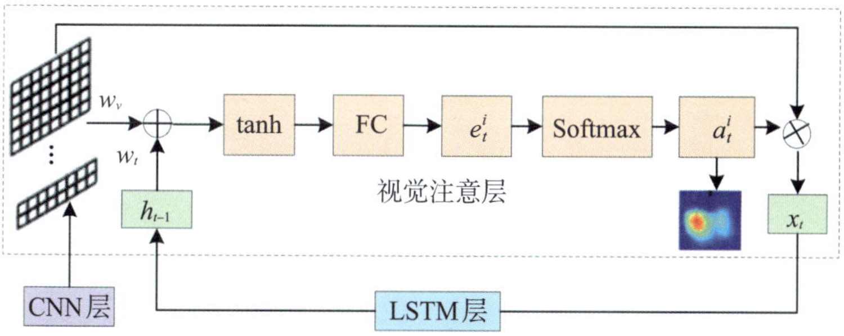

e_t^i 为输入序列第 i 个区域在时刻 t 的一个权重
W_v 和 W_h 表示视觉注意层网络中待优化的权值
a_t^i 为图像区域向量在时刻 t 输入LSTM信息中所占的权重，即图像中各个区域的重要性的权重

图4-16　视觉注意层结构

第5章

智能网联汽车多线性视觉与多域控制系统

5.1 新能源智能网联汽车基础数据管控平台

5.1.1 新能源智能网联汽车基础数据限定与应用

5.1.1.1 新能源汽车监测数据来源

海量新能源汽车监测数据提供新能源载体技术、安全预警、基础设施管理等包含大量可用于分析的信息，助力新能源载体产业高质量发展。结合新能源汽车监测数据的应用情况，我们可以总结新能源汽车监测数据的典型应用场景，前瞻新能源汽车监测数据的未来应用前景。

在国家层面，新能源汽车监测数据包括核算节能减排、取消优惠和补贴、安全和质量控制以及技术评估等。新能源汽车监测数据可用于地方层面，安全管控、节能减排、常态化应用、蓝天保卫战等。企业产品规划、用户服务、安全监控、精准营销等新能源监测数据，可用于针对用户的新能源监测数据，可以识别用户关心的导航、充电舒适度、安全问题等，帮助客户做出选择。

5.1.1.2 智能网联汽车安全监测管理数据来源

用户隐私和数据安全问题受到了社会各界的广泛关注。智能网联汽车运行过程中会产生大量数据，包括基本属性数据、环境感知数据、运行控制数据、应用服务数据和用户个人数据，如表5-1所示。这些数据都是智能网联汽车安全监测管理的对象，其分析了智能网联汽车数据区别于一般大数据的典型特征，针对不同类别的数据进行了权属问题研究，认为除基础属性信息外，其他数据都应在匿名处理后进行分析应用。

表5-1　智能网联汽车运行产生数据

序号	数据类别	描述
1	基本属性数据	包括但不限于车辆尺寸和性能数据、关键零部件信息、车载软件和功能信息等
2	环境感知数据	包括但不限于车载摄像头拍摄的图片或视频信息、车载雷达输出的点云数据，以及相关感知系统输出的目标物和道路信息等
3	运行控制数据	包括但不限于车辆及关键零部件、ADAS等子系统的运行状态，驾驶员及自动驾驶系统输出的车辆控制及相关过程数据等
4	应用服务数据	主要包括用户与车机交互，使用车载app所产生的记录、设置，以及使用语音助手产生的数据等
5	用户个人数据	包括但不限于用户登录过程需要的姓名、密码、指纹、人脸信息，车内摄像头记录的视频及语音信息，车辆位置信息等

除基本属性数据外，其余数据均为个人数据或个人敏感信息，企业必须在个人知情并同意的基础上收集和使用。根据《中华人民共和国个人数据保护法》第4条，个人数据主体不能被识别和恢复，这部分数据将不再是个人数据。在充分保障数据安全的基础上，企业可以获取、应用和共享数据运营，推动智能网联汽车技术的发展，为发展产业生态，交通便利，出行便利，提供和完善优质服务。

5.1.1.3　新能源智能网联汽车基础数据集成应用

在我国法律框架下，融会贯通智能网联化汽车行业信息收集和分析，研究制定信息安全措施。业务数据规划和运营信息采集的标准化，引领有关企业加强个人数据保护意识，树立明确重要信息公司收集和处理的原则，提高数据保护和数据交互水平，促进业务健康发展。支持智能电网车企和第三方的财力和时间成本大的问题应用服务，提供兼容高效的数据交换进行和实施大规模商业应用。新能源智能网联汽车产业化应用场景如图5-1所示。

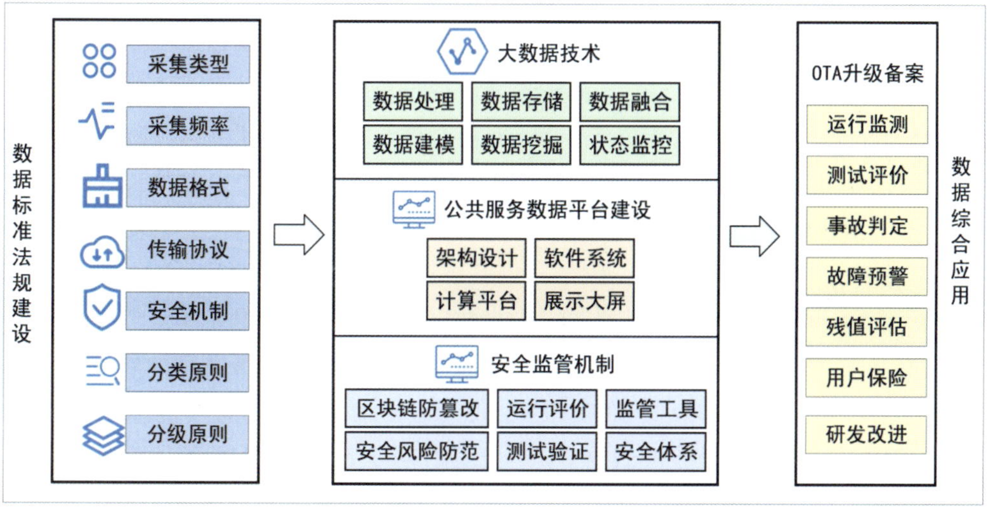

图5-1　新能源智能网联汽车产业化应用场景

5.1.2 新能源智能网联汽车基础数据管控平台构成

5.1.2.1 基础数据管控平台架构

平台有两个主要数据源，系统架构的具体设计如图5-2所示。

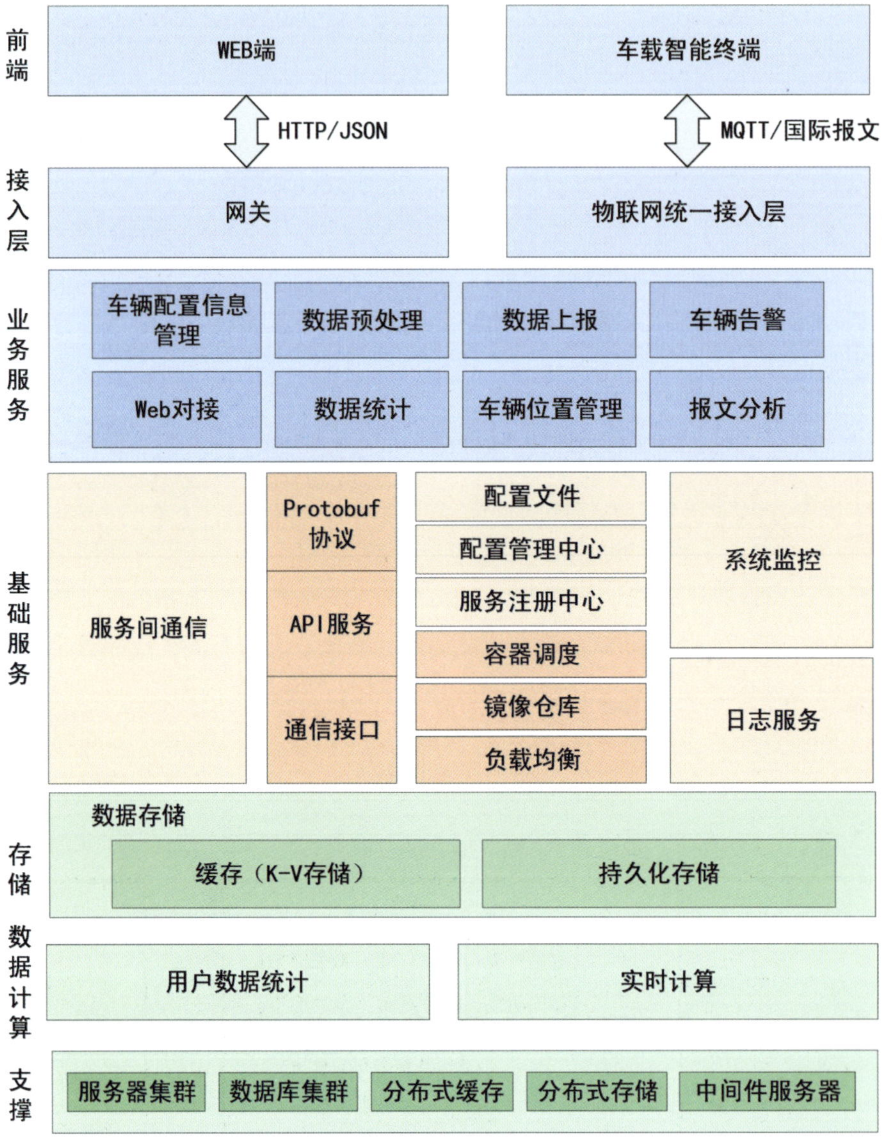

图5-2 系统技术架构图

5.1.2.2 基础管理模块构成（图5-3）

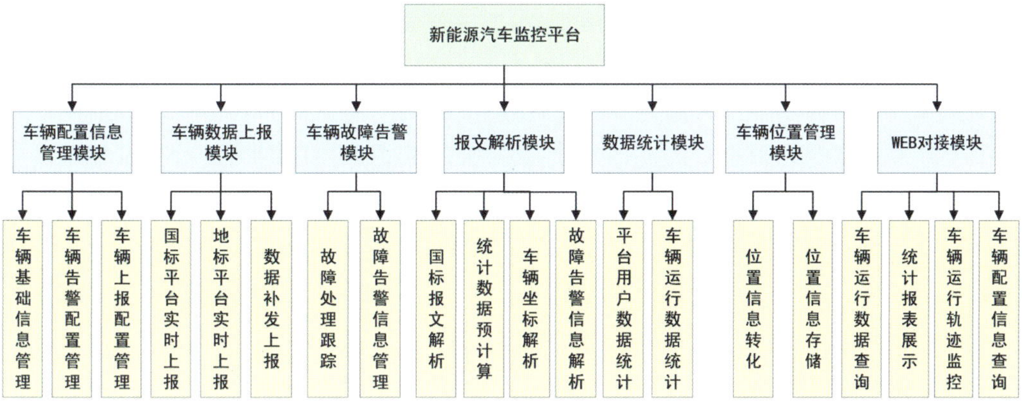

图5-3 系统功能模块结构图

1. 车辆数据上报模块

（1）如果时间未到，则将数据上传至相应的状态监控平台。如果报告不成功，将重新发送。只能重新申请3次。如果3次后不成功，报告失败，报告失败的相关记录将保存在相关部分数据库。

（2）重新发布车辆的历史运行数据。中途新增或更换新能源汽车并上报政府监管平台或出现严重故障信号的，必须重新向政府报送以前的历史运行数据。此后，本次补发报告的相关信息将存入数据库。

（3）重新发布车辆预售数据，车企管理层首先通过Web端将车辆预售数据保存在数据库中。

2. 故障告警模块

故障报警模块涉及众多业务参与方。

（1）故障报警后，模块接收到告警信息，首先在数据库中记录该信号的相关信息。

（2）将故障信息传达给车主个人，报警模块首先要与车企相应的信息平台进行通信。相关接口和外部平台信息通过短信或微信发送给车主个人，同时推送结果存入数据库，方便车企高层进一步查询。

（3）与企业相关管理平台沟通，根据车辆故障配置信息将各种车辆故障信息传达给负责人，同时将结果推送到数据库中。

3. 车辆位置管理模块

本模块仅用于管理汽车的信息，特别提供以下两个功能：

（1）接收到汽车上传的位置信息后，改变信息位置。API经纬度转换图表提供州、城市、城镇/地区甚至社区的地理信息，并将时间图表转换为小时。

（2）存储位置数据，将经纬度数据转换为统一区域数据后，将所有位置数据存储在文件中，并通过Web端提供车辆状态和相关历史查询服务。

4. 车辆配置信息管理模块

用于增加、删除、修改、查看不同的文件，其操作步骤、具体功能如下所述。

（1）汽车的基本配置信息，汽车的配置信息包括汽车的vin码，汽车的终端序列号，SIM卡等信息，该模块接收web dock模块请求的交易数据，进行基本的流量处理。在MySQL数据库中增删改查数据。

（2）车辆配置信息，该信息通常显示车辆的状态，包括国家状态、事故报告等信息。根据本模块发送的请求，处理数据库中的相关数据。当web模块和配置信息发生变化时，缓存中对应的信息也要同步变化。

5.1.2.3 智能网联化应用

1. 网联功能与应用相关定义与技术内涵

车联网的主要含义是通过现代信息通信和网络技术实现人—车—路—云的交互，提供实时在线信息交互、信息融合和联合感知，提高车辆的安全性。促进自动驾驶汽车交通优化、连接和桥接，以改善驾驶体验。互联网连接功能及应用技术是指车辆与外界（车辆、基础设施、行人、网络等）之间利用通信技术进行信息交换的功能，这种功能不仅限于车辆本身的范围，还包括路口交通支持和违规警报应急救援等功能和服务，以及车载通信设备、通信协议和相关接口，包括但不限于V2X技术。

2. 网联功能技术分类

网联技术包含众多的功能应用，网联技术的分类方式多样，其原则为网联功能覆盖全面，同时不超过其技术范畴，为使网联技术分类清晰、明确、全面、准确，给出以下五种分类手段：

按照网联信息的使用方式分类：仅预警/提醒、可作为控制决策的辅助输入信息、可作为控制决策的主要输入信息三类。按照网联功能适用区域分类：核心城区功能、主要城区功能、高速公路功能及其组合区域功能以及其他区域功能等类型。按照通信技术分类：基于直连通信技术的网联功能、基于蜂窝通信技术的网联功能、基于蓝牙/Wi-Fi/RFID等通信技术的网联功能等三类。按照与驾驶安全相关性的方式进行分类：按照这种方式将网联功能分为驾驶安全相关类应用场景和非驾驶安全相关类应用场景。非驾驶安全相关类应用场景，就网联功能与应用标准化路线图的开展方式对行业专家进行了问卷调研，根据调研结果，行业专家建议按照此方式对网联技术进行分类，同时，此分类方式符合以安全为优先考虑因素的标准制定原则。本报告采用此方式对网联技术应用场景进行分类。按照信息功能和控制功能分类：信息功能包括与驾驶任务无关的娱乐系统、互联网信息等信息服务类场景应用。驾驶相关类包括决策预警类。控制功能分为辅助控制和面向自动驾驶的协同控制两类场景应用。

3. 网联功能应用场景（表5-2）

表5-2 网联功能应用场景

场景	定义
闯红灯预警	车辆不按交通信号灯指示行驶或存在不按交通信号灯规定或指示行驶的风险时发出警告信息
前方拥堵提醒	当本车行驶前方发生交通拥堵时，主车接收拥堵信息并对驾驶员提醒
车辆失控预警	实时监控本车周围车辆的运行状态，并在识别出周围车辆存在失控状态时向驾驶员发出警告信息
道路危险状况提醒	当本车行驶至潜在危险状况路段，且存在事故风险时发出警告信息
异常车辆提醒	当主车根据接收到的消息判断出周围存在异常车辆，且该车辆影响本车正常行驶时发出异常车辆提醒信息
车内标牌	当本车接收到来自基础设施发送的道路数据及交通标牌信息，车内标牌应将相应的信息提示给驾驶员
超视距信息辅助	为车辆提供依靠单车传感无法获取的信息，辅助车辆安全行驶
特殊车辆识别提醒	本车周围存在救护车、警车、消防车、校车等特殊车辆时，向驾驶员发出提示信息
二次事故预警	当本车出现事故时向周围车辆广播本车事故信息，提示周围车辆安全行驶
逆向超车预警	当本车行驶至交叉路口且与侧向车辆存在碰撞危险时，应采取有效措施避免或减轻碰撞
匝道汇入/汇出辅助	汇出匝道时提示驾驶员提前变道，汇入匝道时将所汇入的主路的车速和车辆位置等信息传送给本车并对驾驶员进行预警
超车辅助	在本车超车过程中实时获取本车道前车信息及周围车辆信息，获取安全超车距离并得到安全超车方案辅助本车完成超车
交叉路口安全通行引导	当交叉路口没有交通信号灯时，通过车车通信提醒自车横向道路上存在行驶的车辆
恶劣天气预警	主车行驶前方出现恶劣天气时，主车提前接收到恶劣天气提示信息并对驾驶员做出预警
绿波车速引导	当本车行驶至有交通信号灯的交叉路口时，以合适的车速经济、舒适、安全行驶

4. 网联功能与应用路线图构建

网联功能与应用标准化路线图需考虑技术应用现状、公共需求等因素，标准制定应按照基础通用、行业急需、公共需求的原则开展。网联功能与应用标准路线图整体架构如图5-4所示。

充分研究行业对于网联技术的标准需求，对于其中基础性的、通用规范性的、有助于促进智能网联汽车产业发展且技术成本相对较低的技术内容进行了研究，在充分论证其科学性和可行性的基础上，构建应用标准体系。

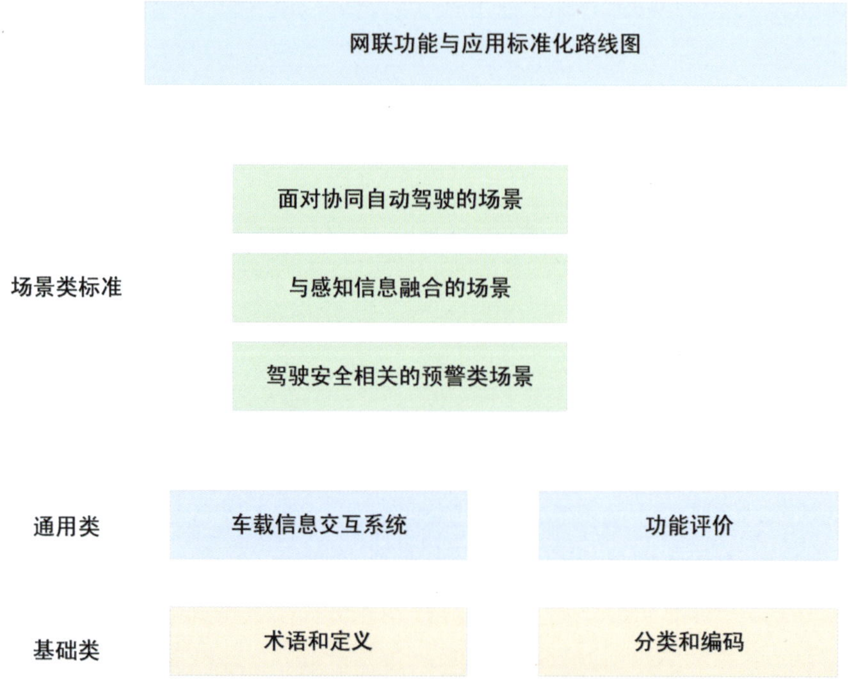

图5-4　网联功能与应用标准路线图整体架构

5.2　电子技术高度集成可视化控制

5.2.1　智能网联视觉传感器

5.2.1.1　智能网联汽车视觉传感器

智能网联汽车视觉传感器即安装在车上的各类摄像头，其种类如表5-3所示。目前摄像头在ADAS系统中主要用于车道线检测、交通标示识别、行人/车辆识别等任务。

表5-3　视觉传感器种类

安装部位	摄像头类型	实现功能	摄像头功能描述
前视	单目	FCW、LDW、TSR、ACC、PCW	视角一般为45度，双目摄像头拥有更好的测距功能，但需要装在两个位置，成本较单目贵50%左右
	双目		
环视X4	广角	全景泊车、LDW	广角镜头，在车四周装配4个进行图像拼接实现全景图，加入算法可实现道路线感知
后视	广角	后视泊车辅助	广角或鱼眼镜头，主要为倒车后视摄像头
侧视X2	广角	盲点检测、代替后视镜	盲点检测主要使用超声波雷达，但目前也有使用摄像头代替，新一代i8使用摄像头
内置	广角	闭眼提醒	广角镜头，一般装在车内后视镜处

视觉传感器在自动驾驶系统中的主要作用为障碍物探测：测速和测距；道路信息读取：交通信号灯识别，交通标志识别；地图构建与辅助定位；其他交通参与者探测与识别：车辆探测、行人探测、动物探测。

目前智能驾驶车辆上视觉传感器的类型及优劣势分析如下：

（1）类型

智能前视摄像头（单目/双目）、广角摄像头、夜视红外摄像头。

（2）视觉传感器的优劣势分析

①优势：成本低，技术成熟，通过优化算法可实现多种功能；人和物体的区分，是优先级的区分；能够识别物体的性质和外观-读取外部信息；基于视频流建立外部环境模型。②劣势：干扰和限制比较多；例如 隧道口车辆与隧道重影、正面强光炫目、摄像头前方有水滴遮挡等复杂情况；能见度差（雾霾、烟、黑夜、隧道）、雨天车辆倒影；识别距离小于长距离激光雷达，测距/测速功能性差。

摄像头以一定的角度和位置安装在汽车上，视觉传感器应用于以下方面（图5-5）：

车道偏离预警系统（LDW）　车道保持辅助系统（LKA）　疲劳驾驶预警系统（DDW）

360高清全景　交通标志识别（TSR）　夜视系统

图5-5　视觉传感器的应用

5.2.1.2　目标检测与图像处理

目标检测是目前图像处理算法中最热门的话题。特别是近年来，随着深度学习在工业界和学术界的发展，目标检测在准确性和实时性方面取得了长足的进步。由于物体在不同的角度和距离处具有不同的形状。还有根据物体的形状、纹理等特征获取候选区域的方法，包括选择性搜索等多种方法，这些方法都可以在一定程度上满足应用的需要。

传统的目标检测算法分为两方面，一是目标候选区域的提取，二是候选区域的分类。

由于基于滑动窗口提取候选区域的方法计算量很大，因此有学者提出根据纹理特征提取候选区域的方法，而其中非常具有代表性的一种方法是选择性搜索（SS），在选择性搜索中，我们首先将每个像素视为一个组。然后，计算每个组的纹理并将最近的两个组组合起来。但是为了避免单个区域吞噬其他区域，我们首先将小组分组，继续合并区域，直到合并所有区域。根据使用的候选区域分类模型，又可以对目标检测算法进行更详细的分类。分类模型中常用的图像特征包括HOG、SIFT、HBP、Haar等特征。

模板匹配：学习特定目标的图像在图像中的位置，然后对图像进行定位。上到下计算，匹配度越大，则两者越可能相同。

人脸检测：一般来说，一个完整的人脸识别系统由四个主要部分组成，即人脸检测、人脸对齐、人脸特征提取和人脸识别。四个部分的流水线操作：人脸检测找到人脸在图像中的位置；人脸配准找到人脸上的眼睛、鼻子、嘴巴等面部器官的位置；通过人脸特征提取字符串将人脸图像信息抽象为字符；人脸识别是将目标人脸图像与现有人脸进行比对，计算相似度，确认人脸身份。

5.2.1.3 输出数据和精准判断

机器视觉传感器有以下三种测量方式：（1）深亮图像处理方式，直接对电视摄像头拍摄的明暗图像进行6点亮度处理。将亮度数据数字化为一个输出处理单元，一般约为4～10位，64×64～1024×1024像素。然后使用各种已知算法来解释线条并识别处理的对象。这种图像处理方法的难点在于需要处理庞大的输出数据，耗费大量时间。作为机器视觉，往往会被简化为双值，然后通过特殊的处理设备进行快速处理。（2）将深浅图像进行二值化处理。（3）基于距离信息测量物体关键位置的方法。该方法采用的方案包括使用两个电视摄像机的三角测量和立体视觉等多种方案。

三角测量法测量原理及方法：在不同的视轴上，也有一些双眼细胞对单眼刺激的反应很差，但对双眼刺激的反应有非常明显的兴奋作用，只有在双眼刺激的位移合适时才会放电。只有当光刺激被放置在远离眼睛的特定位置时，这种细胞才能在三维空间中产生强烈的反应，这种预处理就是通过实时反射系统快速提取图形的重要特征。

许多人都提出了信息处理的层次模型，最著名的是Marko提出的模型。第一层是接收层；第二层由4个并行处理组成，分别产生垂直、水平和2个对角线方向的滤波器；第三层包含3个平行线滤波器的组合，曲率、角度、端点检测器，并据此得到交集，在第四层的拓扑变换的项的提取中，图像的表面被压缩到一个代表图像某种一般特征的点。可以看出，层次模型兼顾了层次顺序结构。为了实现这一目标，人们仍在学习从不同角度获取三维立体信息。

5.2.2 智能网联激光雷达应用

5.2.2.1 智能网联激光雷达

激光雷达的原理是向外发射激光束，在遇到障碍物后，根据激光返回时间和功率，计算出目标与自身的相对距离、方位、运动状态和表面光学特性。激光束可以精确测量视野内设备与物体轮廓边缘的相对距离，这些轮廓信息形成“点云”，以厘米级精度映射3D环境。

激光雷达工作在红外和可见光频率范围，在自动控制系统中的主要作用：

（1）障碍物检测——速度测量和距离测量。

（2）条纹线检测：①识别条纹线（弯曲的条纹线可以计算曲率）；②确定车辆相对于车道线的偏移量。

（3）地图构建和辅助定位。

（4）运动中其他参与者的检测和识别——车辆检测、行人检测、动物检测。

激光雷达的优点：量程和分辨率高，水平分辨率可达0.1°，垂直分辨率可达2°；用于环境感知的3D建模——车辆周围的3D模型可以通过激光扫描获得，并可以使用适当的算法轻松识别到周围车辆和行人。SLAM增强定位，实时激光雷达扫描得到的全局地图与高分辨率地图上的特征进行比对，实现车辆导航，提高车辆定位精度。激光雷达的缺点：技术门槛高，成本高；无法提供准确的环境图像。

激光雷达的组成如图5-6所示。激光雷达的分类如图5-7所示。

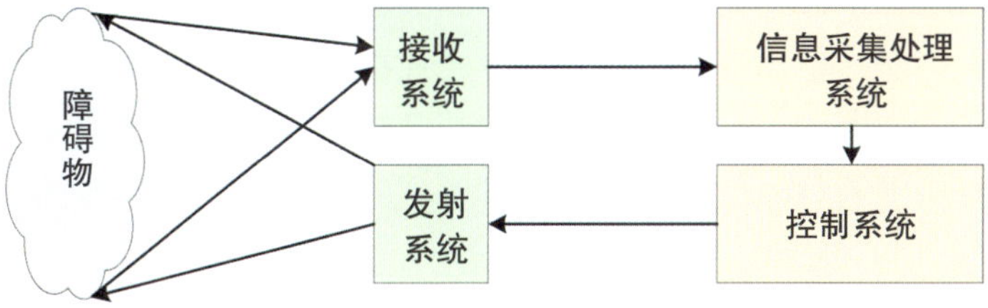

图5-6　激光雷达组成

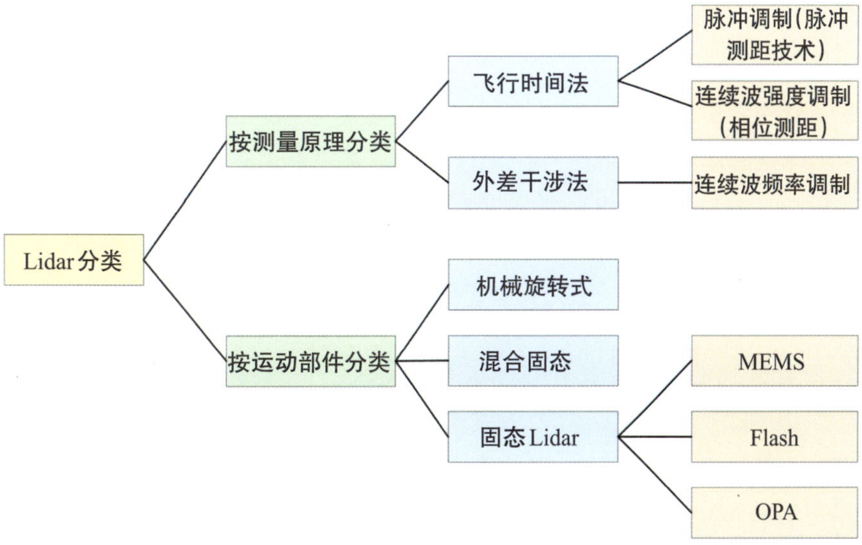

图5-7　激光雷达分类

5.2.2.2 目标进行检测与信息处理

激光雷达的测量原理：

（1）飞行时间法（图5-8）

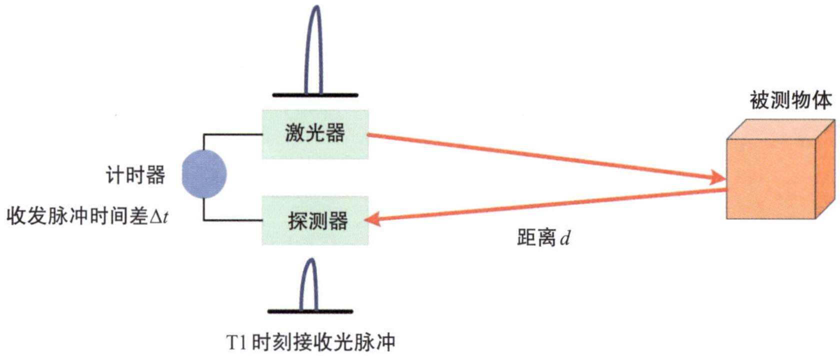

图5-8　飞行时间法

（2）连续波强度调制法（相位测距法）（图5-9）

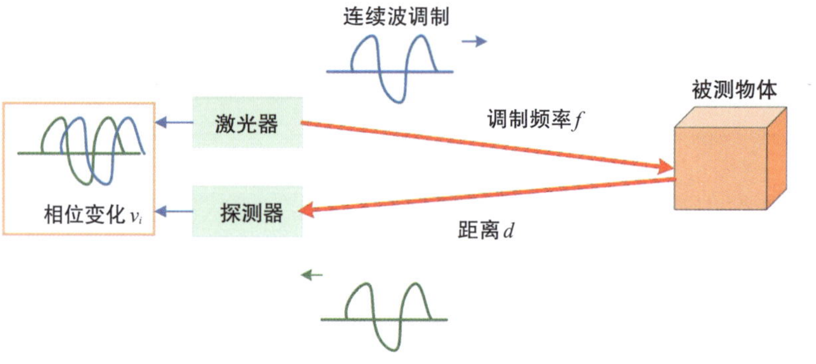

图5-9　相位测距法

（3）连续波频率调制法

连续波频率调制法测距如图5-10所示。

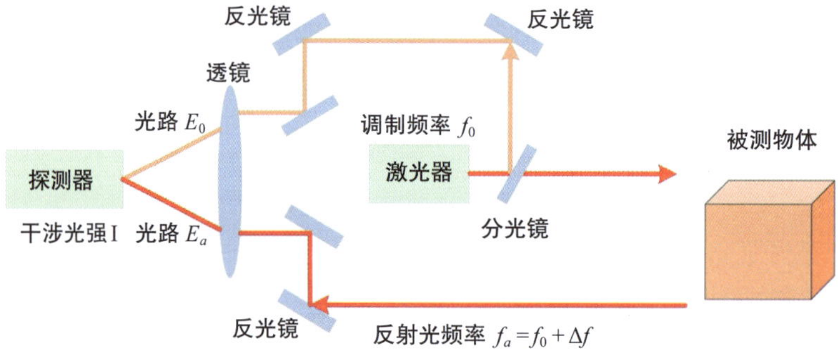

图5-10　连续波频率调制法测距

表5-4为车载激光雷达常见的应用算法：点云分割算法、目标跟踪与识别算法、即时定位与地图构建算法（SLAM）。点云分割算法是目标跟踪与识别的基础；目标跟踪与识别将实现对汽车周围障碍物运动状态和几何特征的判断；SLAM将实现汽车的精确定位与可通行路径规划。

表5-4　车载激光雷达应用算法

类别	算法名称	关键技术	特点
点云分割	非模型投影法	地面投影法、虚拟像平面投影法	简单高效，不适用于复杂形体分割
	聚类法	K-means聚类等	分割准确性高，较复杂
目标跟踪与识别	检测与跟踪	物体级检测与跟踪	实时性好，不适用于复杂环境
		栅格单元级检测与跟踪	跟踪精度高，计算效率低
	分类与识别	基于全局特征的目标分类与识别	识别速度快，受环境遮挡影响大
		基于局部特征的目标分类与识别	噪声不敏感，抗密度干扰性差
即时定位与地图构建	基于滤波器的SLAM	扩展卡尔曼滤波器、Fast SLAM等	较准确，不适用于大场景
	基于图优化的SLAM	位姿图优化等	全局优化、对初始值要求高

（1）点云分割

比较典型的栅格地图处理方式是栅格高差法，计算点云投影到每个栅格上的高差，通过比较经验阈值初步将栅格分为障碍物和土壤两类。

总的来说，非投影模型方法相对简单高效，但难以准确分割不规则或更复杂的形状，而聚类方法可以在特征层面实现更准确地分割。

（2）目标跟踪与识别

目标跟踪与识别采用倒立摆模型和扩展卡尔曼滤波器对移动行人的多个目标进行检测和跟踪识别行人。但该方法主要针对封闭空间内的2D激光雷达数据，如果结合3D点云，计算性能将难以保证。在城市环境中，滤波器中的步长估计算法有待进一步改进。一般来说，计算量小，无法对数字进行实时处理。

（3）即时定位与地图构建

激光雷达可以准确高效地看到环境，并且安全可靠。基于势能滤波器的激光SLAM算法通过计算激光雷达和人物在地形中出现的概率来实现定位和建图。

5.2.2.3　输出数据和精准判断

激光雷达障碍物检测流程如下（图5-11）：①鉴于车辆有多个传感器协同工作，需要对输入的激光点云进行时间同步和外部参数标定。②考虑到激光雷达的采样噪声和点云数据的丰富性，需要对点云进行预处理，减少数据量，去除噪声点。③每帧点云数据包含大量地面点，检测的目的是获取道路障碍物信息，地面点云需要进一步分割。④地面上的障碍点通常采用无监督聚类算法创建多个簇，每个簇代表一个障碍物。⑤可根据任务需求定义聚类物体识别，如果需要类别信息，可通过特征提取+分类器对障碍物进行分类。⑥为每个簇拟合边界框，计算质心、长宽高等障碍物属性。⑦为每个障碍物构建一个卡尔曼滤波器来跟踪和平滑输出。

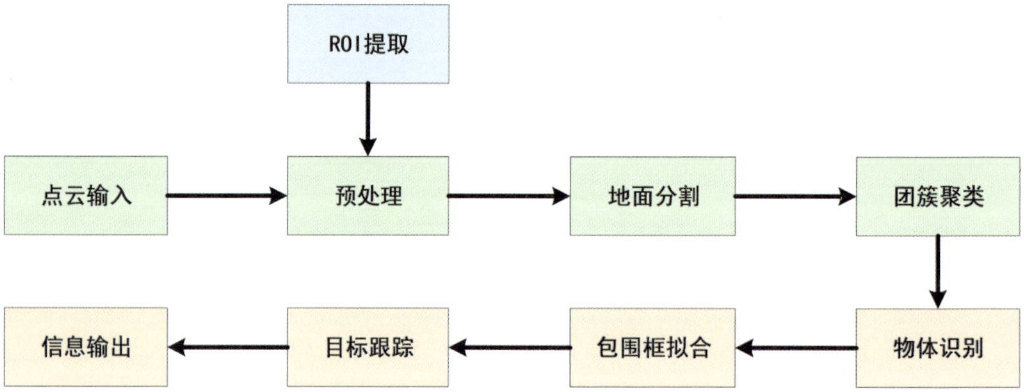

图5-11　激光雷达的障碍物检测流程

由于激光雷达每次采集障碍物点的视角不同，所以采集到的一些障碍物点的坐标变化很大，很多障碍物点与障碍物跟踪无关，比如灌木、树叶、墙壁、高楼等。过多的障碍点会影响边界框的勾画，因此需要对原始点云进行过滤以选择感兴趣区域。ROI区域可以从高分辨率地图获取到可驾驶区域，包括路面和交叉路口。这样就去除了路边的建筑物、树木等背景物体。分辨率一般在5×5厘米左右。可行驶路面、道路障碍物、激光雷达下路面的反射强度存储在相应的网格中。

激光雷达检测道路边缘，拟合三次曲线方程去除道路边缘点。常用的方法包括：①栅格化后，通过点云在栅格上的高差来判断路边点；②计算曲率的变化来判断同一扫描线上的一个设定点的道路边缘。③利用云法向量的变化得到路边的点。上述方法也可以结合使用，以优化检测效果。

经过ROI提取+地面分割，去除点云数据，只留下道路、背景区域、地面障碍物的点云。聚类算法将分割障碍物，例如个别车辆和行人。常用的算法基于以下三种：欧几里得聚类是寻找最近的点，只要点之间的距离在一定半径内，这些点就属于类别。密度聚类的基本思想是从某个基点开始，不断扩展到密度可以达到的区域，使基点和边界点以及区域内任意两点紧密相连，得到最大面积。超体聚类将场景点云转化为许多小块，并学习每个小块之间的关系。但是，由于点云中不存在邻接关系，因此在聚类前需要将点云分成八位组，得到不同点簇之间的邻接关系，如面邻接、线邻接、点邻接等。

运动物体跟踪是指估计运动物体的运动状态，包括运动方向、速度大小、加速度、角速度、运动轨迹等信息。

- 采用EKF/UKF滤波得到目标ID，并且平滑目标运动方向，位置和尺寸。
- 根据帧间隔以及车身提供的自车信息配合目标位置计算目标速度、加速度和角速度。

5.2.3 智能网联毫米波雷达

5.2.3.1 智能网联毫米波雷达

毫米波雷达探测距离可达250m以上，传播速度等于光速，调节方便。与其他雷达相比，毫米波雷达具有更好的穿透力，可以在雨雪、浓空气等极端天气下工作。近年来，随着集成化、天线设计等技术的不断发展，以及商品成本的下降，车载毫米波雷达产品在应用领域不断发展和流行。车载毫米波雷达通过天线发射电磁波后，不断探测前方或后方障碍物引起的回波，并由雷达信号处理器进行评估，计算出前方或后方的相对速度和距离。后方问题和警告的产生被发送到汽车控制电路，汽车控制电路监控汽车的传输并停止采取必要措施以避免事故发生。

与国外相比，国内毫米波雷达产业未来的收益未知，国内生产企业资金压力大，开发周期长。毫米波雷达的开发周期将超过12个月，产品还要经过静态测试、动态测试、车辆测试和各地测试，完全整个开发至少需要2年时间。

5.2.3.2 目标进行检测与信息处理

FMCW雷达是最常用的车载毫米波雷达，其系统简图如图5-12所示。发射天线通过功率放大器（PA）以电磁波的形式辐射到空气中。电磁波遇到目标则会小部分反射，反射回来的回波信号会被接收天线截获，产生电信号。回波信号经低噪声放大器放大，与本振信号在混频器进行混频，输出一个较低的拍频（一般为MHz级），拍频信号包含目标与雷达之间的距离和相对速度等信息。对采集到的数字信号进行带通滤波器（BPF）放大滤波、A/D转换、FFT（快速傅里叶变换）、频谱分析等，即可得到目标与雷达之间的距离、相对速度、方位角和其他信息。最后通过控制方案对危险情况进行判断，并结合环境情况对驾驶员进行预警或主动干预车辆。

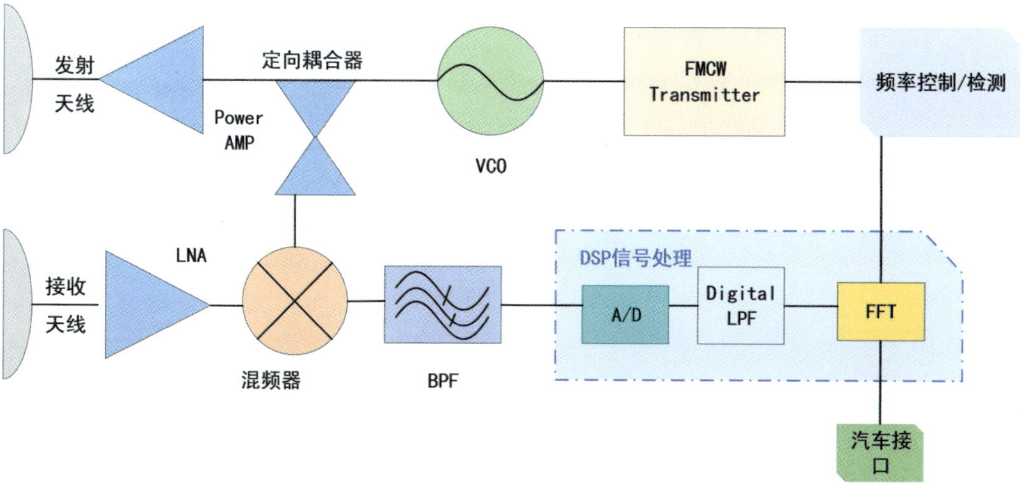

图5-12 FMCW毫米波雷达系统简图

根据Trip time t可以获取距离信息。由于t无法直接测量，因此我们通过FMCW扫频波进行测量。

暂时不考虑多普勒频移（相对静止），距离公式推导如下。

$$R=\frac{cT_s f_b}{2B_{Sweep}}$$

雷达主要利用多普勒频移来直接测量移动物体的速度，并接收其回波；如遇到移动物体，则回波频率与发射频率会出现偏差，即多普勒频移；利用此频移即可获得相对速度。多普勒频移公式如下：

$$f_d=2v_r \times f_0/c$$

其中，f_b 为静止时频偏，T_s 为扫频时间，B 为扫频带宽，c 为光速。

FMCW 调频连续波雷达的不同调制形式：a. 正弦波调制，b. 锯齿波调制，c. 三角波调制。不同调频方式的雷达硬件组成基本相同；锯齿波调制方式足以测量单个静止物体；三角波调制方式常用于运动物体。对于锯齿波，其多普勒频移 f_d 和相对静止时的频率 f_r 是无法在一个周期内计算出来的，必须连续观测几个周期才能计算出来。对称三角波雷达发射上、下对称的扫频调频信号，每个扫频的回波差拍信号由发射信号和接收信号混合得到，差拍信号包含目标距离和径向速度信息。利用命中信号在上、下扫频带的谱对称特性，得到目标的距离和速度参数。

5.2.4 多传感器构成智能网联集成应用

5.2.4.1 车轮转速传感器

大多数磁电轮速传感器由磁性传感器头和环形齿轮组成。传感器头的磁极与齿圈端面之间有必要的间隙。汽车的轮速传感器通常安装在车轮上，但在某些车型上，它安装在终传动或变速箱上。根据杆的形状，有三种类型：凿子、柱子和钻子。不同形状的不同传感器头与齿圈的配合方式不尽相同。安装在齿圈的轴向切线上；曲轴速度传感器头垂直于环形齿轮轴线安装方向。安装必须牢固，安装前对传感器进行润滑，以防止水和灰尘影响传感器的性能。

磁电式轮速传感器有一个永磁芯和一个线圈。能量磁线从核心的一极发出，穿过齿圈和机身，返回到核心的另一极。当传感器绕组缠绕在底座上时，具有所需幅度和频率的电势脉冲。脉冲率或每秒脉冲数表示车轮移动的速度。霍尔轮速传感器是根据霍尔效应定律，控制电流的大小与磁感应场的分量B成正比，也就是霍尔容量。当霍尔元件用作轮速传感器时，通常采用磁感应强度B作为输入信号，用轮速代替磁感应强度B产生霍尔电位脉冲。在霍尔IC中经过放大、整形和功率放大后输出脉冲序列，其占空比值随转盘角速度的变化而变化。圆盘的转动会改变电阻，引起磁感应强度的变化，从而使传感器测量霍尔电位脉冲输出。

5.2.4.2 加速度传感器

加速度传感器用于安全气囊系统、牵引力控制系统、汽车导航系统和防盗系统。

测量不同物品运动所需的量程不同，应根据实际情况进行测量。

传感器通常有多种测量频率，尺寸不一，无须外接电源产生充电信号，其最大缺点是无法测量零频信号。压电陶瓷的应用十分广泛。压缩式结构最简单，成本最低，但不能去除很多影响；切割受干扰影响最小，现在使用最多，但需要更多的机械，因此价格较高。光束类型小，其结构可产生大光束，但测量频率低，易受高温影响，不推荐使用。根据信号输出类型，负载输出方式直接输出高阻负载信号，必须转换成其他仪器读取的低阻电压，高阻负载信号往往失真，因此要求较多。放置测试和连接电缆；传感器配置ICP-A放大器，直接转化为输出信号，具有信号质量好、噪声低、抗干扰性强、寿命长等优点。距离测量逐渐改变传感器输出值。压阻式传感器的灵敏度是用半导体材料制成的测量电桥，用来测量信号加速度，测量范围和量程，这种传感器有大、小、轻等优点。缺点也很明显，受气温影响，影响很大。

5.2.4.3 微机械陀螺仪

微机械陀螺仪传感器的出现最早可以追溯到汽车电子时代。在当今互联网时代，单一功能的传感器已然无法满足用户对网联化和智能化的刚需，众多传感器的功能融合，包括惯性传感器、环境传感器、光学传感器，甚至生物传感器，这种融合将成为新时代传感器发展的趋势。对于一个旋转的物体，其旋转轴的方向不会随着承载它的支架的旋转而改变。所有微机械陀螺仪全都通过振动体的逻辑思维来探知角速度，通过振动来感应和检测科里奥利力，微机械陀螺仪的核心是一个微机械装置，设计用于根据音叉机制共振移动，音叉机制使用科里奥利力原理将角速度转换为特定传感结构的位移。微机械陀螺仪具备其他功能模块，比如自动化检测功能电路，低功耗唤醒电路等模块。

5.2.4.4 方向盘转角传感器

方向盘转角传感器（SAS）用于预测驾驶员的操作意图，检测车辆行驶过程中方向盘的转动角度和角速度，为ESP、EPS等其他车辆控制系统提供控制动作。AFS、ADAS、PLA等直接关系到驾驶安全。旋转角度传感器主要由上下壳体、三个齿轮、两个磁铁、两个配套的磁阻角度传感器和电路板组成的机械结构组成，如图5-13所示。

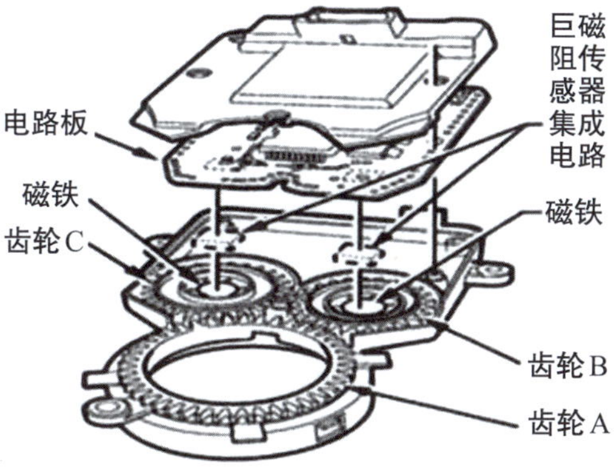

图5-13 方向盘转角传感器基本组成及结构

方向盘转角传感器系统框架如图5-14所示。

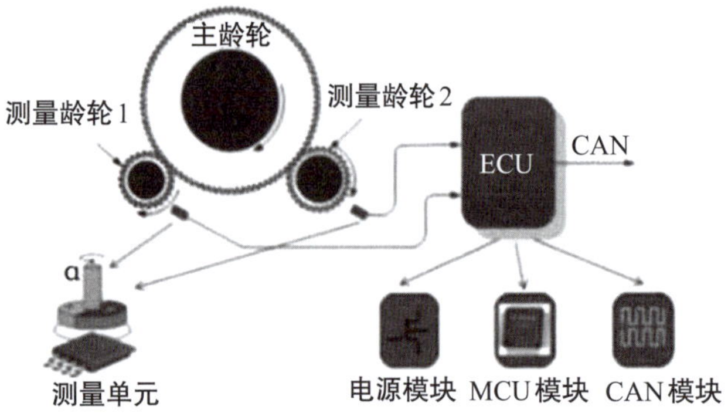

图5-14　方向盘转角传感器系统框架简图

5.2.4.5　超声波传感器

低功率超声波传感器更常见的作用是检测作用，不同的种类有多种不同的结构，可分为平面探头、弯曲探头、表面波探头、兰姆波探头、双探头等。超声探头晶圆尺寸不同，例如直径和厚度，因此每个探针的性能不同，使用前应提前了解其性能。

大功率超声波不能在高压窄脉冲下作用，集成电路塑料焊接应注意设置。超声波传感器可应用于国防和医学等方面，警车超声波多普勒测速仪可以根据超声波多普勒效应测量行车速度，帮助驾驶员避免因意外短暂失去视野时所产生的负面影响，确保行车安全驾驶。

5.2.4.6　电子罗盘

电子罗盘应用广泛，是高精度航天、航空、航海的重要组成部分。电子罗盘广泛应用于以下几个方面：

手机电子罗盘导航：手机的电子罗盘可以根据手机的位置显示方向和俯仰角。使用方便，只需将手机放在地上，然后按相应的按钮即可显示方向和俯仰角。但由于没有GPS功能，无法进行方位导航。手机定位主要是利用卫星、基站等通信设施测量和计算用户所在位置的技术。随着电子技术和信息技术的发展，这项技术也在近几十年得到了快速发展和广泛应用，而手机定位则是一个新兴的行业。电子罗盘可以提供准确的地理信息，提供实时的位置信息，提供准确的时间，在各种环境下提供准确的位置信息。

汽车导航：目前大多数汽车导航系统均糅合了全球定位系统和电子罗盘的功能。集全球定位系统、气压高度计和磁力线罗盘于一体的多功能电子罗盘，可以及时反映高山等特殊环境下气压和海拔的微小变化，还可以在屏蔽状态下指示方向。

停车位检测：许多路边停车位和智能停车位现在使用地磁技术来检测停车位中是否有车辆。停车场的磁场在没有车辆或车辆静止时是相对恒定的，磁场会随着车辆进出停车场而发生变化。

第6章 通信网络技术与可目视技术高度集成

6.1 通信网络技术高度集成

6.1.1 以太通信系统

车载以太网作为连接车辆中的电子单元，在汽车领域使用以太网的主要原因是：（1）数据吞吐量要求。车内电子设备越来越复杂，不同的控制系统和传感器的使用越来越多，车内不同的处理器和域控制器需要更多的数据交互，这种大量的数据交互对带宽需求很重要。现阶段，车辆的定义正逐渐从硬件系统向软件系统转变，车载系统无论是OTA还是4G/Wi-Fi都需要更高的总线带宽，以太网成为必然选择。（2）汽车布线要求。通常，车内的各种电子设备都是通过专用线缆连接的，这给车内线缆的布置和连接带来了困难，也使车内线缆的成本和重量增加了很多倍（在汽车中，线束的重量是汽车成本中的第三大成本，成本仅次于动力总成和底盘）。使用非屏蔽双绞线作为传输介质，而且可以使用更小的连接器端子，这样可以大大减轻电缆重量。随着车载以太网网络的引入，车载电子设备可以免除传统的点对点布线，只需将每个设备连接到一个车载网关控制器即可。有了通信系统，汽车内部线路的数量和复杂性就可以大大降低。（3）节能以太网。当发动机关闭时，车内所有电子单元并没有关闭，这种情况下必须使用电池供电，而电池容量是有限的，此时可以采用高性能的以太网技术用于通过关闭未使用的网络来减少能源消耗。

传统以太网不能满足汽车主机厂的EMI（电磁干扰）和RF（辐射）要求，难以控制民用100BASE-TX和1000BASE-TX的辐射噪声和抗噪声干扰（抗干扰）能力在一个高水平。Wide R-Reach技术利用一对差分信号实现10/10/100Mbps的双向数据传输，并采用特殊的编码方式，从而实现基频数据传输66MHz（民用以太网125MHz）。

车载系统对传感器和控制系统的快速响应要求非常高，而传统以太网不能保证ms级（或更小）的传输延迟；传统以太网没有提供网络设备间进行时钟同步的方式，无法确保多个设备同时获取数据（尤其是音频和视频数据）。一些交通应用在进行测量时需要完成不同传感器的连接时间或知道节点的时间差，这就要求参与过程测试的所有节点同步，有些精度甚至要达到微秒级。汽车以太网采用高速连接标准，采用IEEE1588V2 Profile，意为通用精密时间协议（GPTP），可以更方便快捷地确定主时钟。许多车辆控制器需要微秒级的通信延迟。在普通以太网中，只有在处理完所有现有数据包后，才会处理新数据包车辆应用。可以在等待处理的数据包中插入快速数据包，保证延迟到微秒级。

6.1.2 高度集成的多模通信系统

车载智能网关多模通信系统主要由车载智能网关、移动设备终端和车辆仿真应用程序组成，如图6-1所示。在车辆中安装车载智能网关，由于应用平台有嵌入式服务器和车主拥有的移动设备终端（手机等），车载智能网关必须处于Wi-Fi或移动网络可访问的网络环境中。智能网关必须与上述设备通信，接收、处理和转发网络数据。最后，车载智能网关通过车辆的CAN总线实时持续采集车辆交通信息，根据需要进行数据分析。

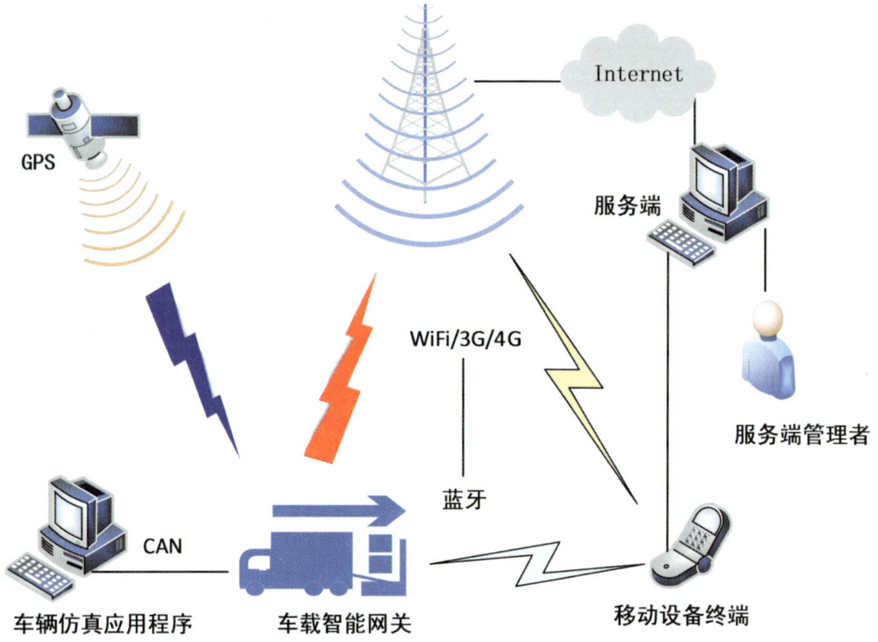

图6-1 车载智能网关多模通信系统架构

车载智能网关、移动设备终端、车辆仿真应用程序与服务器端的通信交互关系，如图6-2所示。车载智能网关负责汽车与外界的所有通信，与移动设备终端和车辆仿真应用程序的交互，以及与复杂场景支持服务器端的交互。车主可以通过手机终端了解用户功能和实现功能操作，通过移动设备终端管理他们的车辆。服务器端负责管理系统的云端数据，提供所有软件文件，平台则远程控制数据存储问题和其他必要的支持。车辆仿真应用程序负责使用硬件和软件显示真实汽车的模拟。

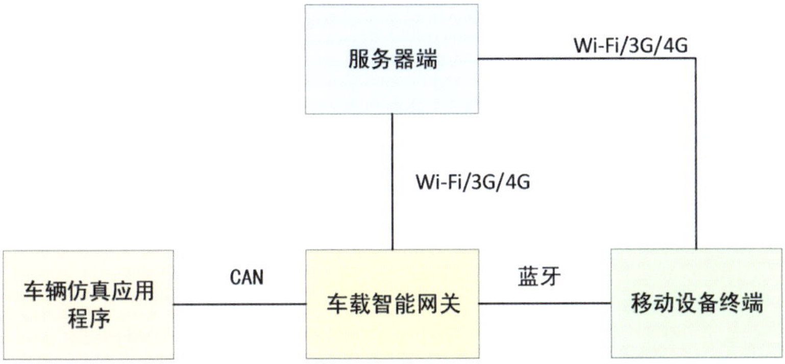

图6-2　系统功能框图

多模通信系统的关键是将智能网关安装在车载平台上，由嵌入式微处理器和一些必要的外围设备组成，包括主控部分、CAN通信模块、蓝牙模块、Wi-Fi模块、4G模块、GPS模块和显示模块等，外围设备连接到主控模块上。安装在汽车上的车载智能网关在硬件打开后启动操作系统，操作系统引导驾驶员启动各个外围模块。初始化完成后，运行设计管理软件，请求Wi-Fi/4G模块进行通信，以建立与服务器和用户手机的连接。车载智能网关通过建立socket连接接收来自服务器和用户的下行操作指令，并分析与操作指令相关的信息。如果要从车辆获取所需内容，则需要CAN模块与车辆模拟应用程序通信以接收所需的数据，准备好需要的数据后，按照指令将封装后的数据通过socket发送回服务端和用户移动端。以上就是车载智能网关在多模通信系统的工作流程。

6.1.3　总线网络

以前汽车功能单一，采用传统布线方式，各个模块之间的连接是点对点的，各个模块交叉连接，形成一个庞大的系统，经常使用CAN等车载总线。汽车总线有多种类型，例如：CAN、CAN FD、LIN、MOST和以太网。

1. CAN FD

（1）CAN FD协议简介

随着车辆功能越来越多，对数据传输的带宽要求也越来越高，由于带宽的限制，CAN总线已经不能满足要求，因此发布了CAN FD，简称CAN灵活数据速度，它继承了CAN的主要特点，补充了CAN数据长度和带宽限制，可以简单地认为是CAN的改进版，2011年开始开发CAN FD协议，2015年修订ISO11898-1，将CAN FD纳入其中。

（2）CAN FD协议特点

传输速率不同。CAN FD速度可变，最高速度可达8Mbps，其他部分同CAN，数据长度不同，CAN FD 支持的最大数据长度为64字节，帧格式不同，CAN FD 添加了FDF、BRS、ESI位。

2. LIN

（1）LIN总线简介

LIN是专为汽车设计的低成本串行通信网络，主要为CAN总线网络提供辅助功能。LIN的一大优点是成本低，但其最高传输速度为20Kbps。推荐通信速率如下，低速2400bps，中速9600bps，高速19200bps。

（2）LIN总线特点

无仲裁机制的单主/多从模式，几乎所有的微控制器都具有基于通用UART接口的LIN所需的硬件。通常LIN中的节点数少于12个，总共有64个标识符，只需很少的信号线即可实现国际标准ISO 9141的要求。

3. MOST

MOST是专门为汽车使用而设计的一种数据总线技术，主要用于多媒体传输。例如，导航娱乐系统中的地图或MP3封面可以轻松传输到仪表板。

4. Ethernet

以太网在计算机非常普及的时候，每天都在使用以太网。但这里描述的以太网是汽车以太网。传输速度为100Mb/s，具有高带宽、高传输数据速率和高安全特性。未来可能成为汽车、客车的主流。

6.1.4 自组织网络智能网联车辆集群通信

6.1.4.1 自组网技术

Zigbee网络作为一种无线通信平台，由无线数据传输模块组成，在平台上，上万个Zigbee节点模块可同时加入网络，同时每个节点可以并行连接众多传感器设施。对应不同种类传感器的产出数据，Zigbee网络能够并行采集处理数字量信号和模拟量信号。此外，Zigbee通信高效，通过低能耗方式在不同节点之间进行传输数据。Zigbee网络理论上可作为全功能设备，也可以作为终端节点设备。和有线网络相同，每个Zigbee节点中都需要和服务器功能相似的设备，即协调器设备，承担管理协调网络的作用，包含组建、配置、维护网络，是网络的关键模块，对硬件要求较高。Zigbee技术以协调器为基础，每个单独的Zigbee节点有对应的标识符，通过标识符匹配地址码即可传输数据给其他网络节点。

Zigbee技术按运作模式可以分为信标模式和非信标模式。信标工作模式下为了减少功耗全部节点的设备同步进行工作和休眠，非信标模式下除了终端节点设备可以循环周期进行休眠，其他设备必须长期处于工作状态，终端节点设备本身的信息在上一级节点设备进行存储，终端节点设备依据需求从上一级节点中获得信息。终端节点设备从休眠模式转变为运作模式的时间较短，因而得以时常转变休眠模式，并进行循环周期，唤醒上位节点设备，确保其仍在运行，降低网络中设备的能耗。在信标模式下，分为两部分：网络的活跃区和非活跃区，网络数据传输功能只能在网络活跃区的每个时隙完成。

Zigbee作为架构完善的自组网协议，联结了车辆上所有的无线传感器终端节点设备和控制中心的无线模块组成了无线传感自组网络，使信息数据的传输更具有安全性和稳定性。在高效能模式下，两节普通五号电池足以支持一个Zigbee节点设备使用一年以上的时间，大大满足了系统节点设备低耗能高效能的需求。Zigbee的节点设备从休眠变为运行仅需毫秒片刻，并且节点设备接入网络较快，通常选择终端节点设备处于休眠模式即可满足用户多样化需求。

6.1.4.2 节点高速移动性

交管中心整合辖区内所有路侧单位，汇总各路侧单位获取的车辆管理信息，实时监控交通状况，提供交通管理、应急管理、收费管理、数据发布等功能。此外，车辆乘员的通信电子设备还可以与车载单元和路侧单元进行无线连接，获取车辆的行驶状况、附近其他车辆的交通状况、车辆操控及道路交通状况等信息。

城市交通环境下VANET的网络架构主要由四部分组成：车载单元、道路单元、交通控制中心和Internet。TCC与Internet相连，整车自组织网络与Internet相连。TCC连接互联网，管理整车自组织网络的RSU，内置于城市交通的智能控制中心。RSU与TCC相连或直接与Internet相连，主要负责V2I通信服务，分布在城市街道两侧。OBU与RSU相关，主要负责车载V2I和V2V通信服务。

（1）安全预警机制，如车辆碰撞预警、车距预警等，以及生命安全相关的信息，如应急管理等。（2）城市交通管理，如智能红绿灯管理、车辆协同、协同管理等。此类消息具有更高的优先级和更高的实时性，有助于城市交通的高效运行，使人们的出行更加便捷高效，同时顺应低碳的趋势和主题，帮助车辆节省燃油，绿色环保出行。（3）娱乐信息服务。主要用于车内乘客上网和下载智能终端，商家炒股，车内乘客玩游戏等多媒体业务中的娱乐活动，要求高实时性，帮助人们度过车上无聊时光，丰富旅途精神生活。

在运动模式的分类中，群体运动模式是较少的基于时间或空间的运动模式。其中，指数相关随机运动模型理论很好，但参数值的选择很重要，这种不适合建模仿真；它可以被认为是一种混合运动模型和一个基于运动的模型。作为运动方向的特殊特征；地理分离模型、移动模型、虚拟移动模型和移动模型是理论上的但不成熟，不适合实际情况。基于关系的汽车模型更接近汽车的真实性质和行为。群体定位模型使用通用操作系统来确定群体的运动。通过选择特定值，模型可以识别排队运动模式和游牧群体运动模式。是通用的，适用于特定网络。在个体运动模型中，马尔可夫模型提供了更真实的移动节点运动模型，更好地展示了移动节点越过仿真边界的过程；曼哈顿移动模型很好地表示了城市环境移动模型中移动节点的出行。

6.2 可目视技术高度集成可视化控制

6.2.1 高精度定位

6.2.1.1 差分全球导航定位

差分GPS是一种通过消除或减小GPS测量误差从而提高GPS定位精度的方法。差分GPS消除或减小测量误差的基础原理是利用误差的相关性。以卫星时钟误差举例来说。如果我们已知一个接收机的实际精确位置，与它的测量得到的位置相减，即可得到误差项，这个误差项里就包含了卫星时钟误差。如果另一个接收机也在附近接收同样的卫星信号来定位，它就可以在计算时把这个误差项减掉，这样就消除了卫星时钟误差，因为对于这两个接收机来说，它们的卫星时钟误差是相同的，这也就是误差的相关性。当然，对两个接收机来说，不是所有的误差都相同，但是在一定范围内，还是有一些误差是相近的。比如电离层延时，若两个接收机距离很近，可以近似认为是相同的；同理，对流层延时、卫星星历也存在这种相关性。另外一些误差如多路径、接收机噪声等就不相关了，于是这样的误差无法通过差分GPS来消除，相反，它们还会造成误差的叠加。在这一差分方法中，我们把已知位置的接收机称为基准站或者基站，位置未知的称为流动站，由基准站播发误差校正值，流动站则利用误差校正值来校正位置。从差分GPS的工作原理很容易可以看出，流动站离基准站越近，校正效果就会越好。我们把流动站到基准站之间的距离称为基线距离，其长度为基线长度。

差分GPS的分类：

按基线距离分类：局域的，区域的，广域的。局部地区一般为10km～100km。大面积局域到广域可以覆盖整个大陆或世界范围。

按差分校正的目标参量不同分类：位置差分、伪距差分、载波相位差分。位置差分：基站播发的是其根据自身伪距观测值计算出的位置与已知的自身位置之差，流动站根据自身伪距观测值计算出位置后再加上接收到的基站播发的差值得到自身的最终位置。这种方式要求流动站和参考站各自计算得到的位置坐标包含相同的误差项，且流动站和参考站必须使用相同的定位算法和相同的卫星测量值，实现难度大，性能差。伪距差分：基站广播的是其伪距观测值与已知卫星距离之差，流动站利用其伪距观测值加上基站广播的伪距差值得到自身的最后的伪距，然后用于位置计算。这种方法不需要流动站和参考站使用相同的定位算法，其精度可以达到分米级。载波相位差分：类似于伪距差分，只是基站广播的是载波相位差分修正项，不需要解析差分修正项的整周模糊度，只需保持其值不变即可；仍然需要解决流动站和不确定性问题，以此确保精度达到毫米级。

按定位结果分类：绝对定位、相对定位。绝对定位需要知道基准站的精确位置。相对定位求的是流动站相对基站的位置，此时基站的绝对位置可以不知道，基站可以直接把观测值播发给流动站，而不是播发差分修正项。

按差分级数分类：单差、双差、三差。单差：两个不同接收机对同一卫星的测量值之间的差异。它可以修复卫星时钟错误。在基线短的情况下，可大程度消除大气延迟误差以及基本消除卫星星历误差。双差：两台接收机同时测量两颗卫星的测量值之差等于两次单差之差，可以消除接收机时钟误差。这是因为接收器的时钟差异对于不同的卫星是相同的。三差：两个接收机两次测量的两颗卫星的值之差等于两次双差的差值，整数不确定性保持不变。

按运动状态分类：静态定位、动态定位。静态定位：可以长时间持续收集测量值，并做测后处理，以提高精度；动态定位：通常要满足实时性要求。

按实时性要求分类：实时处理、测后处理。

6.2.1.2 车辆航位推算

车辆定位常用的定位方法有两种：GPS和航位推算（DR）。在车辆定位导航中，安装导航传感器和距离传感器。通过这种方式，DR算法自主确定定位信息，DR算法具有局部短时间内高精度定位的特点。DR计算过程是一个数据采集过程，定位误差会随着时间的推移不断累积和增大，所以需要标定车辆位置和GPS卫星信号的运动方向，这是一种组合定位技术。

航位推算（DR）算法的本质是在初始位置上累加位移矢量计算当前位置，它是一个信息累加的过程。常用传感器有：码盘（类似于车辆里程计，记录车轮转数）、陀螺仪、加速度计等惯性传感器能够接收设备的线速度及角速度，借助计算获得设备的位置数据。

只有同时接收来自三到四颗GPS/GNSS卫星的信号，才能获得准确的GPS/GNSS定位。仅依靠GPS/GNSS定位时，定位精度可能会降低或丢失。为了克服GPS/GNSS定位的这些限制，航位推算解决方案很有用。可以依据GPS/GNSS数据计算当前位置来提供高精度定位，即使在定位困难或无法准确定点的状况下同样可以操作。

车辆航位推算应用场景普遍在车载导航系统，车载导航系统各项性能优越，在当今运用十分普遍，然而卫星定位系统的综合性能水平某种程度上遭受城区中区域范围条件的作用效应，比如高层建筑、高架桥、隧道等对通信卫星回波的拦阻同时加上茂密树林导致的传输损耗，因此促使射频干扰问题和频率选择性衰落问题，会减弱通信卫星的信号。目前，城市汽车的动态准确定点和路径规划不光依赖卫星定位系统，在通信卫星回波被特定环境拦截时，必须借助另外的定位探测设备实现定点。为解决此类问题，车辆航位推算应用在协助通信卫星定位系统在城市区域中达到能持续动态获得车辆位置和路径规划的目标。

车辆航位推算的机器学习逻辑运算方法所涉及包含动态校准技术、高通滤波技术和数据挖掘采集分析技术。基于具有差异性的偏差，运用了数据挖掘采集分析技术和高通滤波技术来提高准确率。车辆航位推算重点是借助惯量定位设备搜集汽车转弯角度和跨度，然后测算出片刻后的定位。航位推算系统的惯性导航装置可以测量行驶车辆的速度、行驶方向和行驶距离，惯性导航装置在短期内精度较高，但时间一长就会产生累积误差。车辆航位推算是关于自动布置技术，它的亮点是能够借助集聚的惯量遥感设备测算出汽车的时速和定位信息，并且计算结果在短期精确稳定，从而能够运用在车载导航系统中。车辆航位推算过程如图6-3所示。

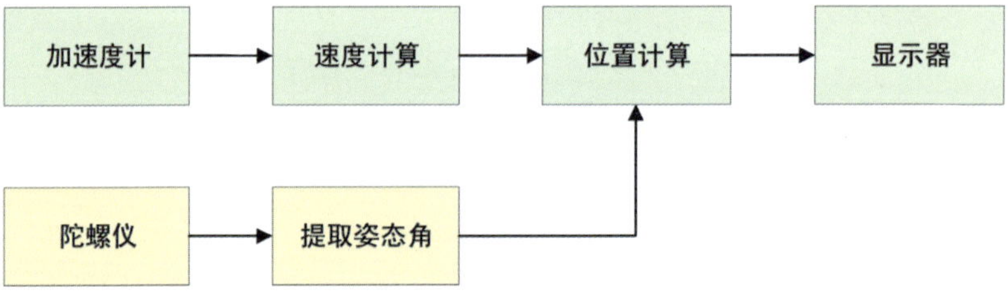

图6-3　车辆航位推算过程图

GPS定位技术可以提供连续的、全球的、全天候的带有误差参数的三维或二维定位信息。在使用车载导航的过程中，有时会遇到环境条件造成定位操作不能常规执行，比如在遍地高层建筑的路上，信号经常减弱，进入隧道时信号差，此时就可以使用航位推算技术作为临时导航。航位推算技术能够连续支持查询汽车的定位、时速和转向数据，一定周期内定点测量准确度高，另外能免于受到外部潜在因素影响。相对于通信卫星定位具有高精度的特性，然而伴随服务周期的增加，再次使用车辆航位推算之前的绝对位置，通信卫星定位和航位推算依靠各自的优势存在强大的互补效应。

车辆航位推算的核心理论是借助可以探知和测算跨度和转向变化的设备来估算汽车驾驶定位的转变。行车的间距普遍经过车程表和运动传感器测算，盘旋倾角借助磁力计、陀螺仪或千分表测算。车辆中必备车程表，但是里程表具有使用周期长精度下降的缺陷，微机电技术体积小且易于集成到系统中的加速度计和陀螺仪。

6.2.1.3　通信基站定位

移动通信基站监测系统硬件结构如图6-4所示。

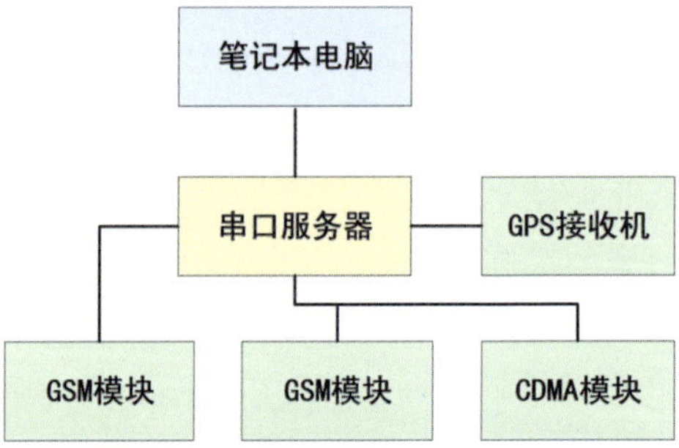

图6-4　移动通信基站监测系统硬件结构

应用程序对站点返回的数据进行分析并将数据存入数据库，同时存储中心监测点的经纬度数据，用于以基站数据为基础的内置数据。APP内置定时器每5秒访问一次基站；应用程序从应用程序中读取GPS数据，如果GPS接收到与串口输入相关的字符超过100个，则读取一次GPS数据，并将经纬度数据更改为地图上的数字电子道路位图。信号处理模块完成基站位置计算、基站显示和驾驶员跟踪、停车信号站和GPS信号接收、选择定位对象（移动GSM站、联通GSM站、联通CDMA基站）等功能，并读取数据库中的监控信息，根据计算不同的基站位置和基站的准确纬度，计算其长度。最后，使用数字电子地图显示基站的位置。

6.2.2 智能联网高精度地理信息系统

6.2.2.1 高精度智能网联地理信息数据

高精度地图其实是和日常定位的平面地图相比较的，为自动驾驶系统提供专业服务的专用地理信息数据。高精度地图也称自动驾驶地图、高分辨率地图，是面向自动驾驶汽车的一种新的地图数据范式。高精地图绝对位置精度接近1m，相对位置精度在厘米级别，能够达到10～20cm。准确和全面地表征道路特征，并要求更高的实时性，是高精度地图最显著的特征。此外，高清地图记录了驾驶行为的具体细节。

高分辨率地图可分为固态高清晰显示地图及动态高清晰显示地图等层级。固态高清晰显示地图处于下层，是当下研究开发的关键。固态高清晰显示地图通常由三类矢量信息组成，包括语义信息、包含道路成分和道路属性的车道模型，并且运用在众多传感设备定点的标志层。动态高清晰显示地图是在静态高清晰显示地图的基底上搭建的，重点涵盖即时态势数据、另外车道使用者的信息（比如交通堵塞、工程作业、责任事故、道路状况、控制条件、天气条件等），以及有关道路用户的数据（比如交通信号灯、人行横道等）。

在自动驾驶中的定位通常分成两部分，一部分是横向的车道定位，另一部分是纵向的坐标定位。车道定位就是你在第几根车道上行驶。比如一条三车道马路，驾驶员自己是在最左边车道行驶，高精地图告诉驾驶员，最左边车道是左转直行车道，且禁止掉头。这样就能得到更多的车道级信息。对于纵向定位传统的GPS大约可以提供10米级精度的定位，使用RTK外加IMU等系统的辅助，这一精度可以提高到分米甚至厘米级。但目前RTK的成本、量产都还是个问题，一台RTK的成本大约在数千元到数万元，而且这是直接加到每台车上的成本，再算上各种服务费，成本就很高昂。

因此，在没有RTK的情况下，通常会尝试利用感知系统感知定位元素，再和高精地图中的定位元素做匹配，以此来实现亚米级或是分米级的定位。其中定位元素包括地面文字、地面箭头和交通标志、电线杆等杆状物。比如摄像头检测到前方10米有个限速标志，但字迹模糊，分辨不出到底是限速多少公里。根据GPS的粗略定位，车辆可以在高精地图中寻找附近的限速标志。然后发现我附近就一个限速80公里的标志，可以得到它的绝对坐标。这样我就知道自车的坐标位置，以及那个限速标志是限速80公里的。另外知道了自车位置，驾驶员还可以得到很多其他信息，比如前方1公里会有车辆汇入，前方3公里有个高速出口等等。这些信息光通过摄像头或是激光雷达，是不可能知道的。

高精度地图的生产过程简单来讲，首先由专业的测绘车在道路上行驶，采集原始的图像与激光数据以及部分静态控制点信息。将采集的数据通过物理手段传递到云端后，进入生产环节，首先需要对原始的GPS数据和点云数据进行必要的处理与对齐，获得精度更高的原始点云数据后，开始正式的地图生产线任务。标注员利用半自动化的工具链以及生产平台，在点云和原始图像上进行矢量特征的绘制作业，由系统完成后续的编译任务后，最终进入质检环节，在质量合格的情况下存入母库，完成一次高精度地图的生产过程。

高清地图主要通过扫描工具采集数据，室内作业对点云进行处理，根据处理后的点云提取出高清地图所需的道路要素。根据《自动驾驶地图采集要素模型与交换格式》团体标准，高清地图主要由五层组成，即采集场景基础数据层、交通标志层、道路路标层、其他道路安全对象层以及智能路侧设备层等，如图6-5所示。

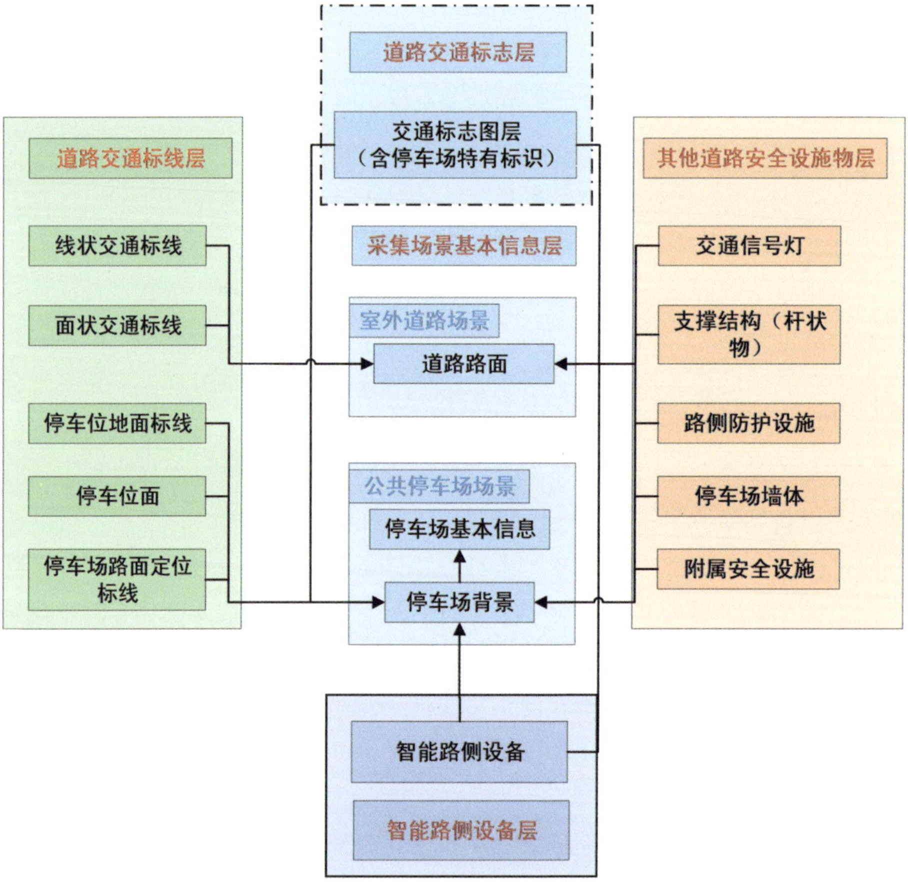

图6-5　高精度地图图层

高精地图需设置要素关联的场景载体要素，主要分为室外道路场景和公共停车场道路场景。

（1）室外道路场景

针对室外道路场景，场景基本信息图层包括道路路面。其主要用途是现实中所有道路对象的载体以及显示渲染应用。道路路面区分路口和路段。道路路面图层依据道路可行驶范围为边界来获取，以3D面要素来表达。道路路面属性包括：①道路路面编号：记录当前道路路面对象的唯一ID；②类型：记录道路路面的类型，分为路段路面和路口路面两种；③采集时间：记录当前存储对象实际采集时间，记录到某年某月某日，格式为YYMMDD，如200101代表2020年1月1日；④数据来源：记录当前对象获取的来源，包括激光点云、影像以及其他；⑤所属分区编码：记录当前对象所在的行政区划的编码，记录到市级行政区划，例如南京市。

（2）公共停车场道路场景

针对公共停车场场景，场景基本信息层包括停车场的基本属性、停车场背景等信息。其主要用途是自主代客泊车自动驾驶系统人机交互界面显示以及相关位置停车场采集要素信息的载体。停车场的基本属性包括停车场的名称、类型、楼层数等。几何表达按照停车场区域面中心位置获取，以3D点要素表达。停车场背景是指记录某个停车场某一层的基本属性，包括停车场某一平层或连接通道的背景名称、所在楼层等。几何表达按照停车场分层的背景外轮廓进行获取，以3D面要素表达。

停车场基本信息的属性包括：①停车场编号：记录当前停车场的唯一ID；②类型：记录停车场的分类，包括室外停车场、室内停车场、综合停车场；③楼层数：记录停车场的楼层总数；④停车场名称：记录停车场的官方中文名称；⑤采集时间：记录当前存储对象实际采集时间，记录到某年某月某日，格式为YYMMDD，如200101代表2020年1月1日；⑥数据来源：记录当前对象获取的来源，包括激光点云、影像以及其他；⑦所属分区编码：记录当前对象所在的行政区划的编码，记录到市级行政区划，例如南京市。

高精度地图要与高精度定位结合使用。高精地图上的道路和场景是自动驾驶车辆感知和决策的数据库，如果在建图过程中位置标定出现错误，可能会导致自动驾驶的判断出现错误。结合高精度地图和高精度定位，车辆可以提供对当前位置可能的道路特征的了解，提高传感器的识别精度，降低对传感器的性能要求。普通GPS的定位精度只能达到5～10米左右的绝对精度，比较好的可以达到5米左右，但不能完全满足自动驾驶汽车等的高精度定位要求，因此必须寻求辅助手段来提高这种定位精度。

6.2.2.2 路径规划

在无人驾驶技术发展的过程中，地图的匹配定位与其所指导的路径规划对于研究非常重要。路径规划的质量、总代价和稳定性往往与地图匹配定位的准确率有关。因此，使用正态分布变换算法进行基于高精度地图的无人车匹配与定位，然后将匹配误差引入路径规划代价函数。并引入道路危险系数的概念，根据匹配误差修改障碍物附近道路的危险系数，从而提高路径规划的稳定性和安全性。

根据识别的自动化定点方式要求高清晰显示地图在创建地图时存在气候信息，而且借助目前扫描识别三维点云数据与地图点云数据来对比查询汽车和地图之间的关系。扫描匹配通过比较实现放置，经典算法通常是最接近匹配算法。地图匹配和同步路径规划算法步骤如图6-6所示。

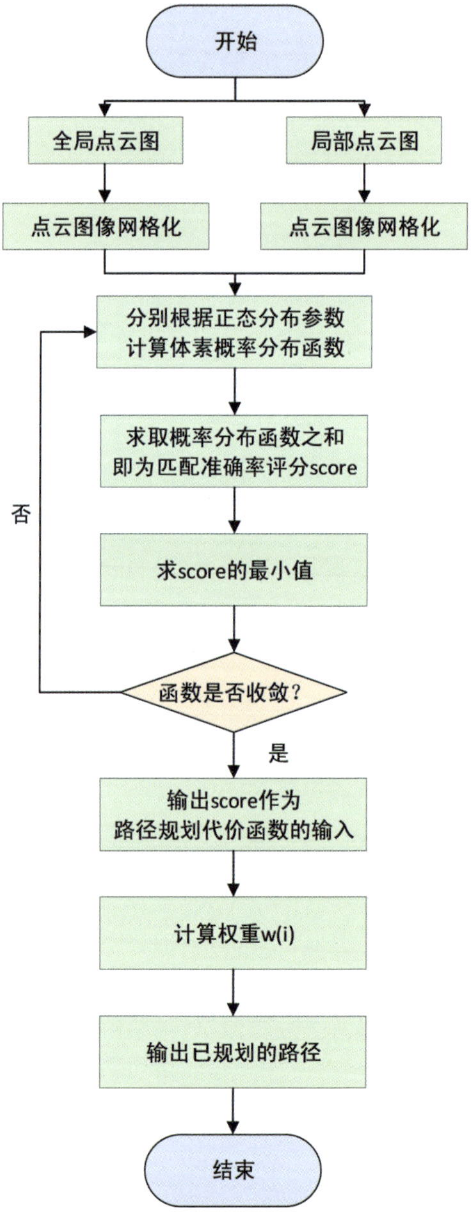

图6-6　地图匹配和同步路径规划算法步骤

作为道路信息和音频信息的真正指南，高清地图在当今驾驶中发挥着重要作用。一种基于规划算法将误差纳入解决方案地图的路线规划方法。实验证明，这种方法不仅提高了道路规划的效率，而且使实际的规划更加合理，避免了很多问题，降低了成本。

6.2.2.3 路径搜索算法

高速公路互联网地图实例应用测试了算法的可行性和效率。改进的A*算法在寻找最短路径的情况下可以显著提高搜索效率，可以应用于大面积高速互联网地图中的最短路径搜索。

A*算法的实现过程如下：(1) 创建两个列表，分别命名为open和closed list，将当前节点周围可达的节点添加到open list，并添加访问过的closed list。(2) 搜索当前节点的扩展时，比较open list中f值的大小，f值最小的节点作为下一次搜索的起点。(3) 再次将当前可达的所有节点加入open链表，再次比较f的值，按照f的值从小到大排列。

A*开发算法：单条路径可以有很多节点，从几个到十几个，点对点搜索是没用的。创建节点集时，只提取第一个节点和路径的终点，可以提高搜索效率。互联网的呈现主要以省（直辖县）为单位。各州（直辖县）主要公路数据通常有5～10年的数据（如当前路网和未来路网）和年度路网路段数据和节点。数百万份文件通常的方法是直接读取文件中的每一条数据，这是没有用的。加载数据内存，存储道路数据和年份数据，并从缓存中读取数据，从而提高数据查询和搜索的性能。

6.2.2.4 路径决策

城市环境道路的道路复杂性和可变性高于封闭道路，因此使用预先生成的高分辨率矢量图给出行驶方向，规划到达目的地的全局路径。由于道路两边路标较多，因此提出路标与矢量图相结合的策略，地图包含红绿灯、人行横道、限速标志等。在所有地点采取适当的驾驶条件，确保车辆按照交通规则行驶。如图6-7所示为园区高清矢量图，由于全局道路规划采用路口提供行车方向的方式，可以单独标注每条行车道。该地图有26条双向车道，距离仅5公里，共占用500k数据内存。

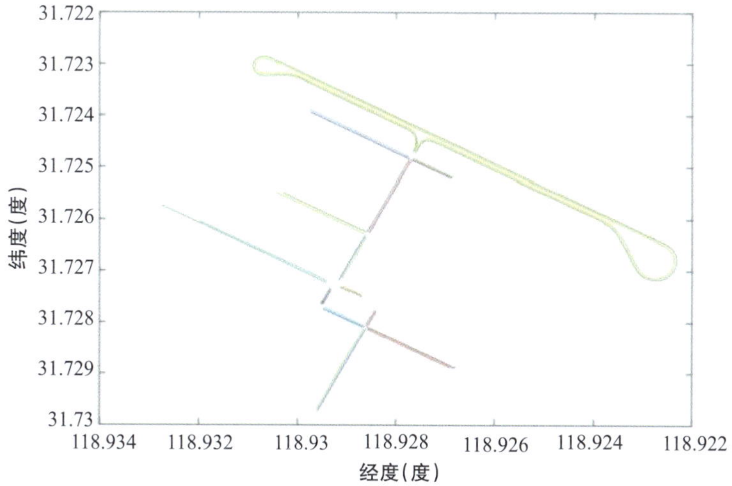

图6-7 高精度矢量地图

道路追踪模块会根据汽车的GPS定位点和之前创建的矢量图的航路点，如图6-8所示。

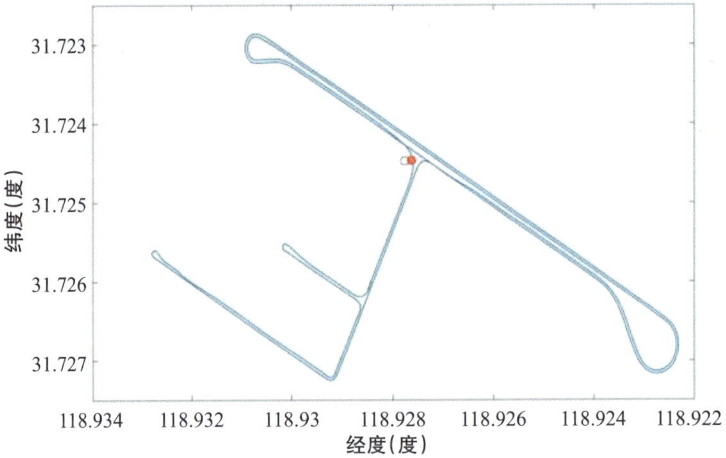

图6-8　车辆在矢量地图中的定位点和投影点

在结构化地形中，当同一行驶方向有多条车道时，可以启动差分GPS避障策略，即计算遇到障碍物后与平行车道的方向角，进行变道。当检测到同向车道不超过一条时，无人车模组进入非结构化道路避障。其流程如图6-9所示。

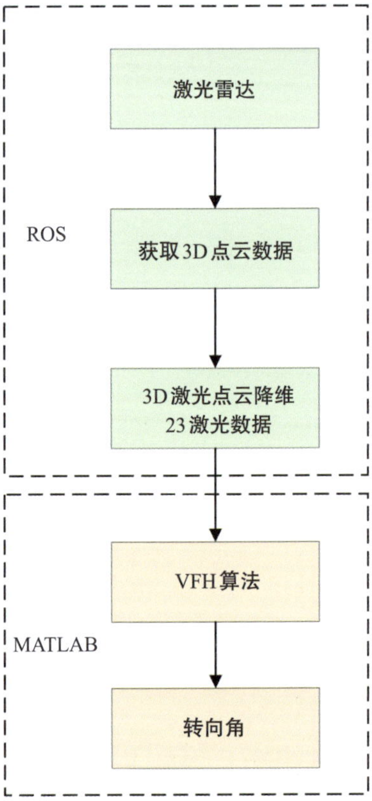

图6-9　非结构化道路避障流程图

当新车道仍检测到障碍物时并且没有其他车道可以通过时，必须等待障碍物移开或停车才能继续操作。结构化道路避障流程图如图6-10所示。

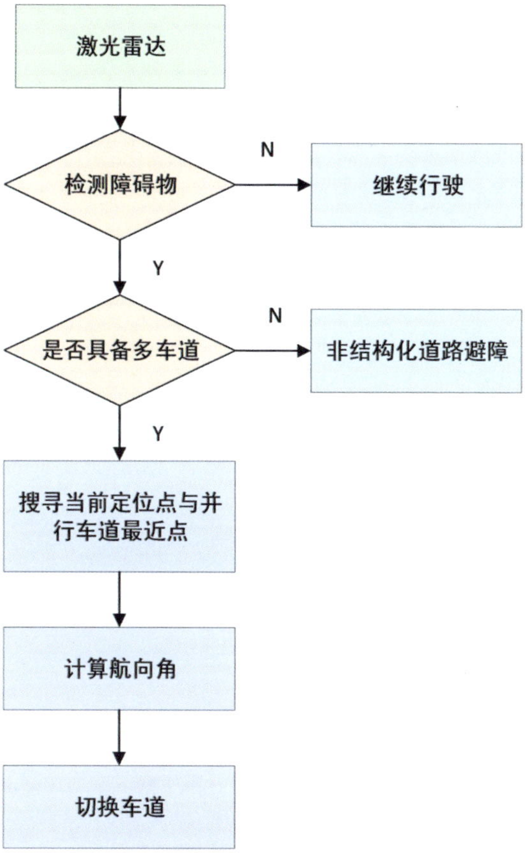

图6-10　结构化道路避障流程图

6.2.3　智能网联汽车辅助驾驶系统

6.2.3.1　汽车自适应巡航控制系统

自适应巡航控制系统将进行干预，以将车辆保持在驾驶员预定的速度，而不管驾驶员如何操纵车辆。为此，系统会自动增加发动机功率或降低发动机功率，并使用发动机制动通过变速箱降挡来减慢车辆速度。ACC自适应巡航基本上分为两种情况，就是前面有车的时候和前面没有车的时候。简单来说就是前面有车的时候，系统会一直跟着前面的汽车根据驾驶员设定的跟车距离，如果前车快，它也会加速，如果前车慢，它会自动减速。另一种情况是，当前方没有车辆时，系统会自动按照驾驶员设定的巡航速度匀速前进，驾驶员可解放双脚而只需操作方向盘。

自适应巡航系统的控制逻辑就是利用传感器获取行驶过程中使用的所有信息，当前方车辆减速或者检测到新目标干扰车辆控制时，发出相关动作，如未检测到前方车辆，则恢复设定速度，然后功能来回切换至关闭。自适应巡航设计的首要目的是减缓长途驾驶时的驾驶疲劳，不适用于极其复杂的城市路况。现有的自适应巡航系统虽然具有根据前车情况、路况进行减速甚至制动的功能，但其设计初衷是为了减轻驾驶员在高速行驶时的疲劳度并提供主动驾驶功能。

6.2.3.2 车道保持辅助系统

系统以报警的形式提醒驾驶员，如蜂鸣声、方向盘振动、座椅振动等。但是，科学数据表明，仅仅在车辆异常变道时发出警报并不能提供很大的安全保障，因此他们开发了基于车道偏离预警系统的车道保持辅助系统。与仅发出信号的车道偏离警告不同，车道保持辅助系统会在车辆偏离正常行驶方向时自动纠正车辆的方向。

系统会通过声音提醒驾驶员，并认为即将离开队伍，此时的控制策略：(1) 如果在车子越过边界线之前控制方向盘，就不会出现警告问题。此时，系统将使用驱动程序的正常模式；第一次警告，然后轮胎也接近，当到达边界线时，系统会给出第二次警告。(2) 控制执行。当通过决策获得控制辅助时，ESP系统或电动机提供驱动力使汽车保持在道路上。①三个主要部分：步进电机、力矩传感器、电机控制器。除了电源、信号和控制电缆。②控制策略：a. 高速车道用于高速公路和路况良好的普通道路，因此只有当车速超过65公里/小时时才启动该系统。b. 如果车道被雪覆盖、车道太窄或边界线不清晰，车道将被关闭。

6.2.3.3 汽车平视显示系统

新型平视显示系统的硬件设计如图6-11所示。

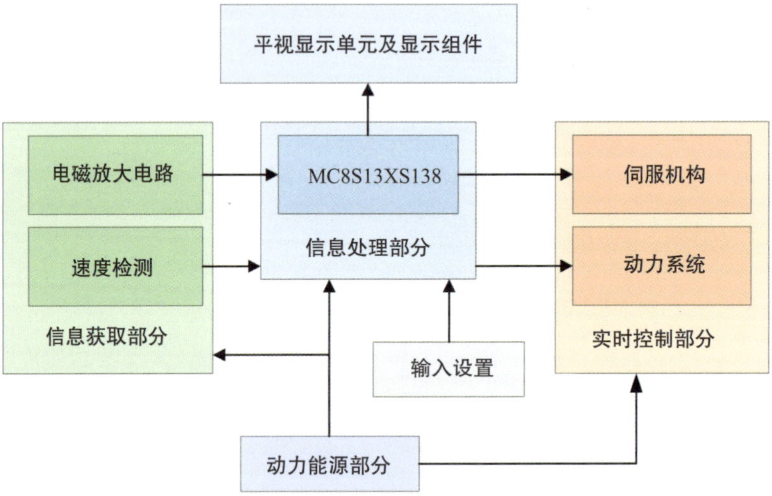

图6-11 新型平视显示系统硬件设计

采集到的数据经单片机MC8S13XSl38微机处理，控制机构转动动力装置，控制汽车安全运行。目前，新型平视显示系统的基本功能包含以下方面：驾驶员实现和汽车进行通信和联系；不同车辆之间进行通信和联系；车用通信卫星定位导航、交通数据信息网等之间的通信和联系。新型平视显示系统设计步骤如图6-12所示。

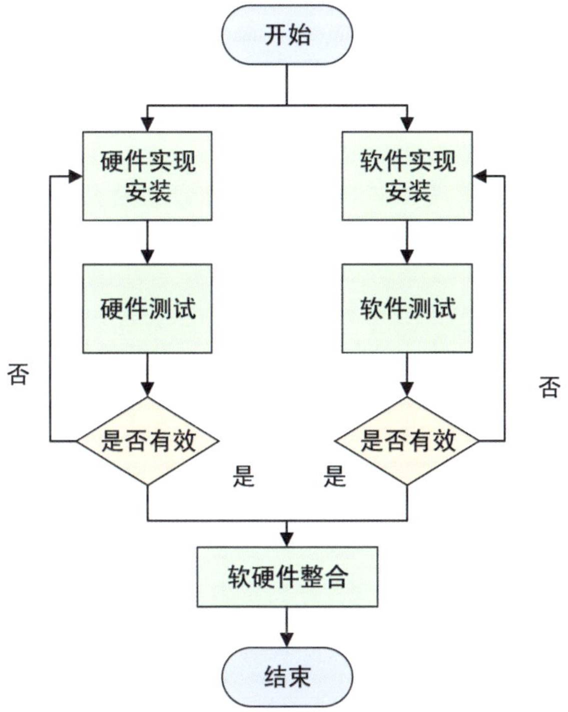

图6-12　新型平视显示系统设计步骤

硬件采用木制框架、液晶显示器、亚克力屏幕、伺服电机、微控制器操作系统。软件程序的稳定性关键是由触摸屏视屏制作衍生的平视视屏界面实现了系统的总体功能。性能需求对比分析为UI界面设置了指标，而UI界面在设计时会受到应用科学和人工智能的影响，可能会受限于能够实现的平视显示屏其他功能的范畴。另外，性能需求对比分析和UI界面设计均会遭受绘制输送的作用，其中包含驾驶员的特质、操作职责、外在环境和适用的汽车工业技术。

与传统的平视显示器不同，伴随新型技术装备显现，新型平视显示系统的性能应用范畴规模不断扩大。与虚拟现实技术、物联网、车联网和无人驾驶等现代科技手段相互结合，平视显示系统降低了驾驶员分散注意力的概率，在驾驶员的视野中，汽车的平视显示器距离焦平面更远，可以减少驾驶员的注意力和工作量，同时提高了汽车的辅助操控性能。

6.2.3.4　汽车自适应前照明系统

1. 汽车自适应前照明系统硬件设计

硬件系统主要由传感器设备、ECU和点火装置组成，使用电动点击式驱动器可以轻松实现。驱动板与主控板分离，采用CAN网络在总线上安全交换数据。控制系统首先根据传感器采集到的数据从一级CAN网络打开参数，接收车辆怠速，然后ECU将测得的头角数据发送给二级CAN网络，供驾驶员使用。闭环系统将大灯引导至选定位置。防故障系统在汽车的实际工作环境中，车身动力异常、电机异常、数据采集故障是两种不工作的情况。电源保护装置防止电源反接损坏，驱动芯片用于检测异常情况，如步进电机过载、过流、过压、过热等。它可以应付这种情况，向MCU代码发送错误消息（通过SPI总线）。

2. 汽车自适应前照明系统软件设计

主控板由CAN总线自监测、启动、传感器信号接收、旋转角度和发送模块组成。系统根据车身运行情况，启动后进入信号接收状态，通过限制转向角，汽车前后轴高度，传感器数据采集时间，继续等待可以避免因数据收集不充分而导致的系统问题；通过控制模型，根据收集到的数据，数据传感器计算出大灯的旋转角度。测试无误后，通过CAN总线发送给司机组，收到司机组的反馈，司机组将大灯移动到位置。

6.2.3.5 自动泊车辅助系统

1. 系统框架结构设计（图6-13）

判断周围的路况和其他车辆的位置，并将采集到周围物体的图像数据与车辆中央控制器相互之间实现高速传输。超声波雷达能够在停车时精确辨识路障数据，同时将路障数据传输至中央控制器。高清摄像头可以判断汽车前后左右车位的线性数据，图6-14是超声波雷达和摄像头的示意图。

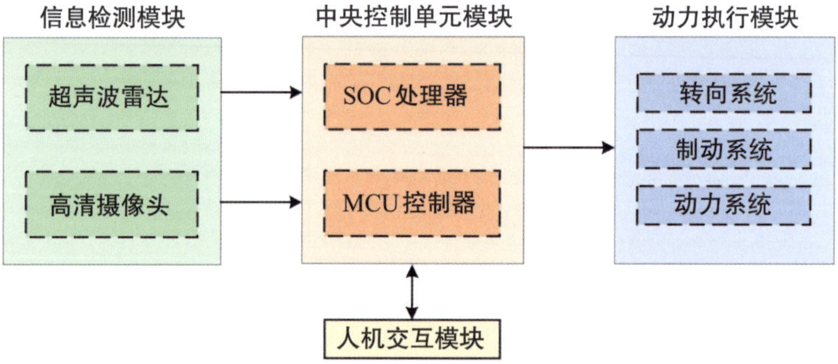

图6-13　系统框架结构设计

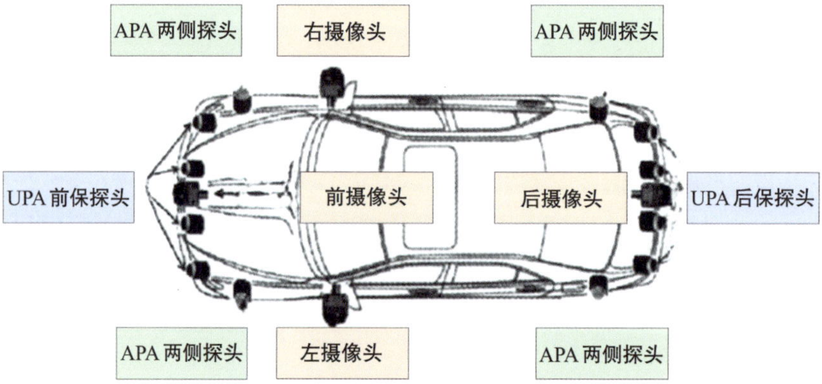

图6-14　超声波雷达和高清摄像头布置

中央控制器模块是自动化停车系统的关键条件，对结果技术检测管理模块传输的信息实行对比和结果分析，获取汽车实时状况、车辆定位和路况，依据以上参变量，对行车路径进行方案设计，指令下发给执行单元。

2. 自动泊车控制程序设计

根据系统总体框架结构设计和硬件电路布局，分析了系统软件程序的开发，为车辆查找附近的泊位，同时基于车辆实时定位地点，判定智能化停车路线进行停车安置。因此，自动泊车软件开发的重点是借助传感设备查找周边数据来探寻合适的泊位，另外的重点是制定智能化停车的驾驶路径。图6-15展示了泊位搜索和确定过程，图6-16展示了自动化泊车过程。在图6-15中，系统完成初始化过程后，每个传感器都会被激活以收集有关车辆环境的信息并搜索附近的停车位。每找到一个车位，就会显示相应的车位图标，提醒司机选择确认车位。在图6-16中，根据所选定的泊位信息，发送自动停车命令，同时在汽车进入泊位之后终止命令。

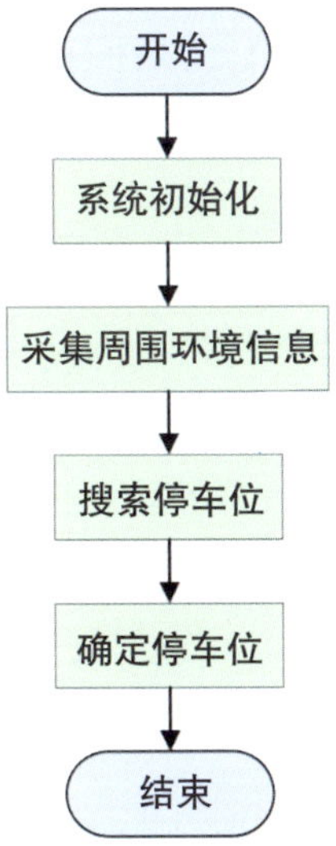

图6-15　停车位查询流程

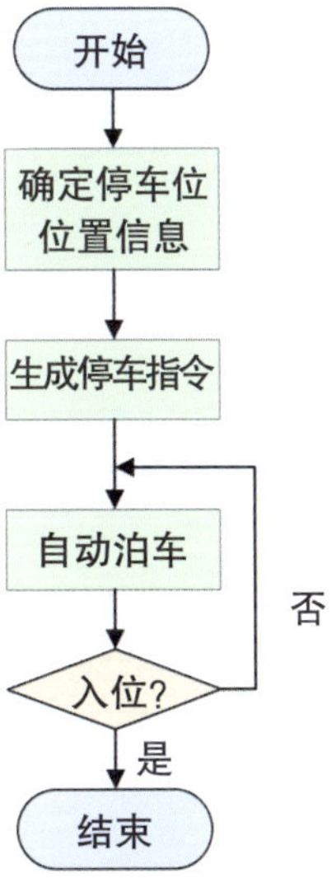

图6-16　自动泊车控制流程

泊位查找显示在人机交互的屏幕上。选择泊车，系统进入自动泊车，判断是否满足泊车。泊车系统发送指令掌控车辆的拐弯、时速、启动和制动，基于泊车系统测算并决策出的泊车路线和方法，智能化停在用户选择的泊位。

6.2.3.6　汽车并线辅助系统

两车相撞可分为追尾、视线角碰撞、侧方碰撞三种。车辆与线路边缘的碰撞成为事故的重要原因。目前，汽车并线辅助系统安装的比例很小。

1. 系统组成（图6-17）

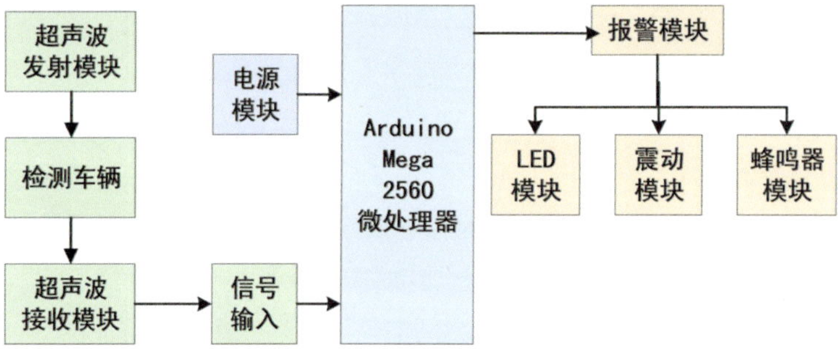

图6-17　汽车并线辅助系统整体框图

当驾驶员向左或向右转动方向盘时，车辆并线辅助系统将启动，系统被激活，方向传感器根据转向信号杆转动的方向被激活。主控中心的单片机和传感器的探测范围是预设好的，当单片机接收到传感器探测到的后方车辆信号后，进入软件判断流程，进行分类，并根据传感器估计的距离发出声光信号。例如，当后面有车队驶过另一条车道时，对比结果后报警，并发送不同级别的报警给主控制器。

2. 系统硬件设计

超声波测距模块（HC-SR04）具有超灵敏的环境补偿功能，开启自动接收MCU下发的双C指令，也可以检测其他方向车道内的车辆，非常简单，所以本模块占用信号资源，输入大大减少了MCU接口事件的输出。因此，在汽车并联辅助系统中安装HC-SR04是更好的选择。HC-SR04采用非接触测距方式，测距精度可达3mm。

3. 系统软件设计

该设计反复收集有关道路交通流量状态的信息，以减少误报并提高系统运行的流畅性。将接收到的数据信息与预设值进行比较。最后，MCU向报警系统发出车辆可以变道的信号。

系统软件的设计采用了多种前端和后台功能，超声波检测程序和报警器分两部分编写，耗电少，产生的电能少，可以降低耗电量，减少放电时间的汽车电池，并增加汽车电池的寿命。系统首先启动Arduino Mega 2560微处理器并开始配置。当检测到相邻车道有车辆时，获取检测值，将安全指标与距离指标进行比较，当该值输入时间为预定值时，即可判断是否需要报警模块。步骤是在驾驶员使用时使用视觉、听觉和触觉。

6.2.3.7　汽车自动刹车辅助系统

根据欧盟新车安全评鉴协会的研究，自动紧急制动系统可以预防27%的交通事故，降低事故发生时对人和车的伤害程度。汽车行驶时，自动紧急制动系统通过传感器检测到汽车前方可能存在的碰撞危险，系统通过声音或视频向驾驶员发出警告，驾驶员决定采取相应措施避免碰撞；如果此时驾驶员驾驶不当，当与前车的碰撞非常紧急时，系统会接管车辆控制车辆，然后自动刹车，避免或减轻碰撞的严重程度。

国内外一些研究人员对自动急停的事故预防进行了研究。使用电子车辆安全系统的研究始于20世纪50年代，并于20世纪70年代取得重大进展，但由于当时的技术，对汽车安全的研究仅集中于汽车的性能。随着科学技术的不断发展，尤其是传感器和检测的发展，对车辆安全的研究已经被纳入对汽车的研究中。汽车智能化已经是汽车安全技术发展的重要组成部分，汽车主动安全技术也将进入一个新的阶段。自动紧急检测方法使用卡尔曼滤波器检测和跟踪前方车辆正面。结合视频中车辆的工作情况，判断车辆与车道的关系，最终计算出相对车辆的位置和距离。

目前，汽车有主动制动、制动辅助、ABS防抱死制动等主动安全系统被广泛使用。随时实施主动制动和增强制动力，确保行车安全。然而，如今汽车的主动安全技术还存在诸多不足，比如经常发生“驾驶员遇到紧急情况，误踩油门当刹车”的情况，从而导致严重的交通事故。针对这种情况进行汽车自动刹车辅助系统设计，系统结合汽车ABS刹车和油门的控制机制，设计了基于转向角位置传感器输出电压信号检测分析的系统，进而启动失步保护措施。

6.2.3.8 驾驶员疲劳预警系统

驾驶员疲劳预警系统DFM（Driver Fatigue Monitor System）利用摄像头拍摄的图像检测驾驶员的驾驶行为和生理状态，通过视觉跟踪、目标检测、运动检测驾驶员的驾驶行为和生理状态。识别疲劳、电话交谈、吸烟等非常规特征。为了防止在危险情况下发生意外，系统会在规定的时间内发出报警信号。通过分析驾驶员的疲劳特征（如打哈欠、闭眼等），及时对疲劳行为进行疲劳预警。高精度算法可以有效管理驾驶员的疲劳状态，不受时刻、照明条件和戴墨镜的影响。当驾驶员处于生理疲劳状态时，会立即预警，及时叫醒驾驶员，避免发生严重事故。

疲劳预警首先通过摄像头抓取驾驶员的面部图像，然后利用AdaBoost算法对人脸进行识别并对人眼进行粗细区域处理，然后计算闭眼百分比的眼睛特征。将计算出的时间数据的平均眨眼时间和眼球运动特征数据，检测预警会提供文字和语音提示。疲劳预警系统模块结构如图6-18所示。

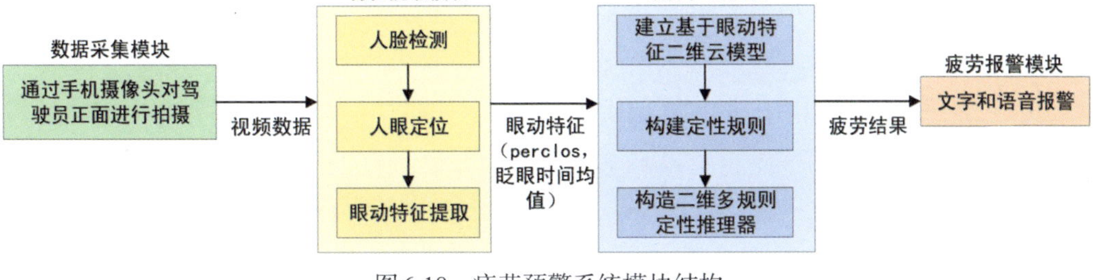

图6-18 疲劳预警系统模块结构

（1）面部检测。每次都更新权重，然后进入下一阶段的分类器训练。如果一个例子在训练过程中被正确分类，那么它在后续训练中的权重就会降低。对于未分类的样本，在选择下一个训练样本时增加该样本的权重。研究表明，Gentel Adaboost 算法在人脸检测方面的性能优于其他两种算法。

（2）眼球定位。面部检测完成后，需要放置人眼。人眼对准分为粗对准和精对准。粗略的定位主要是根据面部的“三庭五眼”特征。

（3）眼动特征的计算。将人眼置于现实中，可以计算出眼睛疲劳的特征。系统根据眼动特征参数取一路和眨眼时间。percllos 是一段时间内闭眼的百分比。最常用的一次性机型是 EM、P70 和 P80。EM 表示当 50%的瞳孔区域被眼睑覆盖时，眼睛被认为是闭合的；P70 表示当 70%的瞳孔面积被眼睑覆盖时，眼睛被认为是闭合的；P80 表示眼睛是闭着的，盖住眼皮时，80%的瞳孔区域是闭合的。

6.2.3.9 盲区监测系统

盲区监测系统BSD（Blind Spot Detection）是车内的一项高科技安全配置，其主要功能是消除后视镜的盲点，当车辆位于此区域时，驾驶员会收到相应的警告区域。通过后视镜和仪表板上的盲区警示灯进行警示，防止变道时因后视镜盲区而发生事故。汽车的特殊结构导致汽车上不可避免地出现盲点。同时，在车辆行驶过程中，地形的影响、路口建筑物的遮挡、其他车辆的遮挡、转弯时轮胎内差的影响等也会形成视觉盲区。

盲区数据采集模块通常采用摄像头、雷达等采集盲区内的事件数据，并将采集到的数据发送给数据处理，由各种传感器产生。声光警示模块包括声音信号和灯光信号，当数据处理模块判断道路处于危险盲区时，声音信号装置发出危险信号，信号开启的同时，提醒驾驶员做好必要的安全防范措施。数据采集模块是重点关注点，采集数据的好坏会影响到最终分析的准确性，而数据的好坏则取决于传感器。LiDAR 测距仪实时性好，不易受其他因素影响，分辨率高，可同时跟踪远距离多个目标，但易受恶劣天气影响，甚至失误衰减。基于摄像头的视觉测距，获取盲区道路的实时图像，通过计算机技术对图像中的目标进行跟踪，无可视功能，通过事实比对进行计算车辆与目标之间的距离。在不同的图像中观察到相同的目标。但是光线的强弱、大雨或大雾等恶劣天气、是否有夜间拍摄对测量的准确性都有很大的影响。同时，汽车在高速行驶时，图像数量迅速增加，图像处理能力有限，测量时间的性能必然下降。

不同型号的盲区监测使用不同的检测工具，但其工作方法是相同的。盲区数据存储模块对车辆盲区内的道路进行实时监控，将记录的数据或图像数据发送至后台处理数据，抢先完成更改。工作时间允许司机跟随盲区的道路行驶，同时根据数据分析结果，如果盲区的道路有危险，会发出工作信息，警示音会响，警示灯会亮起。

6.2.3.10 防撞预警处置系统

通过在传感器接收到数据之前分析道路，识别并跟踪前方车辆，如果检测到车辆，则测量到下一辆车的距离。同时，通过计算汽车的速度，根据汽车的安全距离预警模型，判断发生追尾的概率，当有追尾风险时，会及时警告驾驶员并通知规则。

防撞引擎由三部分组成：车控数据采集模块、车控模块、车控服务函数。车控数据采集模块接收威胁等级并向车辆发出控制指令。车控机构对危险情况有反应，如：声光、刹车助力、方向盘等等。

车控数据理解模块接收车辆的自驾状态、前方目标车辆的运动数据及其相关信息，车控数据模块将存储的数据发送给车控。分析模块控制预测模块具有先进的安全模型和危险信号控制策略，当数据模块发送数据驱动小车时，小车控制模块可以检查小车当前位置，进而判断小车控制环境处于危险境地。各种级别的危险情况和与执行相关的信息被发送到车辆控制服务模块。

根据上面模型的工作模型，防碰撞预警和处理的工作如下：(1) 输入车辆信息和品牌目标前车，使用车载传感器。车辆内置检测传感器用于提供车辆的行驶状态。(2) 统计表明，直接危险目标的行驶位置判断起来比较困难，很多情况并不危险，如超车、倒车、转弯等。危险的情况应该通过分析数据来排除，但有时雷达检测到的时候才会发现，这时应该分析数据来判断它是否是危险目标。(3) 分析研究数据，获取前方车辆的不同情况，根据这些情况建立合适的安全模型，确定车辆与目标车辆的距离。与安全标准进行比较，最后检查是否是合适距离。(4) 警示和服务协助，当汽车处于险境时，应及时通过声音和报警器通知驾驶员。

6.2.3.11 交通拥堵辅助处置系统

交通拥堵辅助处置系统能够以最直观的方式显示区域内各路段的拥堵程度，为驾驶员选择最佳行车路线提供参考，实现车辆自动分流消除交通拥堵，减轻城市交通负担，提高城市交通效率。

1. 系统硬件设计

接收近、中、远两种超声波传感器，对车内环境进行远近一体的超声波检测。通过互联网，internet.Server进行通用处理，得到各路段的车辆密度。最后，将获取的路况信息传回车辆的GPS接收器。CPLD接收单片机采集的数据，对数据进行实时采集和计算，得到路况、行驶平均速度等信息，然后得到每条道路的车数，建立一个车速为个体变化的拥堵指数函数，将每条道路的车速变化到位置，得到该路段的平均拥堵指数。将数据写入SRAM时间，访问现存的数据，同时CPLD建立稳定的TFT时间，驱动LCD面板控制LCD的运行，懂得如何使用更少的能量和节约能源。这不仅提高了显示屏的响应速度，还控制了屏幕的色阶，达到了时刻清晰看路的目的。

2. 软件设计

系统采用Keil软件进行编程，主要由两部分组成：测距子程序和显示子程序。测距程序是系统启动后反复执行的程序。该软件主要是利用超声波测量车辆的距离，通过采集的时间T和公式得到车辆的距离和车速的信息。然后将数据通过传输链路发送给ARM模块，range程序的原理图如图6-19所示。采集到的数据汇总后传输到显示系统，由单片机和显示软件控制TFT显示屏显示交通拥堵情况。

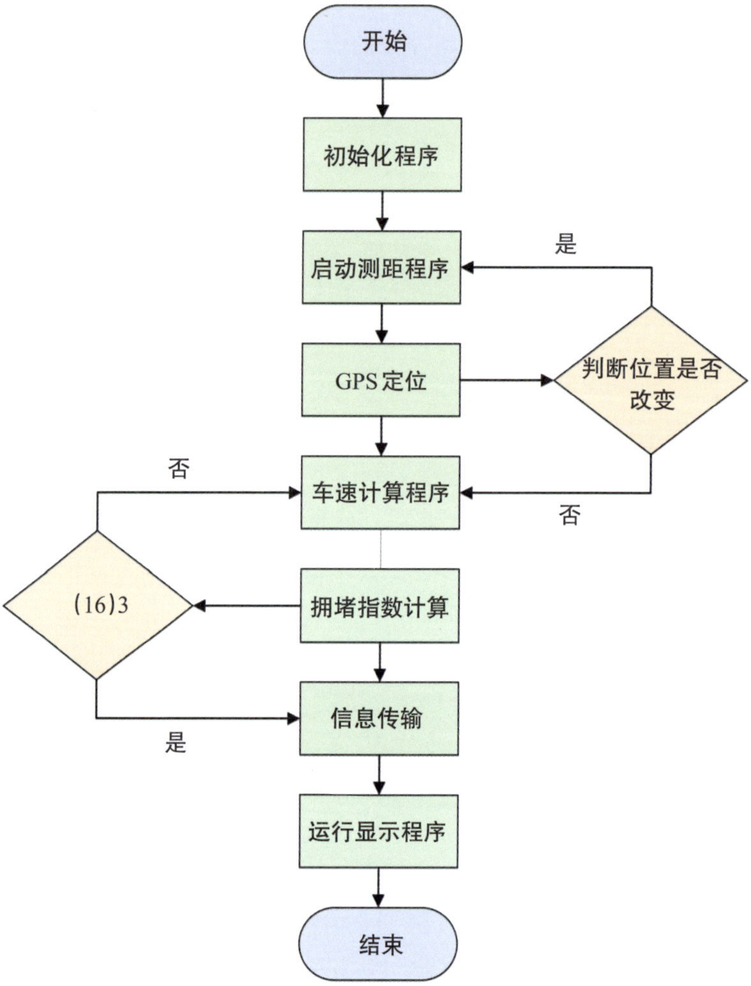
开始
初始化程序
启动测距程序
是
GPS定位
判断位置是否改变
否
车速计算程序
否
(16)3
拥堵指数计算
是
信息传输
运行显示程序
结束

图6-19　程序流程图

第7章 智能网联汽车惯性导航与融合多接入边缘敏捷计算

7.1 多接入边缘敏捷计算模型架构

7.1.1 多接入边缘敏捷计算体系架构

MEC（Mobile Edge Computing，移动边缘计算）将流量和服务计算从集中式云迁移至处理并存储所有数据，而不是将其发送至云端进行处理。更贴近客户收集并处理数据可减少延迟，为高带宽应用提供实时性能。使用不同的接入技术的设备都能够通过边缘计算服务器获得服务，这些接入方式主要指Wi-Fi，基站等底层的接入技术。

MEC通常会分布在边缘的数据中心实施MEC。服务提供商创建分布式数据中心或分布式云。组成云的资源可驻留在任何位置——从集中式数据中心到基站、中央办公室、聚合站点、城域数据中心或客户内部。MEC平台通过使用服务器或CPE在边缘处理内容，实现分布式边缘计算。软件定义访问层也可用作分布式云的扩展。大多数边缘计算方案处于开发阶段，开发通过利用云和虚拟化模式（包括SDN和NFV）的开源硬件和软件完成。MEC软件架构由以下部分组成。

1. 移动边缘应用（ME APP）：是运行在VI上的应用实例，可以通过Mp1参考点与MEP进行交互，以获取MEP平台的服务化开放能力（ME Services）。

2. 移动边缘平台（MEP）：为ME APP提供ME Services，包括：服务注册、服务发现、状态监控、本地分流、DNS服务、Local API网关、负载均衡器。从MEPM或ME APP接收应用规则配置，并通过Mp2参考点指示DP执行数据路由，将数据流量重定向到相应的ME APP。

3. 数据转发平面软件（DP）：执行MEP下发的流量规则，处理ME APP、ME Services、DNS服务器、代理服务器、3GPP网络、其他访问网络、局域网和外部网络之间路由流量。

4. 虚拟化基础设施（VI）：即Hypervisor，可以是KVM、Docker、ESXi等一切为ME APP提供运行载体的虚拟化管理程序。

5. 移动边缘主机（ME Host）：是一台通用x86服务器，通常部署在局所DC或边缘DC。运行着MEP、ME APP和VI等软件模块。

6. 虚拟化基础设施管理器（VIM）：虚拟化资源管理程序，例如OpenStack、Kubernetes。用于管理虚拟计算、存储和网络资源的分配与释放，以及管理ME APP的镜像文件，还负责收集虚拟化资源的信息，并通过MM4参考点和MM6参考点分别上报给MEAO和MEPM等上层管理实体。

7. 移动边缘平台管理器（ME platform manager，MEPM）：负责MEP的基本运维、ME SERVICES的配置、ME APP的生命周期管理以及ME APP的应用规则和需求管理等功能。其中，ME APP的应用规则和需求管理包括授权认证、分流规则、DNS规则和冲突协调等。MEPM和MEP之间通过MM5参考点进行交互。

8. 移动边缘编排器（Multi-access edge application orchestrator，MEAO）：是MEC业务的编排中心，通常全国只部署一个。MEAO宏观掌控MEC平台所有的资源和容量，主要包括VIM中的计算、存储、网络资源、应用程序镜像资源，以及MEPM、MEP资源。在实例化ME APP时，MEAO首先加载应用程序的镜像（软件包）、检查软件包的完整性和真实性，然后还需要衡量用户资源需求以及各个ME Host的可用资源。

9. UE APP：用户终端应用。

10.用户终端应用生命周期代理（UE APP LCM proxy）：接收UE APP发起的操作请求。

11.面向客户的服务门户（Customer-Facing Service Portal，CFS Portal）：通过CFS Portal，客户可以选择订购一套满足其特殊需求的ME APP，或者将自己的应用程序接入MEC平台中，并指定其使用的时间和地点。

12.操作支持系统（Operations Support System，OSS）：是提供给运营商内部使用的MEC部署运维中心，作为MEC平台的最高级别的管理实体。OSS从CFS或UE APP LCM proxy接收到ME APP的生命周期管理请求并决定是否授权，请求通过OSS认证授权后，通过Mm2参考点，与MEPM进行交互完成MEP的配置、故障和性能管理。

7.1.2 移动边缘系统与主机层

包含了远程手术（Remote surgery）、自动驾驶车（Autonomous car）、AR等等要求低延时的应用。在未来，MEC将构成一个庞大的生态圈，包含了用户、电信商、内容分发、设备商以及服务开发商等等。

7.1.3 MEC的部署

MEC的概念早在4G建设的前期就已经被提出，所以MEC在4G和5G网络中均可部署。

1. 透明串接方案（图7-1）

eNB和SAE GW间串接MEC，通过数据包分析实现本地分流和处理。实现MEC的透明部署、UE、网络侧、传输无须改造。不支持下行数据寻呼、业务连续性、移动性支持有限，计费和合法监听较难实现。

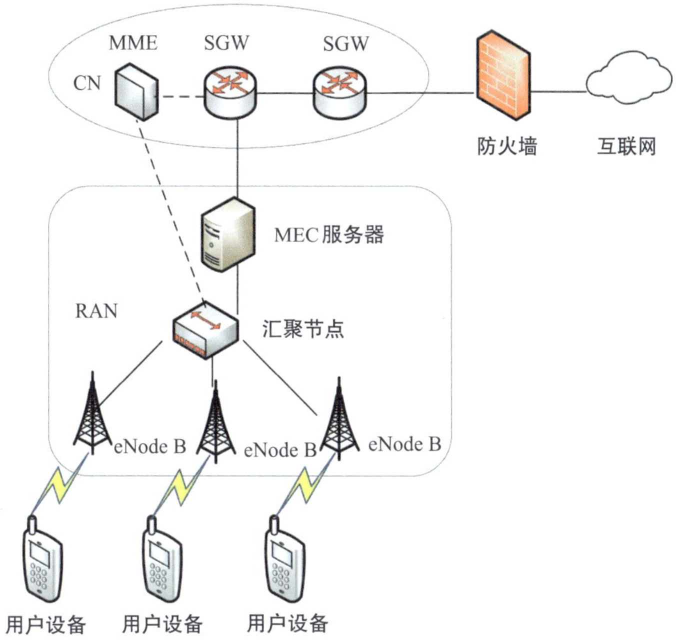

图7-1　MEC服务器部署在基站汇聚节点之后

2. 分布式网关方案（图7-2～图7-4）

在eNB和EPC之间串接RGW，根据APN、IP等信息实现分流。新增RGW和PGW之间S18接口，实现计费和合法监听。网关间协同切换支持用户移动性。对现网PGW有改造要求。

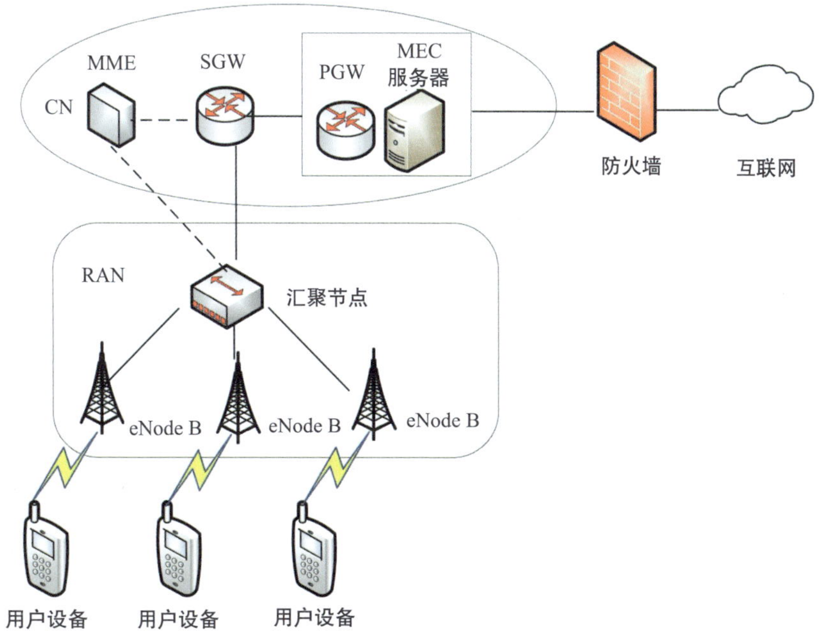

图7-2　MEC服务器与PGW部署在一起

而在4G EPC CUPS架构中，PGW被拆分成了PGW-C和PGW-U（即DGW）。其中，PGW-C驻留在原位置，DGW下沉到RAN侧或者核心网边缘，DGW负责计费、监听、鉴权等功能；也解决了网络时延大的问题。缺点在于，4G C/U分离技术并不完全，PGW-C和DGW之间为私有接口，需要由同一设备厂商提供。

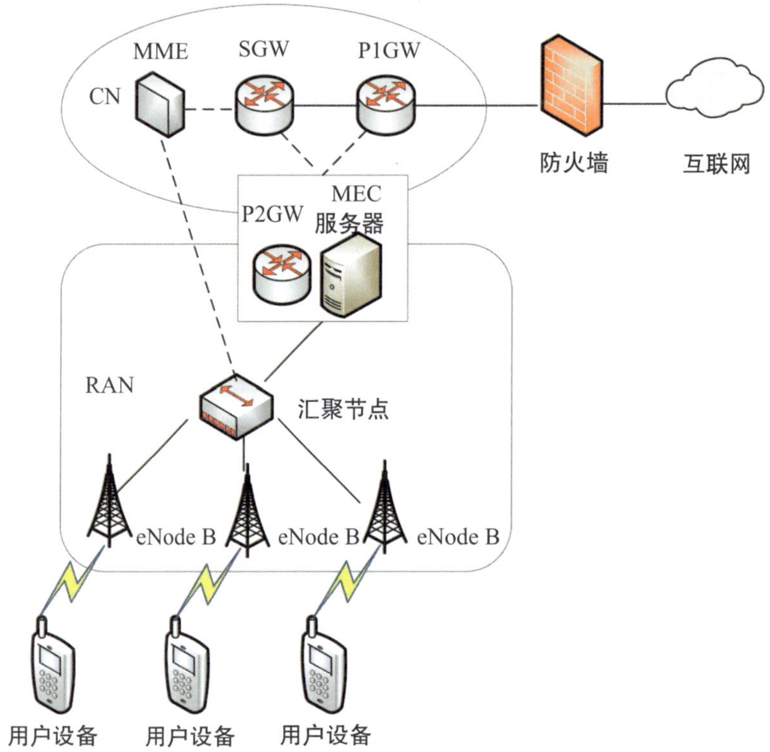

图7-3　MEC服务器与DGW部署在一起

在4G网络中，4G网关未实现彻底的控制和转发分离。复杂网关功能部署在网络边缘造成管理复杂，且成本较高。4G无线网络开接口，无法支持计费、机动性和合法监听，增加网络管理复杂度。边缘计算涉及会发管理、网络策略（QoS）、计费、合法监听和内容管理等方面，4G缺乏统一的端到端设计。

而在5G网络中，MEC服务器部署一种是在基站后面，就近处理用户数据业务；另一种在用户面网关（Gateway-User Plane，GW-UP）后面，用户数据面下沉到GW-UP，这都给用户带来了快速的网络服务体验，有效地解决4G网络MEC部署存在的问题。

企业网络中的应用程序，使用基于位置和Wi-Fi网络信息的上下文信息提供服务，在工厂的专用网络中，应用程序收集物联网传感器信息并使其可用于机器学习功能，使用来自移动网络的无线电网络信息和V2X控制路径信息在边缘云中的应用向路上的车辆提供安全信息。

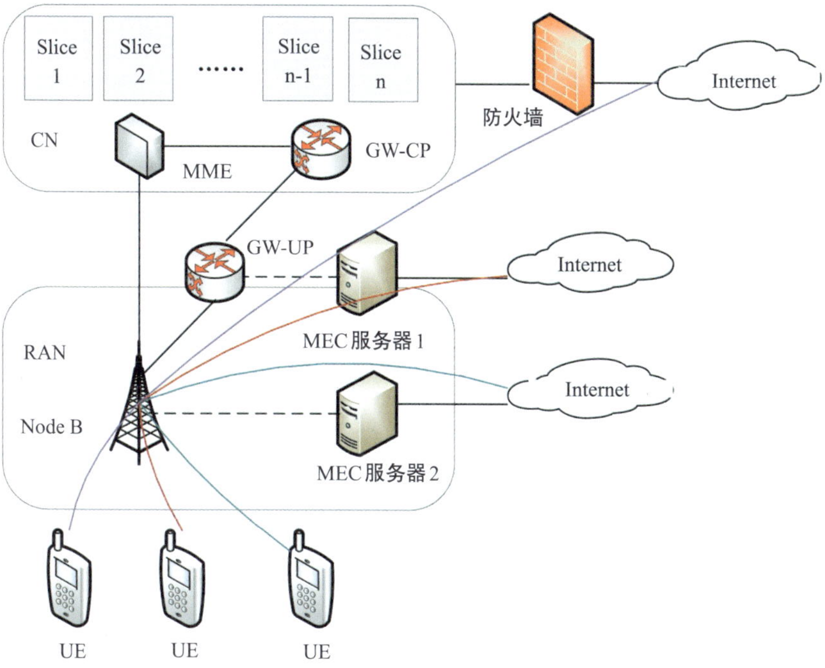

图7-4　基于5G网络的MEC部署方案

7.2　多接入边缘计算与智能网联融合

7.2.1　单车与MEC交互

7.2.1.1　本地信息分发

在网络边缘处部署MEC服务器，再在MEC服务器中部署多媒体服务内容，这样用户就可以直接从中获取所需要的服务，本地服务响应快、效率高。通过MEC部署构建开放式平台和智能化基站，提升网络边缘计算能力，加强无线网络与服务设施之间的信息交互。基于MEC服务架构的协作式内容缓存系统模型如图7-5所示。

Central sever通过程链路与MEC server通信，将服务内容分发给C1、C2、C3，这些本地缓存区通过光纤连接组成Cooperative caching domain，在合作缓存域内各个MEC服务器之间可以读取其缓存中的内容，实现服务信息的互通、共享。各个合作缓存域的内部结构如图7-6所示。

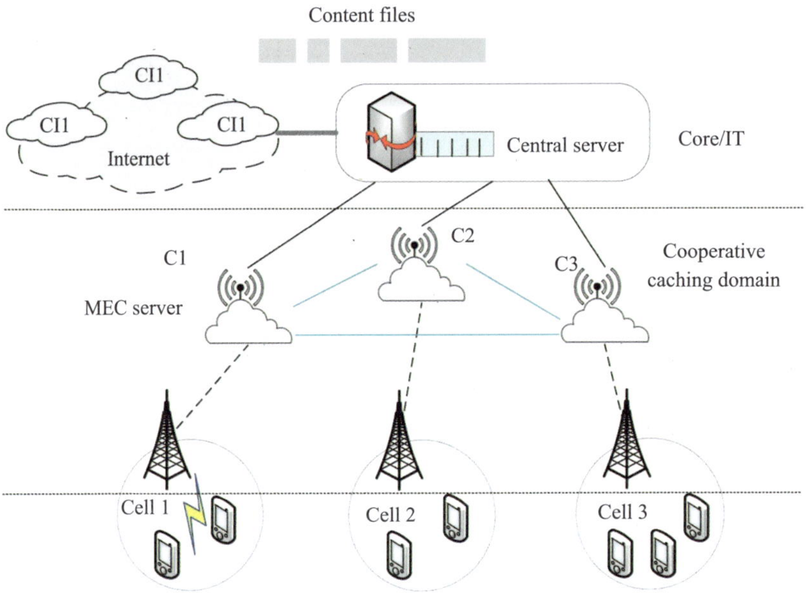

图7-5　基于MEC服务架构的协作式内容缓存系统模型

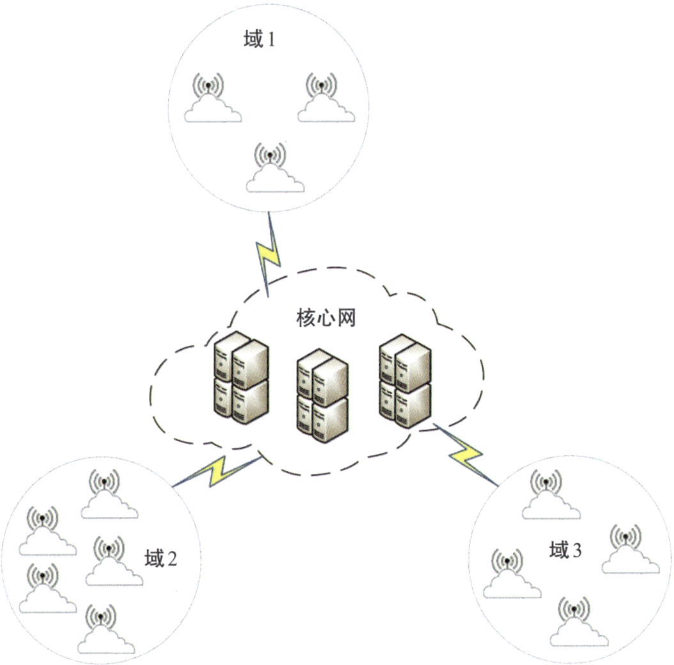

图7-6　MEC服务架构下的多个合作缓存域

数据内容服务的基本过程是优先从有命中的本地MEC服务器缓存区调用传输给用户，一个缓存区内未命中，则从其他相互协作的区内获取，若仍未有命中的，则从Central server先将内容传输给MEC服务器，再按缓存区的传输方式直至将内容传给请求用户。移动网络边缘中的内容分发方式主要有五种传送方式，如表7-1所示。

表7-1 移动网络边缘中的内容分发方式

直接D2D传送	可以通过来自相邻UE的D2D链路来检索UE请求的内容。UE的高密度可以有助于提高成功检索请求内容概率。此外,D2D通信的实现可以进一步促进对在相邻微小区中缓存内容的利用
经由D2D中继的多跳传送	D2D通信链路可以充当从其他源节点到目的地UE的内容递送的中继。这种方法可以实现更广泛的内容缓存和传送
协作式D2D传送	如果多个UE保存另一个UE所请求的内容,则它们可以通过D2D多输入多输出技术来加速传输过程。如果在视频数据传送期间考虑视频编码技术,则可以获得更多益处
直接SBS传送	如果所请求的内容在其关联的SBS中有缓存,则SBS可以将其直接传送到目的地UE。虽然在检索和传输过程中可能发生干扰,但相比于多跳传输方法可获得更低的网络延迟
协作式SBS传送	如果某个UE所请求的内容既没有存储在其附近的UE中,也没有存储在其关联的SBS中,则可以从邻近的小区的SBS检索并请求内容。在这种情况下,该用户相关的SBS将所需的内容从相邻的SBS通过虚拟连接来获取,这要求SBS能够通过各自的MBS进行回程通信

7.2.1.2 动态超高清地图

超高清地图其实就是和普通导航地图相对应的为自动驾驶系统而设计的专用地图。超高清地图也称自动驾驶地图、高分辨率地图，是针对自动驾驶车辆的全新地图范式。超高清地图对于绝对位置精度接近1m，对于相对位置精度在厘米级别，能够达到10～20cm。超高清地图最显著的特征就是能够准确和全面地表征道路特征，并要求更高的实时性。另外，超高清地图同时能够记录驾驶行为的具体细节。高精度地图信息分类如表7-2所示。MEC部署下的超高清地图使用的关键技术与技术特点如表7-3所示。

表7-2 高精度地图信息分类

道路信息	车道模型	车道数、车道中心线、道路分离点和车道分离点、车道连接关系
	道路部件	交通灯、交通标志、斑马线、停止线、路缘石、防护栏、龙门架、桥梁
	道路属性	车道数、车道变化属性、车道线曲率/坡度、车道连接关系、车道分组、交通区域、兴趣区(如人行横道等)、GPS信号减弱/消失位置、加速点及刹车点
规则信息	车道限速、高速收费信息、限行限号信息	
实时信息	实时交通天气、事件信息(交通事故、道路施工等)、停车场服务、危险区域预警、基于坡度的节能减排、道路天气/能见度	

表7-3　MEC部署下的超高清地图使用的关键技术与技术特点

关键技术	特点
图像定位技术	高精地图需要能够覆盖出行所需的各种场景，定位是重中之重。利用图像等信息进行众包采集建图，由于缺乏其他定位设备，利用图像进行AI分析定位就非常重要。这个过程一般在边缘节点完成，利用车辆CPS/北斗定位系统可确定采集车辆当前所处道路，根据系列图像检测车道线及道路边缘，并与边缘节点存储的高精地图提供的车道线及道路边缘做比对，修正车辆的横向定位；根据图像路面标志、交通标志牌、红绿灯等环境语义。信息与高精地图提供的要素做匹配，实现纵向定位的修正，确定车辆当前的位置信息及周边环境。沿路多张图片及分析出的交通要素与图像定位信息结合，可生成直观的道路信息模型，并与高精地图该区域道路模型进行分析匹配即可进一步确认该新建地图信息精度，以保障众包地图采集的有效性
视觉SLAM技术	视觉SLAM主要是基于相机来完成环境的感知工作，众包地图采集模式中，在边缘节点可以使用车辆连续采集的有效图像进行局部地图创建。视觉SLAM通过连续的相机帧，跟踪设置关键点，以三角算法定位其3D位置，同时使用此信息来逼近推测相机自己的姿态，通过跟踪视频帧中足够数量的关键点来快速获取传感器的方向和周围物理环境的结构。视觉SLAM需要持续地实时迭代计算以使投影点与实际点之间的差异最小化，根据每一时刻的相机位置，计算出各像素对应的空间点的位置，就得到了地图。视觉SLAM还涉及回环检测、噪声优化等算法技术，大量用到了计算机视觉算法及非线性优化算法，需要较大的计算能力，并根据实际场景进行优化
云原生技术	边缘节点、设备大部分时候基础环境资源有限，引入容器等云原生技术。CNCF将“云原生”定义为使用开源软件堆栈进行容器化，在边缘计算场景下利用云原生技术实现部署服务的易迁移和弹性伸缩凹。容器应用相比传统的虚机方式资源消耗小、启停快速，同时又具备较好的资源隔离性。部署在边缘节点设备上面的应用无须管理基础资源，只需要关注业务逻辑。该方案基于K8S提供容器编排技术，提供云原生的应用运行环境，应用按需扩缩容，可充分利用边缘节点资源，能够方便地将云端能力扩展到边缘，并对边缘进行管理。该方案设备端、边缘端和云端有可靠高效的消息通道，支持断网续传、数据的增量续传，能够有效地进行云边协同操作，方便进行云边协同的高精地图采集与应用
5G边缘计算技术	地图数据采集、更新、发布及应用需要低时延、稳定的带宽保障。通过5G网络设置的分流策略，车端地图数据的上传与下载可直接通过基站经UPF到达边缘计算节点地图服务模块，不需经过核心网，减少数据传输的路由节点来降低端到端网络时延，帮助实现快速计算任务处理和低时延结果反馈。5G边缘计算还可以帮助自动驾驶的高精地图应用最大化利用网络资源。如车辆高精地图的实时下载更新与边缘节点进行大量交互，需要较大的稳定带宽，而TCP在网络环境变化很快时不能很好地调整传输中的拥塞控制窗口指标，利用5G边缘计算的无线资源分析功能可以对TCP控制方法进行优化，规避传输过程中发生的拥塞，提高车路高带宽数据交互的可靠性

7.2.1.3　车载信息增强

MEC提供车载感知信号计算能力，实现传感设备应用信息增强，基于MEC的车载网络中主要有四种通信方式，如表7-4所示。

表7-4 基于MEC的车载网络中的通信方式

车辆到车辆通信(V2V)	车辆与车辆之间直接进行通信,车辆充当数据包转发的中继设备。V2V多跳中继通信是一个优势,但如果跳数大于三,则可靠性会显著降低,延迟无法保证,在实际应用中,如果跳数小于三,则在蜂窝网络中进行分组转发
车辆到RSU通信(V2I)	车辆通过与RSU之间通信的方式从RSU收集道路状况数据,例如交通堵塞程度和路边交通灯变化的数据。在所提出的架构中,RSU不负责分组转发,并且数据转发功能被转移到MEC服务器
RSU到MEC服务器	RSU收集实时路况并将其发送到MEC服务器,MEC服务器根据数据信息决定将其在本地服务器处理还是转移到远程云中心进行处理
MEC到远程云服务器	所有流量数据都应该由MEC服务器进行预处理,然后通过数据同步的方式传递到远程云服务器,MEC服务器通常存储最近的交通数据,而远程云服务器永久存储交通数据,并根据实时和历史数据进行交通预测

边缘服务器为车载网络提供任务卸载功能，由于车辆在行驶中频繁移动，边缘服务器也跟着切换，由当前边缘服务器切换到下一个，需要将该服务器获取到的数据一并传输，这无疑增加了网络传输的负担。如果能预测到行驶车辆的轨迹，就能提前为其分配用于当前阶段计算任务的服务器，在新的RSU覆盖区域及时获得所需的数据，减少了不必要的时延，如图7-7所示。

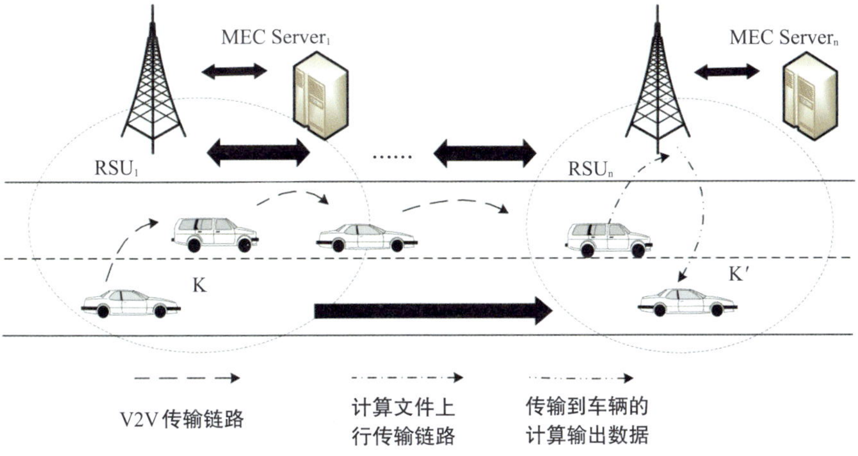

图7-7 通过预测传输方式进行计算卸载

相较于V2I通信，V2V通信由车辆自行组织完成，道路上的车辆能够通过这种通信方式进行相互连接，不仅成本低，降低车载网络延迟、均衡负载。车辆K通过V2V将任务文件传输给其他车辆，在最后一次中继传输，车辆通过V2I将文件传输给RSU_1，MEC $Server_1$接收该路段的计算任务，并将计算结果存储在与其相连下一路段RSU上，如此反复，当车辆来到最终的路段时，就能从该路段上获得计算任务数据。这种基于MEC的车载网络通信方式，V2V通信、V2I通信、RSU到MEC服务器的传输能力，减少无线回程资源的消耗。

7.2.1.4 车辆在线诊断

MEC部署了车辆在线诊断功能后，提供自动驾驶域内各模块之间多对多的通信模式，通过各模块故障数据交互提高了故障的通信效率。基于MEC的多源故障处理如图7-8所示，多源故障信息来自域内模块故障源层和域间系统故障源层这两个层级获取到的各类信息，主要实现功能是对多源故障信息进行采集、发布、统计、订阅等后上传故障云层。

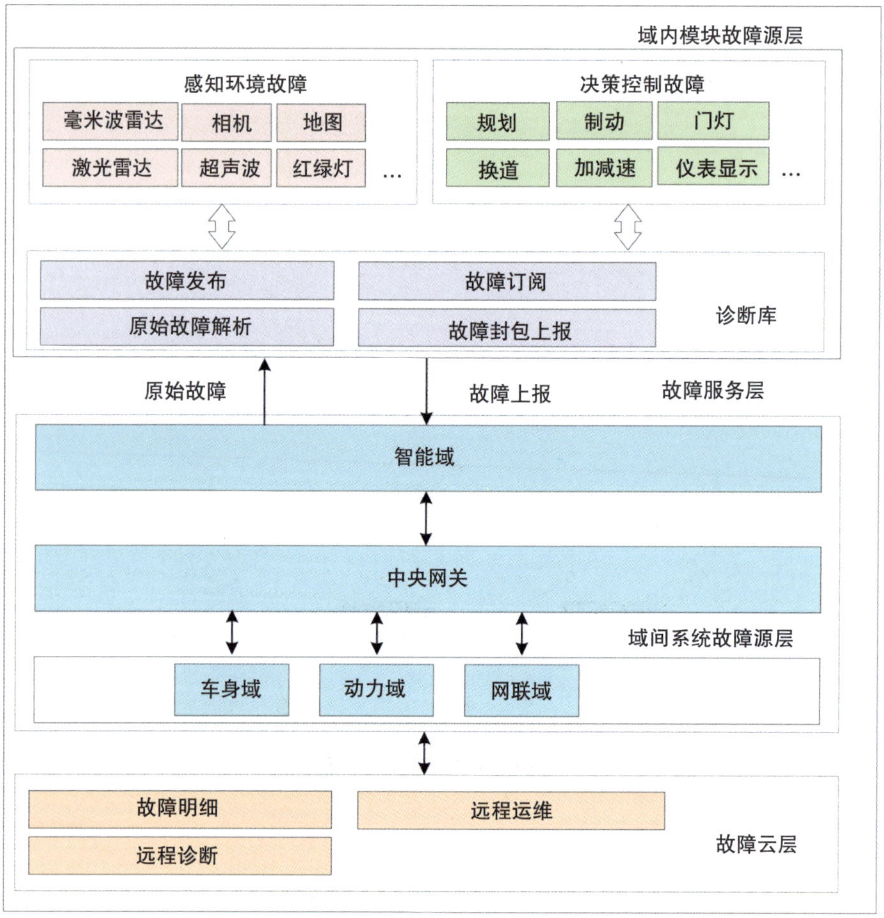

图7-8　多源故障处理框架图

多源故障处理的数据流程如图7-9所示，分为感知、统计、订阅和上报四个阶段，以此设计多源故障数据流模型。

多源故障数据流程的关键是诊断服务接口（中间件），负责接收域内模块故障源层和域间系统故障源层的故障信息并转发给各自动驾驶节点，通信接口采用ZMQ消息队列将已发布和经请求的故障信息传递给其他有订阅和应答需求的节点。在感知阶段，各子模块可以从统计阶段的故障诊断模块中订阅到其他模块的信息，同时将自身的信息发布给故障诊断模块以便供其他感知模块订阅，实现了各阶段各模块多对多的通信。

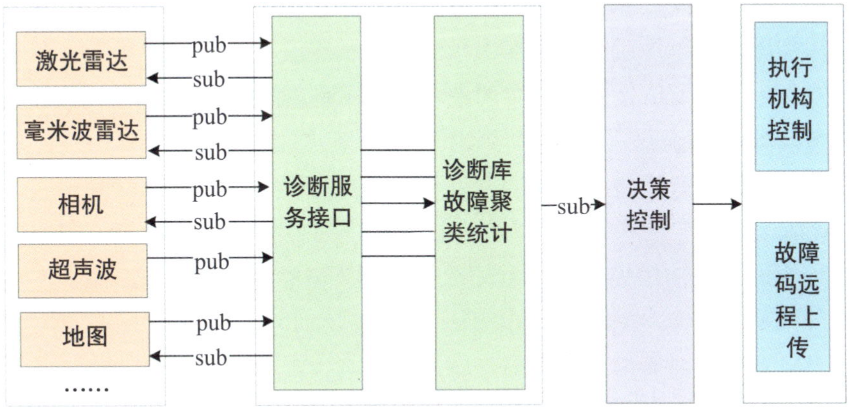

图7-9　多源故障处理的数据流程

7.2.2　单车与路侧设施智能交互

7.2.2.1　危险驾驶提醒

MEC部署下的危险驾驶行为预警系统，利用车载记录仪获取驾驶人图像并加载危险驾驶行为检测算法，实现对驾驶人行为的实时监控。采用边缘智能设备在节点处对数据进行计算和整合，减少处理时长和能源消耗。同时将网络模型加载到边缘设备中，实时地对图像数据进行解析和识别，同时根据违规时长对危险程度分级，实现多任务并行处理。边缘计算体系结构满足系统在时延和响应速度上的需求，实现对危险驾驶行为的实时检测和快速预警。其整体架构如图7-10所示。

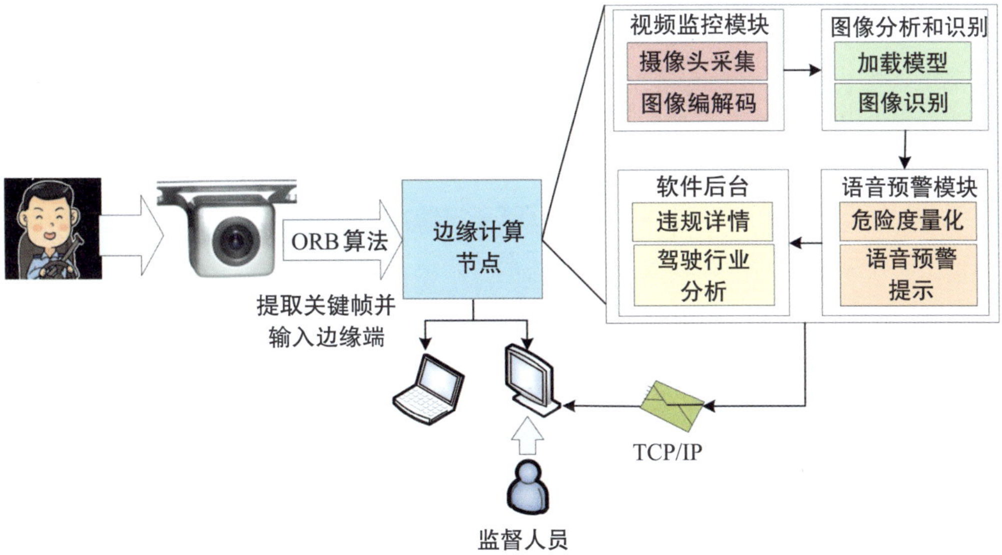

图7-10　危险驾驶行为预警系统整体架构

系统通过摄像头捕捉驾驶行为，加载危险驾驶行为检测算法提取视频流关键帧并识别，当识别出违规行为后，语音播报模块发出预警音频，提醒驾驶人安全驾驶。由于本系统通过摄像头获取驾驶人的行为图像数据，同时需要在短时间内识别出违规行为并发出预警提示，对硬件设备的数据处理速度和计算能力要求较高。

当车辆启动时，首先调用车载记录仪上的摄像头模块，根据光感器件和内存池反馈，自行设置分辨率、像素等参数；然后对获取到的FLV频流通过ORB算法进行关键帧提取，并转化成RGB图像，逐行扫描读取数值，传输到开发板的图像处理模块；最后加载危险驾驶行为检测算法，当识别出违规行为时，图像处理微芯片将该区域的RGB数值转移到数据接收模块，同时缓存指针下移，保存违规图像。按照违规行为持续的时间长度进行危险程度分级，当连续五张图像都检测到驾驶人存在违规行为且持续时间超过 5s，此时将捕捉到的违规图像通过ADO控件保存至数据库，在软件平台进行展示，同时通过无线Wi-Fi传输模块反馈给智能芯片，调用语音播报模块播放预警音频，提醒驾驶人及时纠正违规行为。通过F-SSD算法截取违规行为片段，监督人员根据违规图像、截取的视频片段和对应摄像头IP地址，快速进行人工审核，锁定违规车辆。危险驾驶行为预警系统的工作流程如图7-11所示。

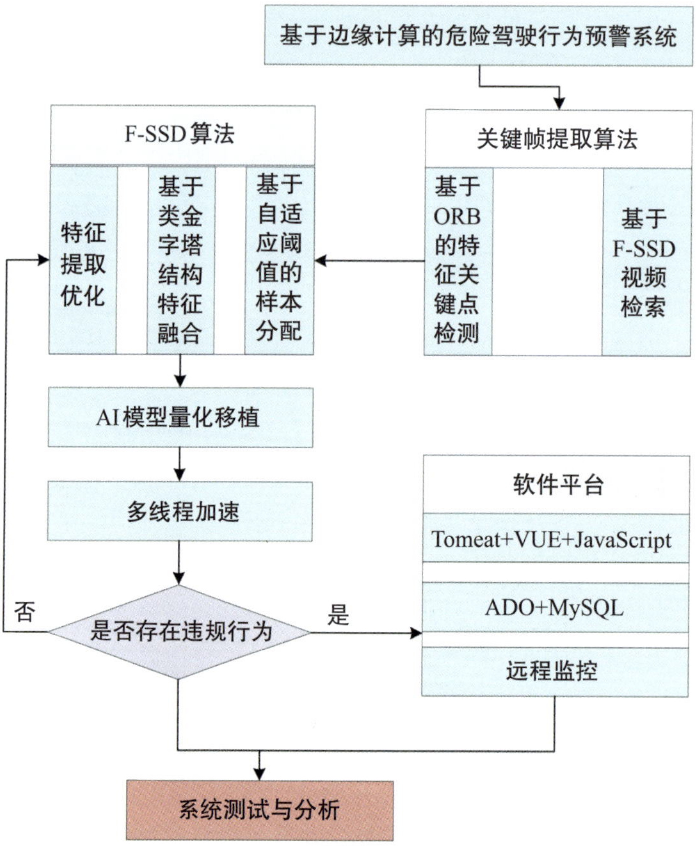

图7-11　预警系统整体工作流程

当危险驾驶行为检测算法模型识别出违规行为后，需要对驾驶安全风险做出评估。由于驾驶人处于危险驾驶状态时，应对突发情形的反射弧增加，避险能力下降，不能及时做出正确的规避抉择。驾驶人接收到预警系统发出的音频信号时，也无法立即做出响应，消除安全风险的操作会显得滞后。因此系统需要设定缓冲时间段，作为预留反应时间。

驾驶人在车辆行驶期间观察后视镜等行为能提高安全驾驶程度，此类视线短暂离开驾驶方向的举措被允许，其平均处理时长约为2秒，据此设定等长的缓冲时间段去区分安全行为和危险行为，缓冲时间段发生的违规行为定位为潜在风险。缓冲时间段结束后，图像采集模块开始重新采集数据，当连续五张图像都被识别出存在违规行为后，则认定驾驶人正处于危险驾驶的状态，此时系统做出预警处理并将违规图像上传到后台保存。每张违规图像都会触发一次危险驾驶行为识别任务线程，危险程度从缓冲时间段的轻度违规切换到严重违规，预警系统转换音频脉冲信号，语音播报模块播放预警音频，提醒驾驶人迅速纠正违规行为，尽快恢复安全驾驶状态。危险驾驶行为预警系统的启动过程如图7-12所示。

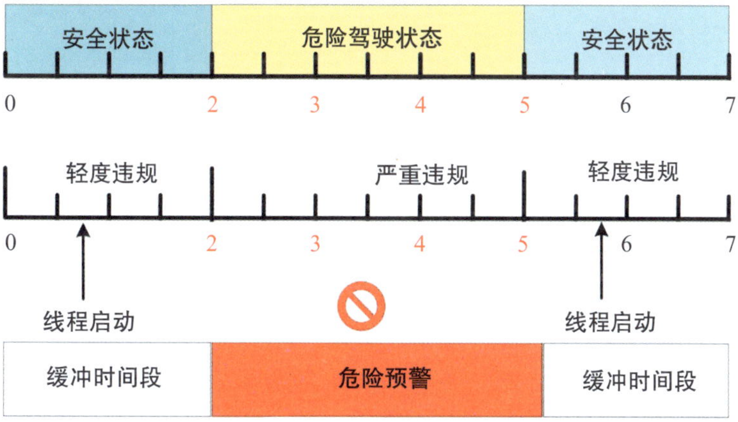

图7-12 预警系统启动过程

根据违规行为发生的时间先后顺序将整个区间划分为缓冲时间段和危险预警时间段，同时将两个区域的连续信号存储到内存单元中，利用A/D转换器将离散的二进制信息编码转化成模拟信号，使其波形曲线拟合原始数据，从而进行有效评估。

7.2.2.2 车辆违章预警

MEC部署下的车辆违章预警系统，包括人脸识别模块、路况采集模块和预警提示模块。人脸识别模块用于当检测到车辆的启动指令，采集车辆的主驾驶对应的人脸信息；根据人脸信息，确定人脸信息对应的违章预警数据库。路况采集模块运用于获得动态路况数据，判定动态路况信息能否与违章预警数据库匹配。预警提示模块运用在假如动态路况信息和违章预警数据库匹配，则发出与动态路况信息对应的预警提示。车辆违章预警方法流程如图7-13所示。

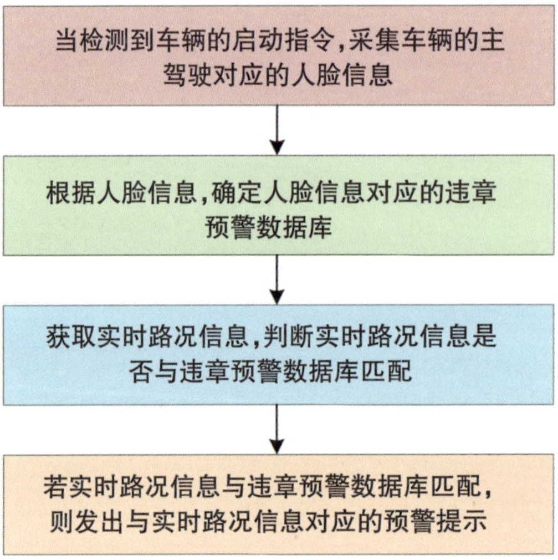

图7-13　车辆违章预警方法流程

当检测到车辆的启动指令，收集车辆驾驶员的脸部数据，可以在车辆启动时立即对驾驶员的身份进行核查。根据人脸信息，确定人脸信息对应的违章预警数据库，在数据库中搜索和驾驶员有关的违章信息。同时收集动态路况数据，判定动态路况数据能否和违章预警数据库对应，假如动态路况数据和违章预警数据库相对应，那么就会发出和动态路况数据匹配的预警。依据动态的路况和违章预警数据库确认驾驶员在对应的动态路况情境下再次违章的可能性并及时向驾驶员发送不同的预警，对应帮助驾驶员降低违章概率，养成良好的行车习惯。

当车辆发动后，启动车辆内部的摄像系统，操控可转向摄像头获得驾驶员人脸数据。假如人脸识别失败，则发出人脸核查提示，以此让用户脸部正向对应摄像头，当接收到用户的正脸信息，对正脸信息进行识别，如果仍识别失败，则判定车载系统中不存在此人身份信息，即认定为新用户，依据脸部信息创建新身份编码，同时录入与新身份编码相应的新违章预警数据库。

收集车辆历史行驶数据，判定历史行驶信息是否和预先设定违章情境对应，假如匹配则提取历史行驶数据储存到违章预警数据库。车况数据重点包括车辆行驶系数和车辆碰撞损坏情况。路况数据包括道路图像、违章现场车流量、超车路段图像视频、行人走动情况、路边物品摆放情况的图像或视频等违章场景信息。

7.2.3　多车与MEC协同交互场景

7.2.3.1　V2V信息转发

传统车联网的信息传输系统存在丢包、延时、信息堵塞和时效性差等问题，而MEC部署下的车联网传输系统可以有效解决这些问题。基于MEC的车联网信息传输，如图7-14所示。

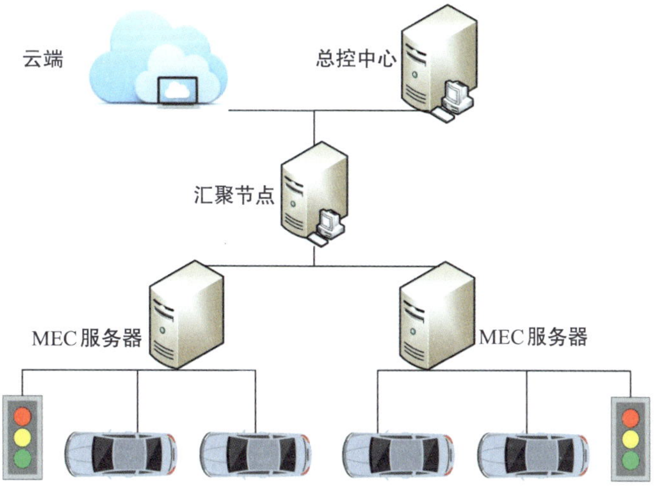

图7-14　基于MEC的车联网信息传输结构

利用MEC强大的计算与存储能力，将总控中心需要分析处理的大量数据下沉到MEC服务器，使车联网信息传输具有低延迟、传输速度快、工作效率高、交通控制时效性高等优势。

点对点传输系统结构如图7-15所示，点对点传输系统的两个子系统的系统结构如图7-16、图7-17所示。用户设备间信息传输子系统的目的是提高用户端之间的信息传输，给用户带来良好的体验；数据传输辅助服务子系统的目的是对信息传输过程进行优化。

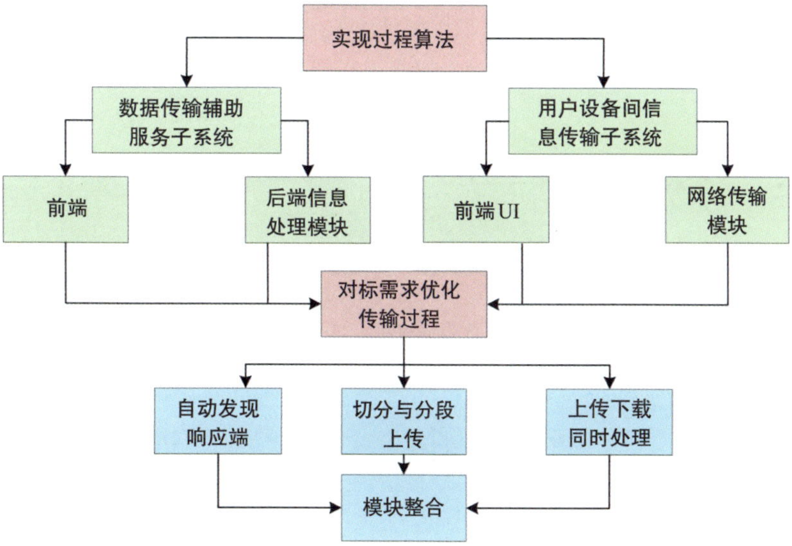

图7-15　点对点传输系统结构

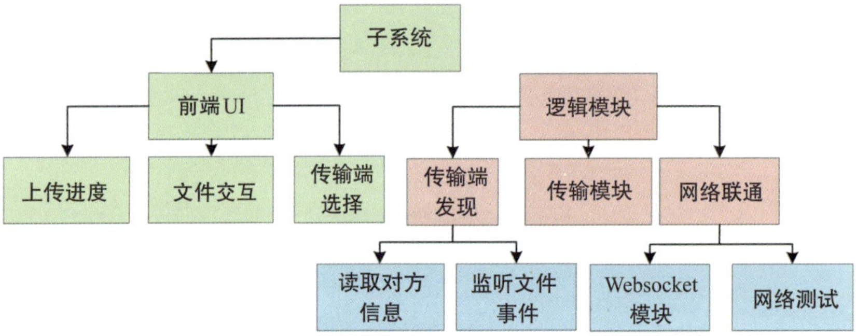

图7-16　用户设备间信息传输子系统结构

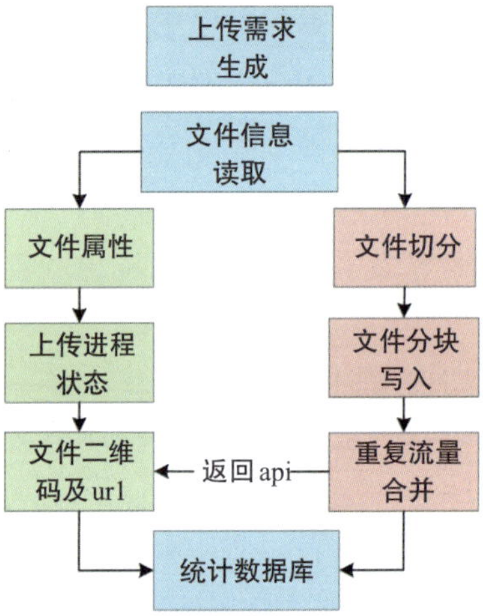

图7-17　数据传输辅助服务子系统结构

在信息传输过程中，利用并发上传技术上传文件、生成上传需求，之后对文件信息进行读取。利用信息分片技术对文件进行切分，根据切分数量与预计分块数量的关系来确定文件上传情况，如果上传文件进度显现分块文件个数已达到数量要求，则结束上传。前端用户也可以通过发出停止上传请求结束上传，后端服务器会对待上传的分块文件做删除处置。

7.2.3.2　车辆感知共享

基于MEC的车联网感知融合提高了车辆的感知共享能力，增加了环境数据的完整性。通过多传感器集成以及运用车联网V2X等实现车、人、路等交通数据的全面感知，除了获取更多信息外，高清3D动态地图实时共享车辆状态信息。随着汽车智能网联化程度的提升，车辆设备每天都会获取到大量的原始数据，为了能满足海量数据的处理和分析需要，利用边缘计算平台强大的性能可提高数据的执行效率，做到快速处理和及时响应，实时检测和跟踪目标，安全控制车辆。边缘计算在自动驾驶中的应用如图7-18所示。

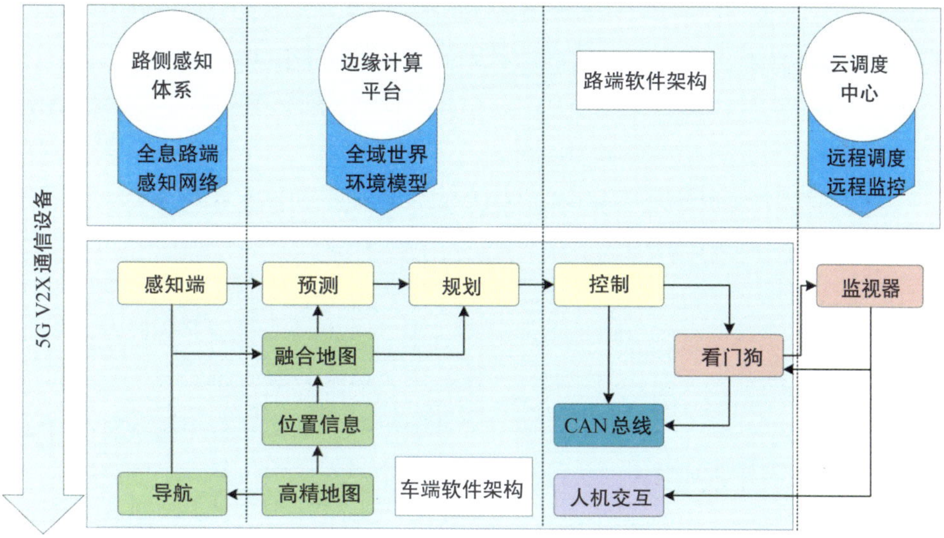

图7-18　自动驾驶边缘计算架构

边缘计算对于自动驾驶系统来说，可以很好地实现负载整合、异构计算、实时处理、连接互通、安全优化等优势。车载单元与MEC服务器、RSU相互协作，MEC服务器为车载单元提供节点管理以及其他数据管理，RSU则提供更多的行人和道路信息。GPU擅长处理目标识别和跟踪的卷积计算。而CPU则对于逻辑运算能力将会产生更好的性能且能耗也更低。而数字信号处理DSP则在定位等特征提取算法产生更多优势。这种异构计算的方式很好地给自动驾驶制动反应留足了时间，在危险情况下能够及时刹车避撞。

基于5G网络的MEC部署，未来对于靠近车辆的基站、路边单元等移动通信设备将部署车联网边缘计算，本地端就地完成对数据的处理、加密和决策，降低了网络的负荷和时延，提高通信能力的同时，提升了数据的安全性和隐私性。

边缘计算在自动驾驶的环境感知以及信息处理方面有着关键性作用。自动驾驶车辆能够通过边缘接口获取环境数据来扩大本来的感知区域，同时也能够向边缘接口脱卸复杂的计算任务从而缓解资源不足的问题。对比云计算，边缘计算解决了远距信息传输导致的时延高问题，让自动驾驶车辆能够更快速进行响应，同时减少主干网络的负载。因此，阶段性自动驾驶研发过程采用边缘计算将是其不断优化和发展的重要选项。

7.2.4　多车路侧设施智能协同交互

7.2.4.1　匝道合流辅助

MEC部署下的匝道合流控制系统，如图7-19所示。

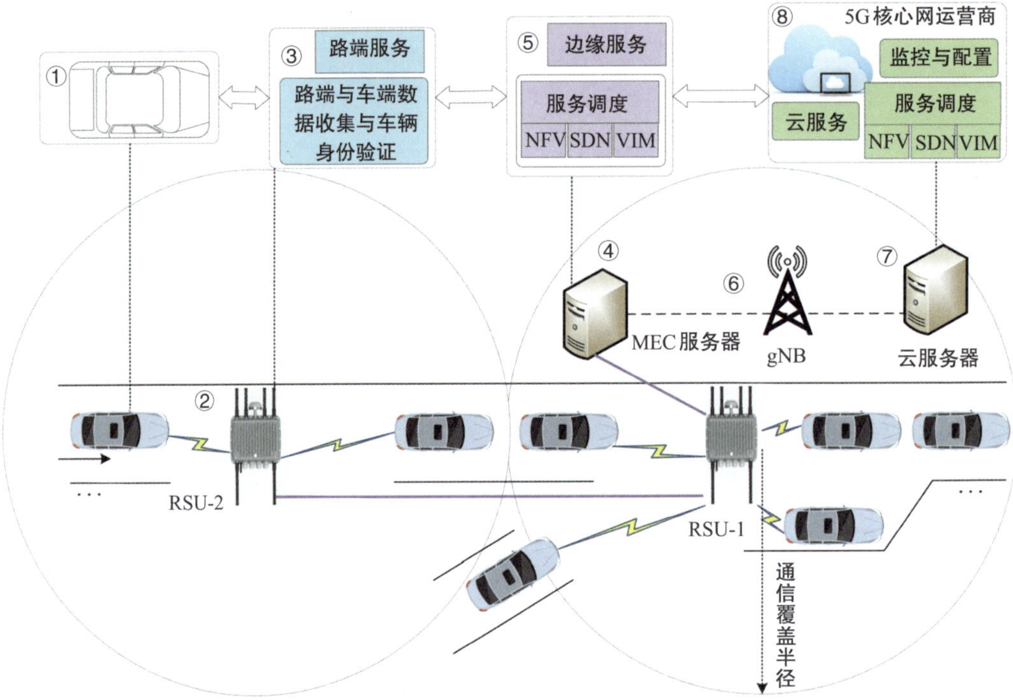

图7-19　匝道合流控制系统示意图

基于MEC的匝道合流控制系统主要包括智能网联汽车、5G基站、路侧设备、边缘服务器、云服务器、车端层、路端服务层、边缘服务层、云服务层。车端层与路端服务层、路端服务层与边缘服务层、边缘服务层与云服务层之间相互通信。基于MEC的匝道合流控制系统各组成部分作用表如表7-5所示。

表7-5　基于MEC的匝道合流控制系统各组成部分作用表

符号	表示	作用
①	L5级网联自动化车辆(CAV)	车上装有车载设备(On Board Unit,OBU)负责与外界进行通信,车辆可以发送高清地图、前方路况、请求合流等信息。OBU会发送车辆ID、位置、速度、加速度、油耗等基本车辆信息和请求匝道合流辅助等服务请求信息给路侧设备
②	路侧设备(RSU)	部署在路端,有一定的通信范围,通信覆盖半径一般为100～160 m,它可以收集道路信息,比如道路长度、事故发生等等。RSU之间通过以太网电缆相连,数据传输快。CAVs可以在RSU的通信覆盖范围内与RSU进行通信,获取道路信息等。RSU的主要作用是收集道路信息、车辆基本信息和服务请求信息,并将这些信息上传到边缘服务器
③	路端服务	主要包括数据接收与发送模块,该模块的主要作用是对车辆的身份信息进行识别与验证以及对车辆、道路和服务信息进行采集与发送。该模块并不对信息进行处理,只是对信息作安全验证,若信息安全,则直接将信息上传到边缘服务器,边缘服务器和RSU之间同样通过以太网电缆相连

续表

符号	表示	作用
④	边缘服务器	它接收并处理来自RSU的信息，如果是道路信息和基本车辆信息，那么它会进行存储与更新，如果是服务请求信息，那么它会进行处理这个信息并将处理结果反馈给车辆
⑤	边缘服务层	它包含的具体模块：1.数据接收与发送模块，主要功能是车辆、道路和服务信息的采集与发送。2.数据预处理模块，该模块对基本信息和服务请求信息进行判定与处理。如果信息是基本信息，那么发送给数据存储模块；如果是服务请求信息，那么将此信息发送给服务模块。3.数据存储模块，该模块有序存储车辆道路等基本信息，随着新收集的信息的进入，会对旧的基本信息进行删除操作，释放内存空间。4.服务模块，该模块对服务请求信息进行处理，如果服务请求信息是高清地图，那么该服务模块会发送给数据发送与接收模块一个云端服务请求信息，由云端服务器调取相应数据并发送给边缘服务器，再由边缘服务器发送给RSU，RSU发送给对应车辆；如果请求信息是匝道合流等对延时敏感的服务，那么服务模块会调用例如匝道合流算法对信息进行处理，并将决策信息发送给RSU，RSU发送给相应的车辆
⑥	gNB（5G基站）	边缘服务器需要经过5G基站转发信号，请求云服务器的信息
⑦	云服务器	从服务器硬件方面来说，云服务器比边缘服务器的计算资源和存储资源更加丰富。云服务器上存储着大量全局信息，例如道路信息、车流量信息、气象信息等，这些信息通过大数据处理等技术可为车辆提供高质量服务
⑧	云服务层	云服务层提供高清地图服务、音乐和高清视频等娱乐服务，还可根据从边缘服务器收集的车辆信息进行车流量计算、道路拥堵程度的判定

车辆在车载路侧单元范围内与路侧单元实行通信，如图7-20所示，车载设备1发出服务请求信息和基本信息，车载设备2和3发出基本信息；路侧单元获取车辆数据并将这些数据发送给位于匝道合流点的路侧单元1号，路侧单元1号将采集的信息发送给边缘工作站；边缘服务器的数据接收与发送模块进行接收，数据预处理模块将车载设备1、2、3的基本数据传送给数据存储模块，将车载设备1的服务请求数据传送给服务处理模块，服务处理模块调用相应算法提取数据存储模块的数据为车载设备1提供服务。利用算法选择辅助车和计算辅助车的速度为匝道车辆提供换道间隙，边缘服务层将辅助车ID和合流速度数据传送给边缘数据接收与发送模块，该模块将此数据发送给路侧单元1号，路侧单元1号再发送给其他路侧单元，这些路侧单元将数据发送给对应车辆，车辆接收到数据后再调整速度。

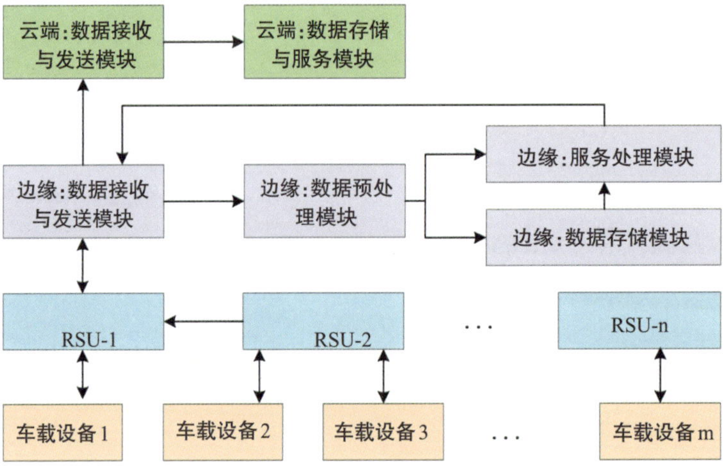

图7-20　匝道合流控制系统结构示意图

7.2.4.2　智慧交叉路口

MEC部署下的交叉路口信号灯控制，如图7-21所示：

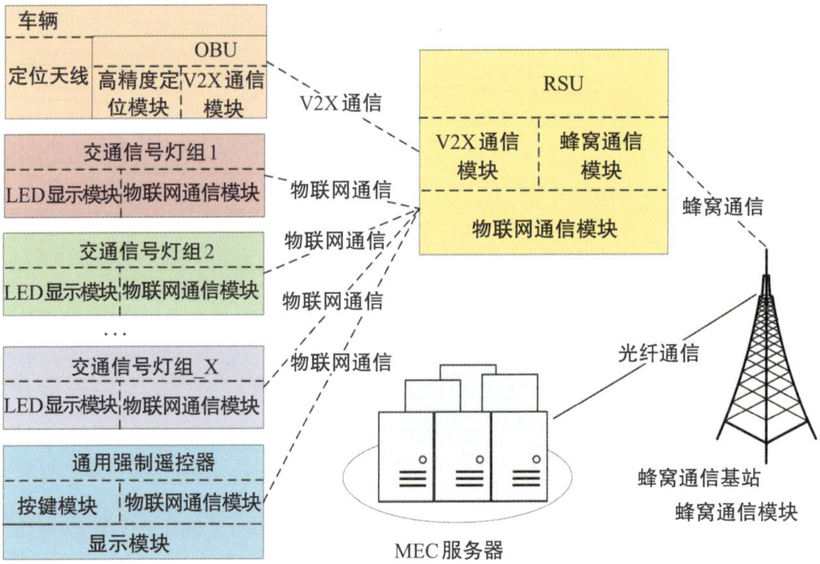

图7-21　交叉路口信号灯控制架构

交叉路口信号灯控制架构主要包含OBU车载设备、RSU路侧设备、MEC服务器、蜂窝通信基站、通用强制遥控器和各组交通信号灯系统。RSU与OBU、MEC、通信号灯系统之间分别存在两种数据交互形式，如表7-6所示。

表7-6　交叉路口信号灯控制数据交互内容

方式	内容
RSU与OBU	RSU向OBU发送的交通信号灯实时的相位数据
	OBU向RSU发送的车辆统计数据。OBU根据本车所在的交叉路口、道路和车道，提取与行驶相关的相位数据，并通过车载HMI对信号灯数据实现在车内显示的效果，从而使驾驶员方便查看信号灯状态和剩余时间，提前规划和安排车辆的行驶速度，最终达到提高车辆通过交叉路口的效率和减少车辆在通过交叉路口时的燃油消耗的目的
RSU与MEC	RSU向MEC发送的当前交叉路口一个信号灯周期的车辆统计数据。由于存储容量限制，RSU不能存储较多的历史统计数据，为了能够让车辆统计数据有效保存以用于信号灯的配时，RSU在当前交叉路口信号灯一个周期结束时，向存储和计算能力更强的MEC服务器发送的车辆统计数据
	MEC向RSU发送的当前交叉路口未来24小时的预配时方案。在MEC服务器中对历史车辆统计数据使用数据挖掘方法，提取不同车道的交通特性，制定未来24小时对单点交叉路口信号灯的配时策略，并将制定配时策略时参考的24小时的交通量数据一同下发给相应的RSU
RSU与通信号灯系统	RSU向交通信号灯系统发送的周期制的配时控制指令。RSU向各组交通信号灯发送的配时控制指令帧，各组交通信号灯接收的指令帧是相同的，在具体使用时直接提取自身相关的数据内容，继而控制LED的显示
	交通信号灯系统向RSU发送的心跳数据。各组交通信号灯以固定时间间隔向RSU发送数据。从交通安全性和数据实时性来考虑，不设置各组交通信号灯实时相位信息向RSU的汇报，直接通过校时操作，来达到RSU中的信号灯的实时相位信息与各组交通信号灯中的实时相位信息的高度统一

通过物联网通信的ZigBee组网方式进行，OBU与RSU通过无线电波进行通信。MEC依据RSU发送来交叉路口的车辆统计数据（一个信号灯周期），发送的内容如图7-22所示，RSU接收MEC制定的配时策略，发送的数据内容如图7-23所示，通过V2I通信对交通信号灯各相位的显示数据实时广播。OBU将采集到的车辆统计数据发送给RSU，通用强制遥控器在特殊情况下，起到交叉路口信号灯的强制控制作用。

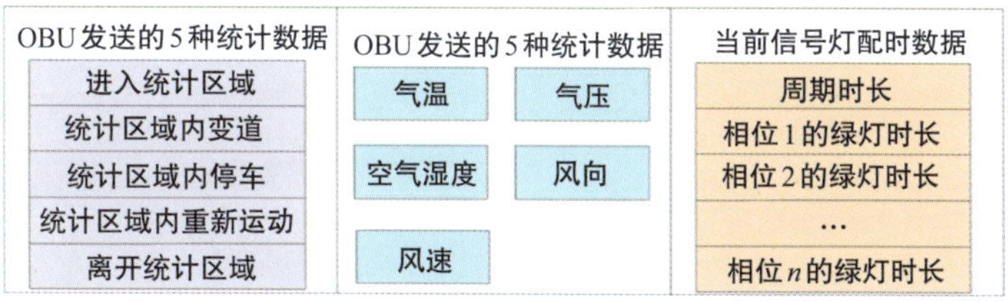

图7-22　RSU向MEC发送的车辆统计数据内容

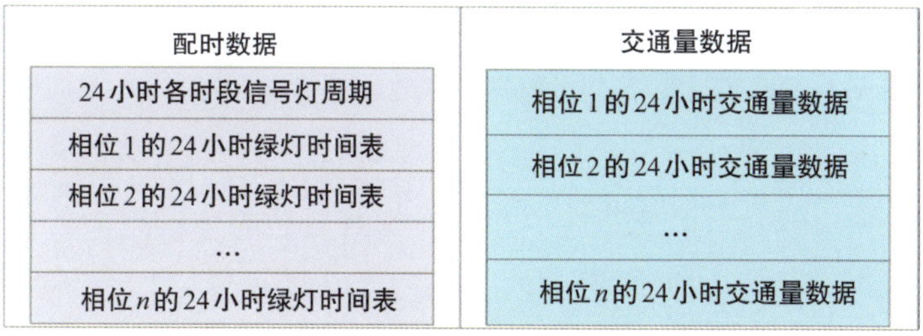

图7-23　MEC向RSU发送的预配时相关数据内容

7.2.4.3 大范围协同调度

MEC部署下的编队协同感知，如图7-24所示。

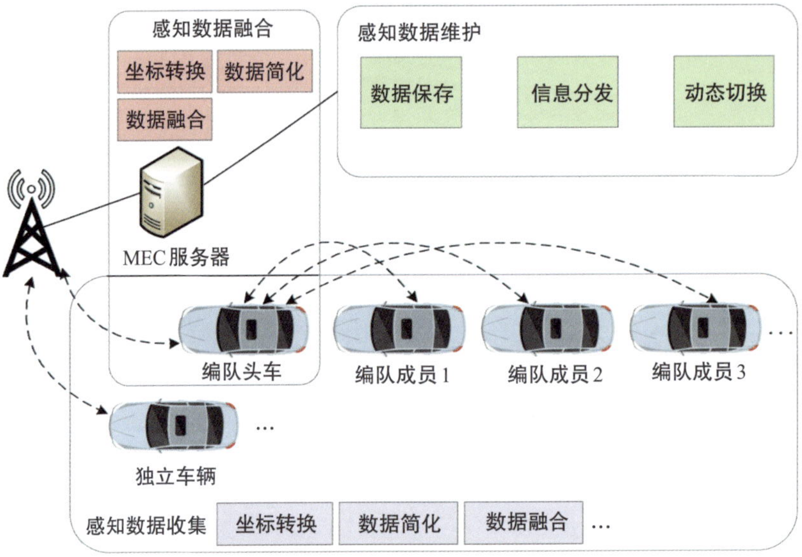

图7-24 编队协同感知总体架构图

道路上行驶的车辆通过该路段部署的基站接入网络，可与基站联合部署的MEC服务器通信，每个路段都部署有基站和服务器，每个路段的MEC服务器负责该路段范围内的协同感知任务，其功能包括感知信息收集、感知信息融合、感知信息维护。编队协同感知信息内容如表7-7所示。

表7-7 编队协同感知信息内容

感知信息收集	基于车上装配的各类感知设备进行感知信息的收集，感知信息包括由车辆上的LiDAR、GPS等传感器获取的3D点云数据、局部位置和全局位置等信息。编队成员收集的感知信息通过编队内通信传输给编队头车，编队头车进行编队内部初步的感知信息融合后再将感知信息传输给MEC服务器。没有进行编队行驶的独立车辆直接将感知信息传输给MEC服务器
感知信息融合	编队内车辆上传信息到编队头车之后，由编队头车进行初步的信息融合，然后编队头车将编队整体的感知信息上传给MEC服务器，MEC服务器对来自负责范围的多个编队和车辆的感知信息进行融合，融合过程除了处理基本的车辆状态信息外，主要考虑对不同来源、不同时刻收集的点云数据进行融合
感知信息维护	MEC服务器维护负责范围内实时的感知信息，并删除过时的感知信息，实时接收来自负责范围内车辆和编队的请求，根据请求位置、请求时间和请求中的信息需求分发感知数据，相邻区域的MEC服务器之间进行感知信息的动态信息交换

MEC强大的计算、存储、数据处理等能力保证了编队协同感知信息的快速、准确、高效地执行。车辆在行驶过程中，原本在编队行驶的车辆因为某种原因会退出编队成为独立行驶的车辆，而独立行驶的车辆因为某种需要会加入编队成为编队中一员，MEC服务器要在自己负责范围保证进入其服务范围的车辆能够获取其前方道路信

息，同时与相邻MEC服务器共享交换部分感知信息保证进入相邻区域的车辆能够获取其后方道路信息。

7.3 多接入边缘计算软硬件系统

7.3.1 边缘计算服务器与控制网关

7.3.1.1 边缘计算服务器

从用户视角出发，当前在边缘侧业务面临自建边缘机房交付周期长、资产重；边缘集群常态化裁撤、割接导致SLA难保障；单集群业务规模小、弹性差；属地性应用多导致集群维护成本高、难度大等诸多问题。通过在中心和客户现场之间，构建起边缘云这一层服务，就能够解决以上问题。立足于用户视角，构建“云边端”一体化平台，包括云端和边缘端两部分。其架构如图7-25所示。

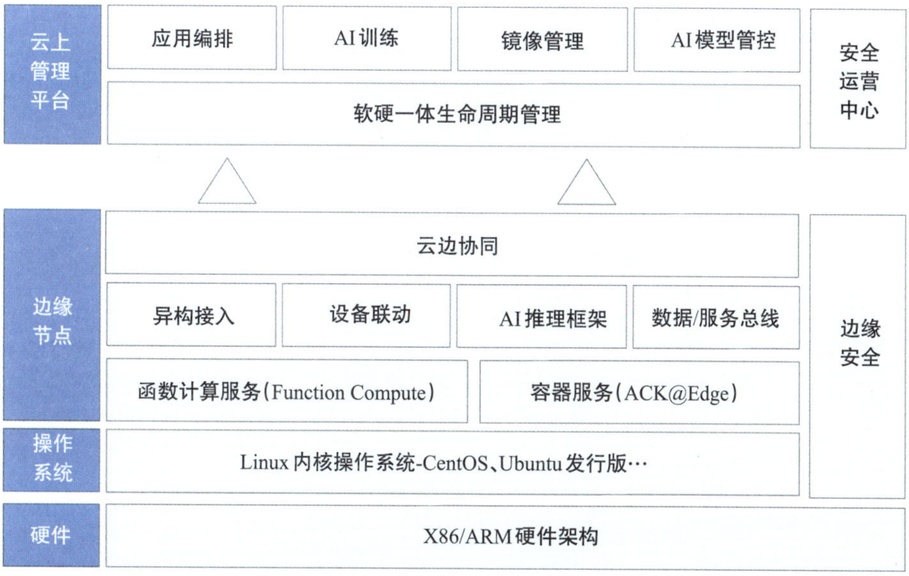

图7-25 云边一体架构

物联网边缘计算囊括了开展边缘端业务所需要的服务器、算法、应用、设备接入能力等，如表7-8所示。

表7-8 物联网边缘计算有关内容

名称	内容
边缘一体机	是物联网边缘计算服务配套的软硬一体产品，用于承载边缘业务的应用和算法。边缘一体机可实现终端设备数据的采集、流转、存储、分析和上报设备数据至云端，同时边缘一体机也提供容器服务、边缘函数计算，方便场景编排和业务扩展
边缘计算控制台	物联网边缘计算的云端管理平台，提供边缘一体机及其关联软硬件资源的云上管理、控制、监控能力

续表

名称	内容
物联网边缘计算管理平台	物联网边缘计算的本地管理平台，可离线管理边缘一体机的网络配置、算法任务、终端设备等
边缘一体机关联的软硬件资源	指关联到边缘一体机的算法、应用、终端设备等资源
终端设备	指通过一定的协议或接口接入边缘一体机上的设备，边缘一体机代理该设备与云端进行通信。当前支持通用设备和视频设备两种类型终端设备的接入
视频设备	指视频采集、存储、播放类型的设备。物联网边缘计算支持网络视频存储NVR（Network Video Recorder）设备和网络摄像头IPC（IP Camera）设备，两种类型的视频设备
通用设备	指常见的IoT设备及系统，包括传感器设备、闸机、空调、业务系统等，此类设备需要通过标准通信协议进行通信
应用软件	物联网边缘计算为边缘业务程序提供的应用管理框架，可以支持容器类型应用和进程类型应用
容器应用	以Docker容器形式运行在边缘一体机中的应用，使用Kubernetes技术进行管理
进程应用	以进程方式运行在边缘一体机中的应用，由边缘框架中的二进制运行时提供管理
IoT中间件	用于开发IoT业务和边缘端业务的多种驱动、协议、应用软件等，统称为IoT中间件
云原生中间件	物联网边缘计算在边缘一体机中集成的开源数据库、消息系统、监控系统等，统称为云原生中间件
二进制运行时	边缘一体机软件架构中的一种应用运行时，表示边缘一体机基于二进制运行
容器运行时	边缘一体机软件架构中的一种应用运行时，表示边缘一体机基于容器运行
边缘函数计算	物联网边缘计算提供边缘端函数计算SDK，供开发者开发函数应用并接入边缘一体机，同时为开发者的函数代码提供管理能力，该功能模块称为边缘函数计算
远程终端	物联网边缘计算提供的远程运维功能。登录远程终端，可实现远程访问和管理边缘一体机

物联网边缘计算可为边缘端业务提供物联网信息一体化解决方案，具有以下功能特性：

主机管理上，物联网边缘计算为边缘一体机提供云端管理和本地管理。通过边缘计算控制台，为边缘一体机提供云端管理能力。可以管理控制边缘一体机的应用、终端设备、告警事件、远程服务等，也可以使用边缘计算控制台的一键部署功能，同步云端与边缘端的资源和配置，查看部署进展以及追溯部署日志。通过物联网边缘计算管理平台，为边缘一体机提供本地管理能力。

应用管理上，物联网边缘计算在边缘一体机中预装应用软件，物联网边缘计算也支持自主开发容器应用或轻应用，满足业务扩展需求。

终端设备管理上，提供多种视频系列边缘一体机，轻松接入视频设备到云端。同时也提供多种语言的设备接入SDK，支持常见的IoT设备及系统，包括传感器设备、闸机、空调、业务系统等接入云端的业务。

算法任务管理上，物联网边缘计算为边缘一体机提供算法服务，支持在本地完成视频图像类的分析和推理计算，只上传所需的数据到云端，减少上行的带宽和流量成本。基于云边端的架构模式，边缘云实现了云端算力下沉与终端算力上移。

云端算力下沉：通过将应用、算力分布式部署边缘，从而卸载掉中心Region核心服务的负载。考虑到中心Region带宽的成本远高于边缘，因此对于带宽较大的业务，在边缘云实现流量的收敛再回到中心，能够大幅度缩减带宽的成本，为客户提供离终端更近的算力资源，提升业务交互性与时效。

终端算力上移：对终端应用进行瘦身的同时为应用开发者提供标准化运维与云边体验一致的开发过程，帮助快速开发、迭代。对比终端应用，边缘云拥有更加丰富的生态，提升业务灵活性。除此之外，边缘上提供专属GPU硬件，进一步优化应用性能。

MEC的关键部分在于它的商业化应用服务器。服务器与基站集成在一起。MEC服务器提供了传统云基础架构提供的计算资源、存储容量和互联性。它用来访问用户流量和无线网络信息，应用程序提供商可以使用MEC服务器来定制其他应用程序和服务，以增强用户体验。它用于实时分析和机器智能化，可以为响应时间低于100毫秒的设备提供查询。脱机、批处理功能、数据密集型任务和高延迟的任务可以托管到更大的云以获得更好的服务支持。

7.3.1.2　控制网关

在当前的各类物联网应用中，由于对数据安全和低时延的要求越来越高，因此越来越多方案选择采用边缘计算模式，即不再将大量的现场数据上传到云端计算，而是直接在本地进行实时的数据处理和高频数据指令交换，只有最终的决策相关数据才上传到云端。所以这就需要作为链接云端和现场层之间的通信终端不仅支持通信，还须具备计算和分析功能。边缘计算网关将这些数据进行先行的过滤，将有用数据传输，提高反应效率，可以做到数据相互传输的及时性。边缘计算网关的应用如图7-26所示。

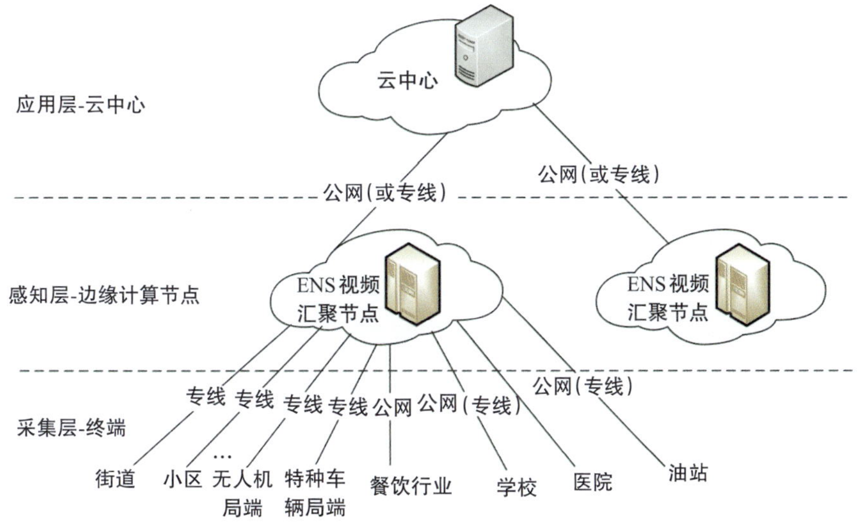

图7-26　边缘计算网关的应用

边缘端传感器设备收集数据，设备内的计算功能在边缘端执行数据处理，如果设备需要采取行动，它会根据计算结果来采取行动，设备会预先将筛选数据从边缘传输到云端，因此企业可以通过聚合来自数千台设备的汇总数据（在带宽限制的情况下）来了解全局。

边缘计算网关拥有以太网、串口、CAN口、IO口等接口，支持接入以太网、2G/3G/4G网络接入；内嵌上百种工业协议，支持99%以上PLC及绝大多数工业设备接入；支持网络主备模式，根据网络情况智能切换网络接入方式（支持智能网络诊断）；支持多种远程控制模式（无密码/有密码/禁用），同时具备物理远程控制开关，一键开关远程控制功能；支持多链接并发数据采集，支持4G流量详情分析及流量控制、支持网关远程管理、支持网络自恢复、工业级边缘计算网关数据采集最大支持20000点、支持数据多路转发和第三方平台接入。

具备超强边缘计算能力的边缘计算网关，将流量和服务计算从集中式云迁移至网络边缘，更贴近客户。网络边缘分析、处理并存储所有数据，而不是将其发送至云端进行处理。更贴近客户收集并处理数据可减少延迟，为高带宽应用提供实时性能。边缘计算网关具备丰富的接口，增强适应性，支持USB接口、RS485串口、RS232串口以及4路AD/IO接口。普通物联网网关因为接口较为单一，不能满足设备接入多且复杂的场景需求。

MEC通常会分布在边缘的数据中心实施MEC。服务提供商创建分布式数据中心或分布式云。组成云的资源可驻留在任何位置——从集中式数据中心到基站、中央办公室、聚合站点、城域数据中心或客户内部。MEC平台通过使用服务器或CPE在边缘处理内容，实现分布式边缘计算。软件定义访问层也可用作分布式云的扩展。大多数边缘计算方案处于开发阶段，开发通过利用云和虚拟化模式（包括SDN和NFV）的开源硬件和软件完成。

边缘计算网关适配多样化的物理接口和协议，使物联网终端能够快速、流畅地接入互联网。实现对大量终端设备的统一管理。实现本地流量本地处理，实现快速响应。边缘计算网关的五大优势：

1. 边缘计算网关的低功耗。相比于汇总海量数据进行集中运算分析的云端服务器，边缘计算网关在最靠近设备层的现场实时处理数据，通过减少远程传输的数据量，以及采用高能效的运算芯片，有效减少物联网应用的系统整体能耗。

2. 边缘计算网关的架构简化。边缘计算网关集网关、路由、交换机、设备控制等多功能于一身，同时内置完备的行业协议库便于设备对接，支持开发设备协同应用功能，大大简化了物联网通信层架构。

3. 边缘计算网关的小体积。边缘计算网关采用高集成度设计，让外形尺寸更小、更紧凑，从而更易安装部署，网关终端的应用场景更多样，诸如智慧灯杆、输配电监测、工业监测、机组监测、智能制造、智慧零售等各类领域。

4. 边缘计算网关的智能响应。搭载边缘计算功能的智能网关，还拥有强大的设备联动控制能力，支持自主执行设备管理策略、多设备联动策略、事件分析策略、异常处理策略等。网关支持二次开发，可进一步开拓机器学习与运算优化能力。

5. 边缘计算网关的灵活部署。网关同时支持千兆有线和4G/5G无线通信，按需选用，安装部署和使用都更加个性灵活。边缘计算网关还支持远程升级，随时按需更新固件，与项目功能应用进行深度适配，从而发挥出最大效能。

7.3.1.3 控制系统

随着端侧算力提升，大量的智能化算法在端侧被广泛使用，根据用户驾驶行为自学习，涉及智能空调控制、智能调整油门响应、判断驾驶风格。在用户个人数据进入端侧后，需对用户进行隐私保护，对数据进行重新编码、加密，数据会呈现出多种不同的形态，对不同的形态会有不同的分析、处理和配置方法，需要不同算法库处理。传统算法在PC或者云端训练好模型下发到端侧预测，用户数据需出端，不利于用户隐私保护，不具备安全，个性化、自动化，且无法实时更新用户驾驶行为模型。因此，端侧边缘计算自动化计算系统变得尤为重要。边缘计算控制系统能够自动化地进行统一高效地管理和决定执行时机，提高了边缘计算系统的灵活性、完整性、严密性、高效性和准确性。边缘计算控制系统的结构如图7-27所示。

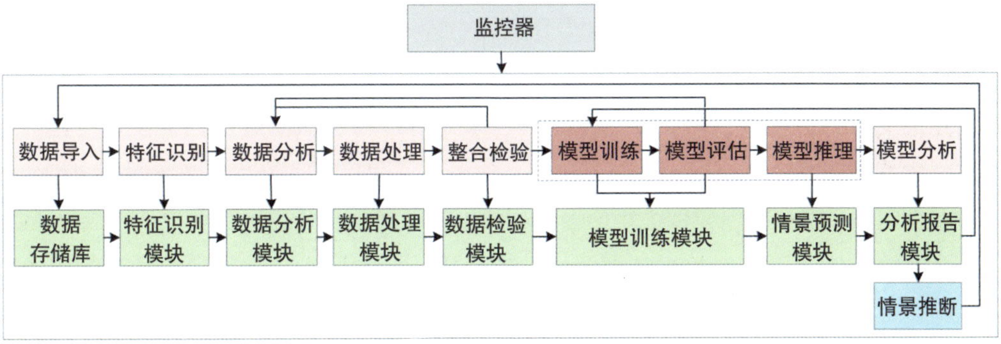

图7-27 边缘计算控制系统的结构

在边缘计算控制系统中，数据存储库用于基于预设方式对原始数据进行存储；特征识别模块用于对原始数据进行特征识别，得到特征数据；数据分析模块用于对特征数据进行分析，生成对应的处理策略；数据处理模块用于按照处理策略对特征数据进行处理，以得到处理后的特征数据；数据检验模块用于对处理后的特征数据进行检验；模型训练模块用于依据系统的资源分配，基于处理后的特征数据对选取的模型进行训练。

基于预设方式的存储可以理解为根据用户的选择设置的方式。数据存储库可以根据用户选择不同形式，数据实例构建等方式存储。原始数据可以是通过数据导入的方式导入数据存储库中进行存储。原始数据的数据格式不受限制，可以是加密混淆过的秘文，也可以是其他形式；导入方式不受限制，可从本地数据库中导入，亦可文件导入等方式。此外，还可以对导入数据存储库的原始数据进行检查控制，一般可以包括但不限于缺失值检测、数据类型检测、数据大小检测以及合法合规性检测。

特征识别模块可以包括但不限于图片识别算法、指纹识别算法等机器识别技术。特征识别模块还可以建立自动化识别算法，该算法无须人工干预会自动选择合适的特征识别算法处理输入的有效数据，并能够把数据存储库中的数据投影到数据分析模块中能够识别的数据格式，一般为矩阵或向量。

数据分析模块可以包括统计学中所有相关公开数据分析算法（例如相关系数、统计信息、聚类分析等算法）以及自动分析调度算法。数据分析模块可以用于分析包括但不限于特征数据的结构、性质、异常点、缺失值等分析。自动分析调度算法旨在自动为数据特征建立评价标准，可以为数据处理模块选择合适的处理方案，生成对应的处理策略关系表。数据分析模块的数据分析可以包括分析特征数据属性、相关性（线性、非线性）、统计量（最大、最小值，标准差等）以及概率分布等分析，还可以利用自动化分析的数值结果为后续计算提供指导。如果两个特征数据之间数据数量级相差过大，那么处理策略就会对偏差过大的数据自动选用能够降低大数数量级的算法（Log变换等）进行处理。

数据处理模块可以根据数据分析模块中选择的处理策略关系表对特征数据进行处理。在特征数据处理过程中，系统可以根据处理策略关系表，从数据处理模块的算法库中逐个搜索，还可以根据当前监控器返回的状态，计算可能的资源消耗，动态分配资源对特征数据进行处理。数据处理模块可以随着端集成一部分，也可以通过云动态增加或更新，根据数据分析模块的控制指令选择合理恰当的数据处理策略对各特征数据进行处理，处理过程也可以自动完成，无须干预。例如在数据分析模块中检测出特征数据有缺失值，则在数据处理模块中索引到缺失值处理算法对其处理并保存到内存中。

数据检验模块可以对数据处理模块处理后的特征数据进行整合，检验。具体的可以包括处理后的特征数据大小、特征数据的完整性、量纲一致性以及标签正确性等检验操作。依据检验条件对所述处理后的特征数据检验是否异常；若检验所述处理后的特征数据异常，则将所述处理后的特征数据返回至数据分析数模块内进行重新分析。检验经过处理后的特征数据与数据分析模块的数据进行对比，使其不会丢失原始特性，否则返回到数据分析模块重新迭代分析和处理并记录状态。依据对处理后的特征数据大小、特征数据的完整性、量纲一致性以及标签正确性等条件进行检验特征数据是否异常；如果检查出处理后的特征数据异常，则将所述处理后的特征数据返回至数据分析数模块内异常特征数据重新分析直到问题被解决。此外，检验所述处理后的特征数据是否格式一致。

由于不同的系统，不同的设备它们的性能情况都不一样，同样在不同的时间段同一台设备的资源分配情况也是不同的，因此，需要经过实验数据分析获取不同的阈值范围执行点。阈值执行点可以预先设置好。依据当前系统的资源分配状态，设置阈值执行点，动态地执行对处理后的特征数据的选取对应的模型。

模型训练模块可以理解为从算法存储单元中的机器/深度学习算法库找到一个最优的算法模型，模型训练单元从算法存储单元中提取算法模型进行训练；算法存储单元可以包括但不限于SAMC、蚁群以及遗传等算法；机器/深度学习算法可以包括但不限于SVM、决策树、马尔可夫链以及神经网络等算法。模型训练的过程中会对特征数据集完成数据集拆分、超参自学习、数据的交叉验证、参数寻优、模型选择评估过程，执行训练不受限制，过程中也可能会穿插执行。在该模型训练模块中，需要一些控制参数，比如自动化过程执行时间、算法迭代次数以及提前结束执行条件等，条件均可存在默认状态，也可在进入系统提前设定，系统可以不受默认值与设定方式的影响。

7.3.2 边缘计算硬件

7.3.2.1 硬件组成

部署在边缘的硬件历来是专门为特定工作负载构建的，通常是内容分发网络或物联网。随着边缘计算的普及和新的用例的出现，通用基础设施也被部署来运行类似云的工作负载。IDC预测到2023年，边缘网络将占所有已部署云基础设施的60%以上。除了已经推动边缘增长的趋势之外，大流行对劳动力和运营实践的影响将继续加速边缘位置的基础设施、应用和数据资源的交付，这一影响将贯穿未来几年。

许多首批规模边缘部署系统都是使用微模块化边缘数据中心构建的，而这些系统正迅速被新的形态（如街边机柜和灯杆附件）所增强。为了满足整体连续性需求，特别是在需要计算的网络中的不同点，边缘硬件将有所不同，从电信中心办公室的全尺寸机架到工厂生产线上或通过专用5G连接的仓库中的智能摄像头，或者加固的户外地点，如赛道、石油钻塔、工厂、办公室，甚至飞机和船舶都能成为微型数据中心。IT和运营技术（OT）越来越融合，这种趋势在边缘尤为明显。2021年ARM服务器处理器、AI处理芯片、GPU、智能网卡（SmartNIC）和现场可编程门阵列（FPGA）板将越来越普遍。在边缘执行的更广泛的工作负载将增加硬件的异构性，从而产生更广泛的CPU，以及新型硬件和网络加速器。

边缘服务器部署在靠近数据生成端而非用户数据中心，用以完成特定的功能。作为边缘计算的核心硬件设备，是边缘计算的主要计算载体，承担了70%以上计算任务。边缘服务器具备多样性的异构算力，集CPU+GPU+NPU+VPU复合算力集群，全面算力构建了大规模异构算力矩阵，能够高效率处理“数据爆发”时代的海量数据，赋能新兴的多元化应用场景，给用户带来超低时延、实时互动的交互体验。

7.3.2.2 嵌入式系统

嵌入式系统具备高可靠性，比如控制电信交换机的嵌入式系统需要24小时不停歇地工作，可靠性达到99.999%或更高；低延迟响应，比如车载刹车防抱死系统，需要在紧急刹车时实时判断车速，识别轮胎状态，在规定的时间内输出刹车控制命令；低功耗，比如万用表等手持测量设备，可能需要依赖电池使用几个月甚至几年；小体积，比如手机、无线降噪耳机等便携设备需要在有限体积内安装嵌入式控制系统，以满足应用场景的要求。嵌入式系统的基本组成如图7-28所示。

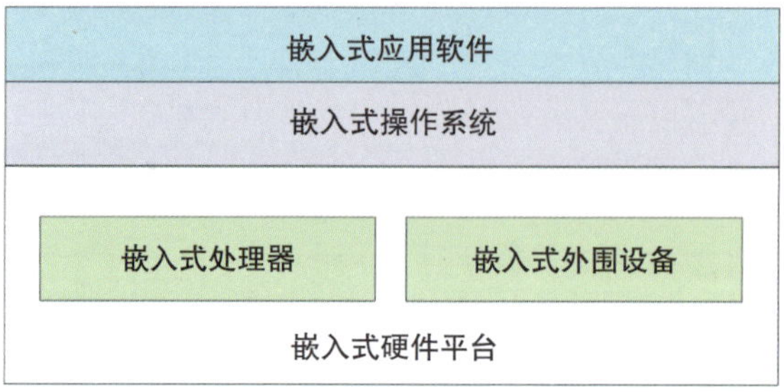

图7-28　嵌入式系统的基本组成

现在人工智能的兴起，对数据的处理需求又上升到一个高度，人工智能逐渐从云端向嵌入端迁移，基于边缘计算环境的嵌入式系统应运而生，如GPU、TPU、NPU等。这些嵌入式设备的出现为边缘计算发展提供了硬件基础。

自身为边缘节点不能进行边缘大数据运算，数据需要上传到边缘服务器进行处理；既是边缘节点又是边缘服务器，可以在搜集数据的同时对数据进行处理。比如智能家居，将嵌入式系统部署到生活中的家居产品上，让智能家居收集用户所产生的数据。

人工智能技术很多依赖于深度学习，而要对数据进行精确地处理，深度学习所构建的神经网络必须要有很多层。在边缘计算中融合了人工智能，而其配套的嵌入式系统的计算能力也必须随之提升。但是处理的数据可能按指数级增长，这对将来的嵌入式系统是一种挑战。如果是边缘服务器来计算边缘节点的数据则需要良好的近距离信息通信能力，这也对边缘节点的设备配置提出了要求。诸如智能手机的嵌入式系统，其边缘计算能力可以在未来提升5G用户体验并能提高增强现实（AR）的应用场景。除了高带宽和低延时的5G应用需求驱动，嵌入式系统的内容感知、网络能力、开放能力与边缘计算有很大的联系。

我国杭州率先使用中国天网的人脸识别技术，使用上万个摄像头，通过人脸库检索系统对检测到的面部图像进行身份认证，依次比对，在短短4秒钟就搜索到了走失的老人。

智能化嵌入式系统已经提升至智能感知、智能交互和智能决策这三大主要能力。为此有两条技术路线：一是基于定制化硬件提升嵌入式处理器的运算效率，二是基于算法优化来解决问题。其中，在定制化的AI加速运算硬件方面，进一步分为基于通用多处理器的并行化方案和基于专用运算加速引擎的方案。

第一种基于通用多处理器的并行化方案（图7-29），通过专用的嵌入式GPU实现神经网络运算的加速，这一方案的优点是能够通过软件灵活定义每个处理器的功能，对不同AI算法的兼容性好，但由于每个处理器需要占用大量的电路资源，并且功耗高，因此这一方案主要用于自动驾驶领域等。

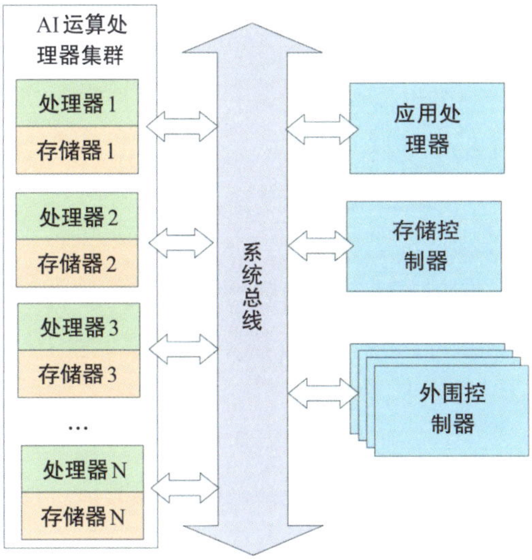

图7-29　基于多处理器的方案

第二种基于专用运算加速引擎的方案（图7-30），和基于多处理器的方案相比，这里将多处理器替换成多个专用运算引擎，比如矩阵乘法引擎、卷积引擎、数据排序和检索引擎等，由于每个运算加速引擎功能单一并且明确，因此能够充分地优化以提高运算效率并降低功耗。在相同运算量下，这一架构的功耗通常低于多处理器架构。但付出的代价是硬件加速引擎的功能固定、难以改变，损失了灵活性和对不同运算的兼容性。

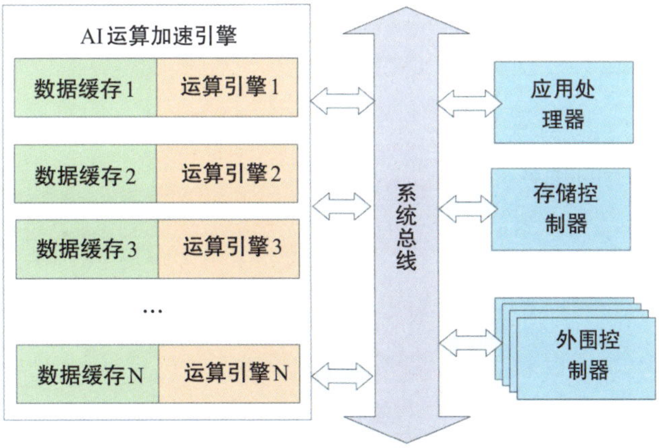

图7-30　基于运算加速引擎的AI嵌入式系统方案

第三种基于算法优化，通过算法改进和软件优化提升嵌入式系统的AI运算能力，这一方案充分利用现有处理器的运算硬件特点，不需要新的专用硬件。由于传统嵌入式处理器在运算能力、存储容量等方面的限制，对很多高性能AI的应用还是有所限制。此处所讨论的很多算法是基于通用嵌入式处理器实现的，但它们也能应用于多处理器系统，并能够改造成运算加速引擎的形式。为了能够在资源有限的嵌入式系统中实现机器学习推理算法，需要从不同层次进行优化。

系统方案优化：针对特定机器学习问题考虑使用何种解决方案，是通过深度神经网络实现，或是通过随机森林实现。不同的机器学习算法在运算量、内存、分类精度以及训练难度上各有优缺点，需要开发者进行权衡。

机器学习推理模型结构优化：对于给定的机器学习算法，考虑其运算结构的简化，使用包括近似算法、模型剪枝、特征降维等手段降低运算复杂度。另外，对于给定的机器学习算法运算图，可以通过运算模块的等效变换消除冗余的中间数据计算，比如神经网络中卷积层和BN层的参数融合等。

算子优化：针对机器学习算法的底层运算模块进行优化，降低运算复杂度，具体方案包括基于近似算法降低运算量，比如通过矩阵的低秩近似分解降低矩阵乘法运算量；基于变换域的快速算法降低运算复杂度，比如通过频域变换将卷积运算转成逐点乘法运算。

位运算优化：基于数据二进制表示的更底层的优化，比如将常数乘法运算转成加减法实现，对浮点数乘法也可以通过对它的指数域和尾数域分别进行加减实现近似计算等。

面向CPU硬件特性优化：针对嵌入式系统所使用的特定CPU硬件进行优化，包括使用特定CPU所具备的SIMD指令实现数据向量并行运算，使用高位宽的寄存器同时实现多个低位宽数据并行计算等。这一部分优化和硬件特性紧密相关。

7.3.2.3 计算模型

云计算容易受到服务器停机的影响；云计算运行的灵活性和控制力有限；面临受攻击或数据泄露、响应客户端请求延时等问题。云服务延迟在云计算中是一个严重的问题，特别是现在全球数据生成和连接设备呈指数级增长。随着这些设备生成的数据越来越多，云服务延迟的发生率可能会增加。数据传输到云托管中心进行计算过程和返回客户端所需的时间会影响云计算。由于云存储的数据和文件量很大，用户需要大量带宽才能持续访问这些数据。尽管许多云服务提供商已经调整了其支付方式，以反映现用即付的模式，但维持与云服务的连接仍然需要花费大量成本。

边缘计算应从全局考虑问题，不仅仅局限于网络的边缘侧，而是与处于中心位置的云计算中心、数据中心、超算中心等一道进行协同计算的模型，它们之间的协同计算、并行处理、网络传输优化等都需要全局考虑，以便获得最优的处理效率。边缘计算一定程度上是把智能移动到边缘，很多前端智能终端已经可以单独处理复杂的任务，并可实时处理设备收集的、有价值的原始数据。前端智能是边缘计算的一种表现形式，使得人工智能的感知距离、感知种类、处理速度、传输时延等关键参数得到极大优化和提升。

边缘计算模型区别于传统的云计算模型、网格计算模型、分布式计算等模型，是一种新型的计算模型。

从资源配置看，边缘计算是调动全局的资源为其所用，是集中心侧、边缘侧资源整体优势进行相应的处理，完成全局的最优。也就是说，边缘计算并不是孤立的计算模型，需要整体考虑资源的配置和调度。

从协同模式看，边缘计算具备中心侧和边缘侧两方的资源，因此需要进行协同，本地能处理好的事情，就近处理，解决不了的事情交予中心侧或其他协同方的资源进行处理。因此，边缘计算模型是一种协同计算模型，与各个边缘侧、中心侧都有关联，需要统一地协调和资源调配，达到资源利用的最大化。

从智能程度看，边缘计算需要优势互补，需要协同并进、需要感知用户场景、需要优化配置资源，而这些势必需要机器智能，因此边缘计算涵盖一种智能化的、自动化的资源配置方式。事前简单的用户配置、参数定义，不能有效满足用户侧的效用需求。用户侧需要实时感知配置资源，以便就近提供高带宽、高可靠、高性能的服务。

从体系结构看，边缘计算是在靠近网络边缘侧大规模部署智能终端设备，和传统的云、网、端三层模型具有一致性，但是亦有区别。原因在于，云、网、端只是基础设施的布局，是静态的一种结构，而边缘计算本质是一种动态的、自动化的资源配置方式，从而区别于以上静态结构。更确切地讲，边缘计算是云、网、端、智四位一体的模型，智能纵向涵盖云、网、端，从上到下均涵盖。因此边缘计算是一种具备智能的云、网、端结构，智能化是其重要的特征之一。

从异构处理看，参与边缘计算的设备众多，设备的异构是边缘计算的一大特征。传统的云计算往往通过设备的虚拟化、形成众多的虚拟机来进行统一管理。而边缘计算的设备异构型不能简单地虚拟化来解决，其复杂程度要远远高于云计算。例如：不同类型、不同指标、不同参数、不同用途、不同厂商、不同功能的设备需要互联，需要统一处理相应的问题。设备间的互联互通将是边缘计算模型中不可或缺的组成部分，是目前该技术面临的一大挑战。

从服务模式看，云计算具有三层服务模式，即IaaS、PaaS、SaaS，而边缘计算将对此模式进行改变或补充。边缘计算不具有典型的三层模式，边缘计算无需统一屏蔽底层的差异，而是根据应用需求进行把控。边缘计算模型需要考虑问题是如何和云计算三层模型进行有效地对接和协同，而不是进行统一。因此，边缘计算具有其差异性和特殊性，不是典型的三层服务模型。

第8章 智能网联汽车高可信网络路侧与车路协同

8.1 智能网联路侧

8.1.1 路侧单元RSU设备集成

路边架设路侧单元（RSU-Road Side Unit）是一种特殊移动自组织网络的道路基础装置，相对于车辆装载节点，它拥有更高的运算效率和数据存储能力，能够远距离传送数据信息，解决了车辆装载网络节点分割的问题，经过和道路车辆实行数据对接，协助道路车辆收集交通秩序情况，缓解车辆节点传输慢等问题。

在城区车道上，车载通信被高层建筑和高大树林等阻碍，汽车的行车路径繁多，因此路侧单元的布局相对于高速路更加错综复杂。单一模式的随机布局的分布面效果不好，因此RSU应进行分布策略选择。

道路网络模型：假设路侧单元RSU存在一样的传输半径，可以和传输区域中的车辆和另外的路侧单元交叉传输。错综繁复的城区车道网络运行系统由十字路口和各道路段构成，把这个复杂的模拟化为示例图，示例图标记为 $M=(A,B)$。M 由极点集合和边缘集合组成，A 作为车道网络里十字路口的集合，标记为 $A=\{A_1,A_2,\cdots,A_n\}$，B 作为十字路口中的定位关联，在2个十字路口 A_i 和 A_j 中有车道连接的情况下，那么就形成边缘(A_i, A_j)。道路网络模拟图采用原始图法把道路中的要素进行抽象和模拟化，极点是要素范围车道网络中的十字路口，极点相互之间的边缘是十字路口之间的道路段。

车辆路径模型：汽车路径模型经由顺行城区车道行进的全部车载端口在某个时间段中的位移路径构成，每一辆车在要素区域内的位移阶段时间组成车辆路径。车辆路径信息表现了时空二维数据，在一定时间内的车辆定位叫作路径点，根据先后排序的一些路径点组成汽车的路径信息，将过程公式化：

$$ST=\{Sp_1, Sp_2, Sp_3, \cdots, Sp_i, \cdots\}$$

其中，ST 是车辆路径信息数据，$Sp_i=\{(m_i,n_i),t_i,x_i,y_i\}$ 是车辆在 t_i 时的路径数据，(m_i,n_i) 是车辆在 t_i 时的GPS坐标数据，x_i 是车辆在 t_i 时的行车时速，y_i 是车辆在 t_i 时的行车前进方向。

城区道路网络模型会对城区汽车路径造成潜在影响，表现了车辆在时空二维中的布局特征，同时可以作用于测算路侧单元的布置效用。假如车载端口在路侧单元的传输区域中，就可以和路侧单元进行数据传输。因此，处于路侧单元传输区域内的车载节点数量表现了路侧单元的布置效用。

布置模型：路侧单元布置问题用布置模型 $T(T^R,k,l)$ 描述，T^R 作为道路网络中布置的路侧单元可笼罩的十字路口集合，k 表示路侧单元的传输范围的半径，l 代表道路网络内布置的路侧单元数量。

一般来说，路侧单元的布置范围用圆进行表示，中心是路侧单元的布置点，半径是路侧单元的传输半径。W^R 代表布置路侧单元的路口集合，W_i^R 代表在十字路口 T_i 的位置布置路侧单元，T_i^R 作为路口 T_i 位置布置的路侧单元可笼罩的路口集合。如图8-1所示，路口 T_j 处于 T_i^R 处路侧单元的分布范围中，代表此路口被分布的路侧单元所笼罩。假设路口 T_i 的位置是(x_i,y_i)，对于随机路口 T_j，判定它是否处于 T_i^R 的分布范围中同时更新 T_i^R 的公式：

$$T_i^R=\begin{cases}T_i^R\cup\{T_j\}, d_{ij}\leqslant r\\ T_i^R\end{cases}$$

如果路口 T_j 在传输区域中，那么就把 T_j 添加进集合 T_i^R，其中 d_{ij} 代表 T_j 和路侧单元布置地点 W_i^R 的间距，则可以计算 $d_{ij}=\sqrt{(x_j-x_i)^2+(y_j-y_i)^2}$。

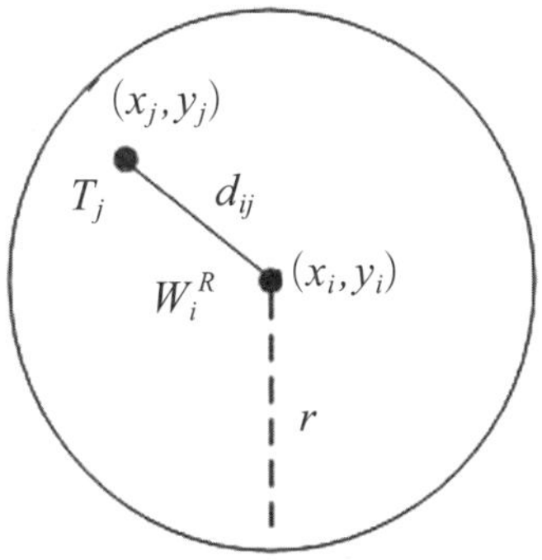

图8-1　覆盖模型

路侧单元布置的目的是布置尽可能少的路侧单元但传输区域覆盖尽可能多的十字路口，在公式中表示为 $T^R=W$。把路侧单元布置问题转换成对目的范围内全部十字路口的笼罩问题，同时统筹布置运营成本和覆盖效用，找到较合理的路侧单元布置方案。

8.1.2 智能网联路侧OS

智能网联路侧OS，也称为智能网联路侧单元操作系统。在路侧系统建设过程中，由于软硬件不解耦，在后续移植新功能、部署第三方应用以及拓展路侧应用服务等方面都存在巨大困难。产业也面临着建设分散、市场分散和管理分散等创新门槛，行业迫切需要统一的宏观规划和架构设计，为上下游生态搭建统一的技术和数据底座。路侧边缘计算操作系统，作为连接车-云的关键一环，优先推进系统的开源开放，具有十分重要的意义。作为全球首个开源开放的智能网联路侧单元操作系统，开源开放、自主可控、网联生态是“智能网联路侧OS”最为核心的三个价值点。第一，开源开放是重塑行业格局的重要趋势。开放式操作系统从底层统一标准，实现软硬件分层解耦，使原本孤立的众多智能网联应用得以连接打通，并获得最高性能的底层资源支撑，针对解决自动驾驶产业化长尾效应的应用需求，实现更多敏捷开发和快速分发。第二，自主可控是未来发展的重要方向。基于示范区实践经验，从芯片、操作系统等基础技术着手，以车路云一体化理念打造自主可控的关键技术，逐步塑造以自主可控技术支撑的产业生态。第三，支持产业创新，繁荣应用生态。通过定义完善的操作系统架构，支撑不同应用场景的开发需求，有效降低开发门槛与产品成本，吸引更多的产业力量参与其中，服务国家统一大市场发展战略，带来更高收益。“智能网联路侧OS”已落地多项生态应用，已实现与多家车企的网联辅助驾驶应用服务分发，包括绿波车速、闯红灯预警、前方拥堵提醒、动态车道管理等多种场景应用，服务超百辆不同种类的高级别自动驾驶车辆开展常态化测试和商业化服务，包括无人化自动驾驶乘用车、自动驾驶商用车、无人零售车、无人配送车、智能网联客运巴士等。例如在无人配送领域，京东、轻舟智航、新石器等多家企业的无人配送车已完成与“智能网联路侧OS”的技术连通与验证。

智能网联路侧OS作为一套完备的软件服务系统，由硬件层、核心层、设备层以及组件层构成（图8-2），促进智能网联、无人驾驶、智慧交通等场景应用的升级。

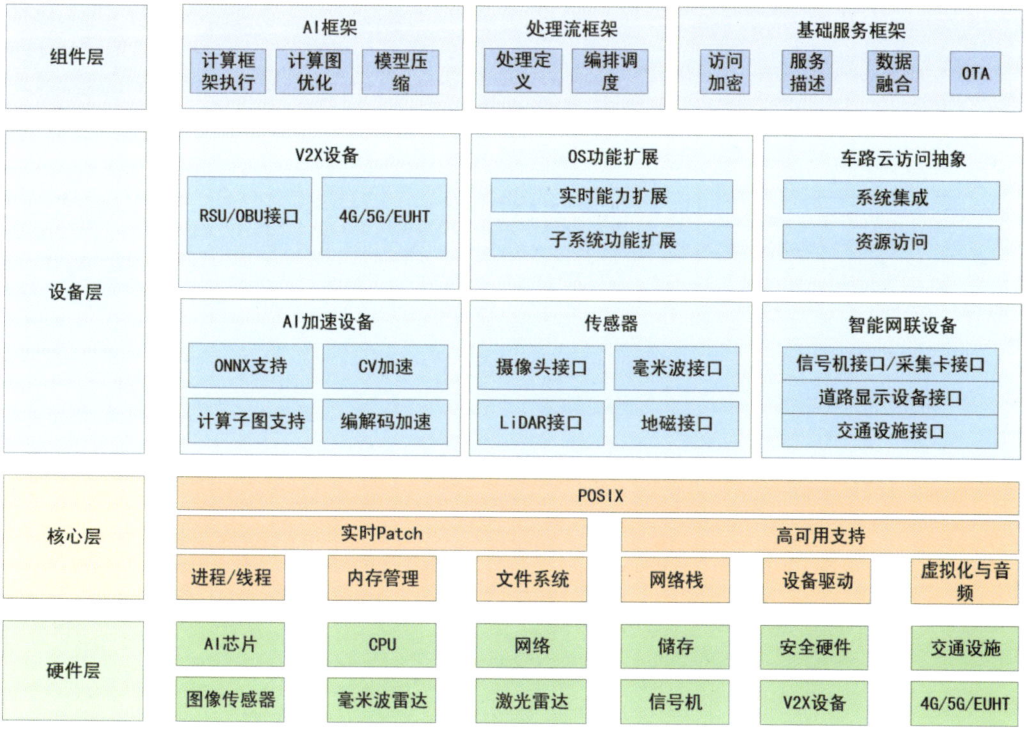

图8-2　智能网联路侧OS架构

8.1.3　传统交通路侧植入智能网联应用

伴随经济社会的发展，高级自动驾驶、网联化车辆的技术水平迅速提升，汽车制造公司在新型智能网联汽车研发的同时大力推广智能网联技术应用。

传统交通路侧单元植入智能网联应用之后则转变为网联路侧单元，由网联主机控制单元、传输接口单元、通信单元、配电单元构成，如图8-3所示。

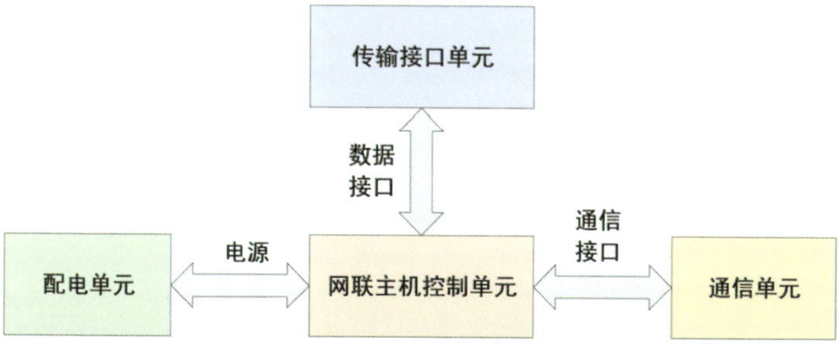

图8-3　网联路侧单元构成

网联主机控制单元负责协调各种各样传感数据信息，重点包含事故、气象、车流、人流等，在前置端口执行计算指令之后，借助通信单元向路侧设施和车辆传输畅通通知以及提示信息，改善十字路口信号灯状况，更有效率地引导行人出行。传输接口单元负责传输前置端口设施传过来的信息，并接收控制中心发送的数据。通信单元负责支持各类接口方式，前端系统借助有线接口和路侧设施实行数据传输，借助无线接口和车载设施实行数据传输。配电单元负责提供设施电力以及稳定电压，承担从道路电箱配电或太阳能、电池等储备电力的功能。

借助传输接口单元和网联交通设施以及控制中心系统实行传输通信，如图8-4所示，接收车道动态状况、交通事故、车流量、路障、信号灯等动态交通数据，转变为通用数据传输到网联主机控制单元，接着通过主机控制单元协调动态交通数据，依据传输信息数据紧急度相应配备各种交通措施，把措施发给网联路侧单元，发送控制命令给信号机，向交通诱导屏幕发送引导信息。

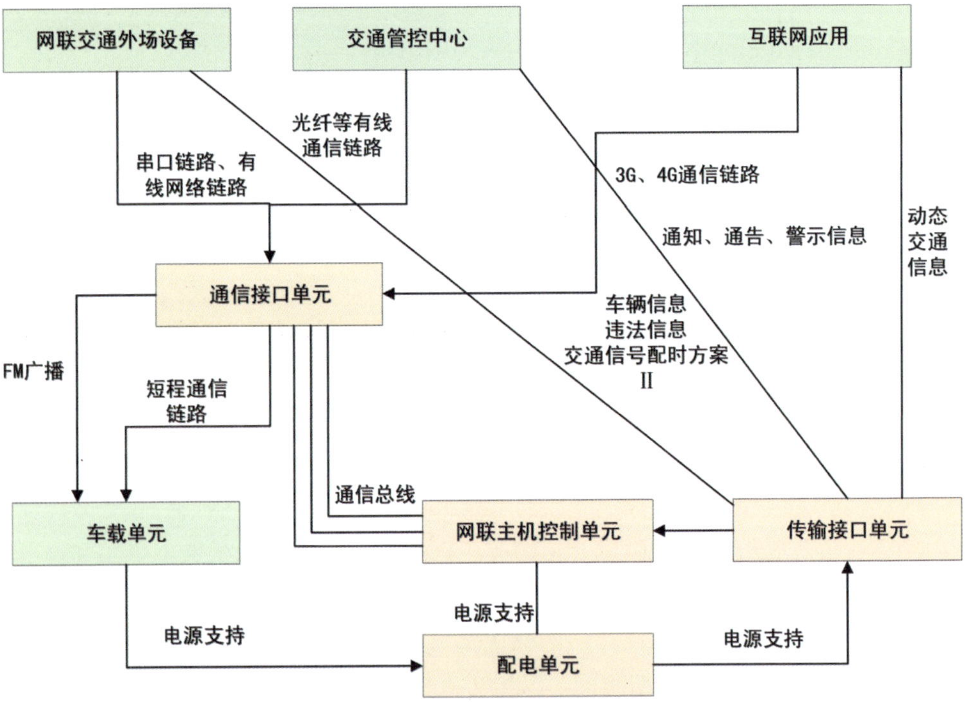

图8-4　网联交通路侧单元与外部系统信息交换架构

网联路侧单元接口设计：（1）传输接口设计。车流量接口从各种检测设备获取上传流量信息，主机控制单元处理后，发送给信号机从而达到监控的功能。交通事故接口从摄像事件检测设备以及信息中心获取交通事故数据。交通广播接口从信号机获取配时方案，依据车流疏密程度情况，改善信号配时方案。交通违法接口从路侧违法检测设备、测速卡口获取违法数据信息。（2）通信接口设计。FM广播借助指定方向广播的方法，对过路的车辆发送指示和预警消息。短距离通信利用LTE-V、DSRC等短距离通信方法，创建车辆道路传输连接，依据道路状况动态支持改善驾驶路径，降低交通流量压力。光纤通信借助道路光纤和另外接近的路口连接，从而路口和网联路侧单元进行通信。以太网通信借助网络接口和道路另外设备进行数据传输。串口通信利用RS232、RS485接口和信号机以及引导屏实行传输通信。

系统应用场景：（1）道路路口速度诱导。（2）突发事件安全提示。（3）信号配时方案改善。(4) 路口避让行人提醒。(5) 特殊车辆信号优先控制。(6) 灾害气象行驶提示。

8.2 车载电子与路侧无感非接触性可信计算

8.2.1 车载OBU集成可信计算

OBU（即On Board Unit的缩写）也就是车载单元。车载自组织网络由于传输方法的复杂性，加上实物类别的多元化，造成汽车互联环境的现实挑战，经常可能会遭受信息泄露，直接降低驾驶的安全性，更甚的会危害人身安全。近几年，可信计算被纳入车联网发展的研究重点。基于安全身份的认证保护方式，满足了防伪、信息保密、追踪性以及撤销性的安全需求，减少传输时长，提升传输效率和总体网络的保护性。此种方式可以实行双线程认证，加大了可信计算的隐私保护度。由于椭圆密钥具有字符和占用空间小、传输迅速，所以借助椭圆曲线密钥运算联结双线性对映射理论设计方案，通过路侧单元的特殊优点，把系统重要数据储存于路侧单元里，另外在传输阶段运用互享密钥、实名身份和双向方式实行路侧单元和车载单元的差异算法双线程认证，确保传输节点的正当性。

在车联网的环境下，各种各样的车载应用日渐发展，安全隐患也逐渐增多，并且因为车联网本身短间距、节点转变快、开放性等特殊性，安全进一步受到威胁，安全系统架构如图8-5所示。旨在使车载节点可以零风险地实行数据交换，安全认证方式和签注密钥方式与日俱增。在车联网内实行认证是最重要的安全需求，因为其支持了数据的完整度，防止遭受数据操控，因此车联网内的全部应用都要求实行认证。

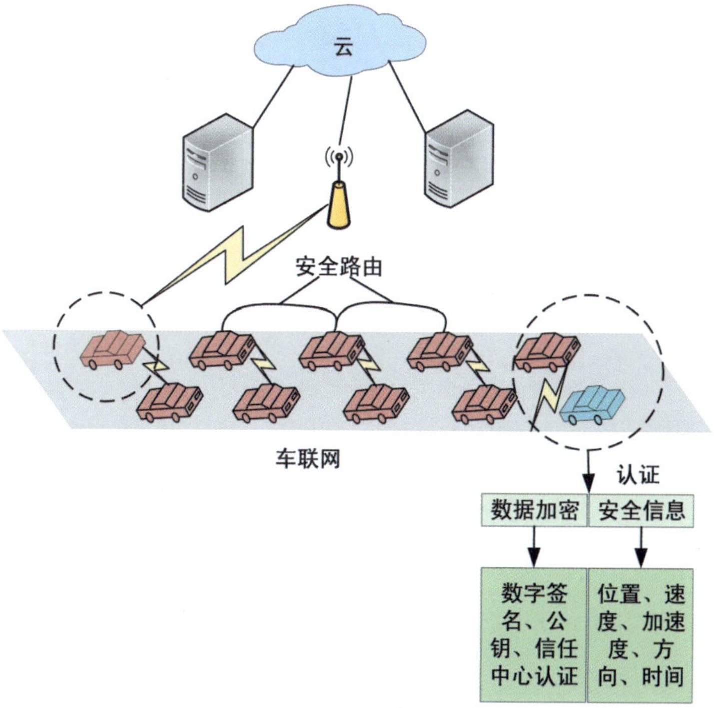

图8-5 安全系统架构

在认证方式中，重点由3个部分组成：信任中心CA、路侧单元RSU以及车载单元OBU。信任中心关键是为认证方式提供系数，接着把它向外部公示。路侧单元是认证方式的重点要素，作用是储存系统关键数据。车载单元能够让车辆和另外车辆实行数据交互，在认证方式内和路侧单元实行双线程认证。

在登记车载节点时，可对信任中心请求获取车辆有关数据，具体消息说明如表8-1所示。

表8-1　消息结构

OBU实名身份ID
OBU密钥
OBU证书
OBU签名
时间戳

本认证方式基于椭圆曲线密钥算法和双线性对映射理论实行设计，同时引入函数，使运算更简单易懂。把系统重要系数储存在路侧单元而不是车载单元内，等车辆抵达路侧单元传输范围中的时候，此时路侧单元与车载单元应实行双线程认证，路侧单元判断接收到的密钥是不是车载单元共享传输过来的，车载单元则判断路侧单元是不是具有正当性，如具有正当性则加进路侧单元的组别，认证方式关键过程包含系统初始数据录入、路侧单元登记、车载单元生成伪造身份，路侧单元和车载单元双线程认证，路侧单元生成暂时性密钥，车载单元将数据或消息实行签名传输，撤销伪造身份。具体流程描述如图8-6所示。

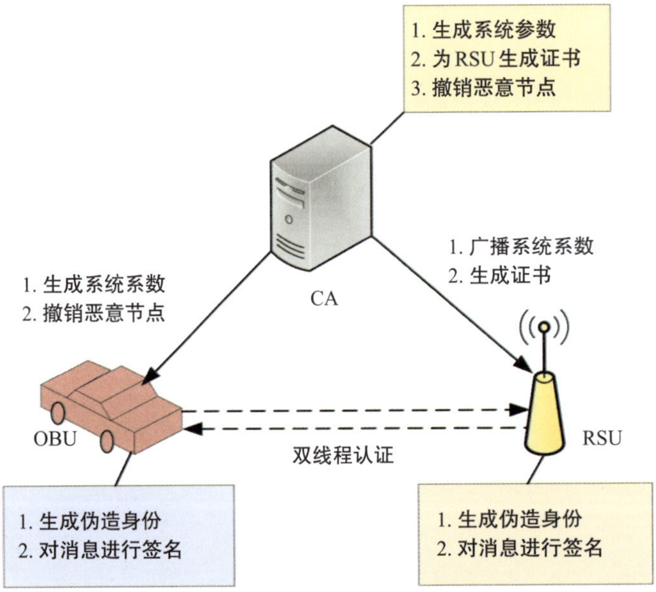

图8-6　认证方式流程

8.2.2 路侧RSU无感非接触性可信计算

随着5G技术的飞速发展，车联网由于具有经济性和便捷性也迅速崛起。车联网是移动自组网的复杂表现形式，各个节点之间的联通一般是暂时和非重复性的事件，而且在阶段时间里，两辆车之间在通信区域内或通过多跳来保持连通，促使车联网的拓扑构造具有动态性。在动态性的网络中，保护用户隐私数据变得非常困难，比如被无授权的第三方获取用户姓名、车牌、驾驶路径等隐私数据。车联网遭遇隐私安全问题有以下原因：（1）广播信息里含有很多隐私数据。车联网传输数据的时候，车载节点必须要利用广播交通信息，以此来支持车联网应用的运行，其中节点之间互享的数据包含用户姓名、车辆定位等信息，而且发送的一方则需要签名认证从而确保数据真实可靠，所以周期阶段性广播含有身份位置等私密数据。（2）车辆驾驶路径具有可推测性。纵横交错的车道在网络中作为固定拓扑的形式存在，车辆的驾驶路径在某种程度受限于这种特性，另外加上政府发布的各项法规，进而约束车辆的既定方向，所以车联网内车辆的驾驶路径具有可推测性。

考虑到车辆数据安全和信息隐私保护的交通需求，车联网匿名认证技术备受瞩目。利用车辆用户与路侧单元RSU进行实名认证和生成密钥的过程，提出基于签名的隐私安全方式。根据智能交通系统网联化的现实运用情景，把路侧单元预设作为群组管理员，管理群组中的车辆用户，利用车路交互的传输方式实行群内的数据交换，以此提升交通效率。安全系统模型如图8-7所示，系统模型重点由车载单元、路侧单元和可信机构构成。

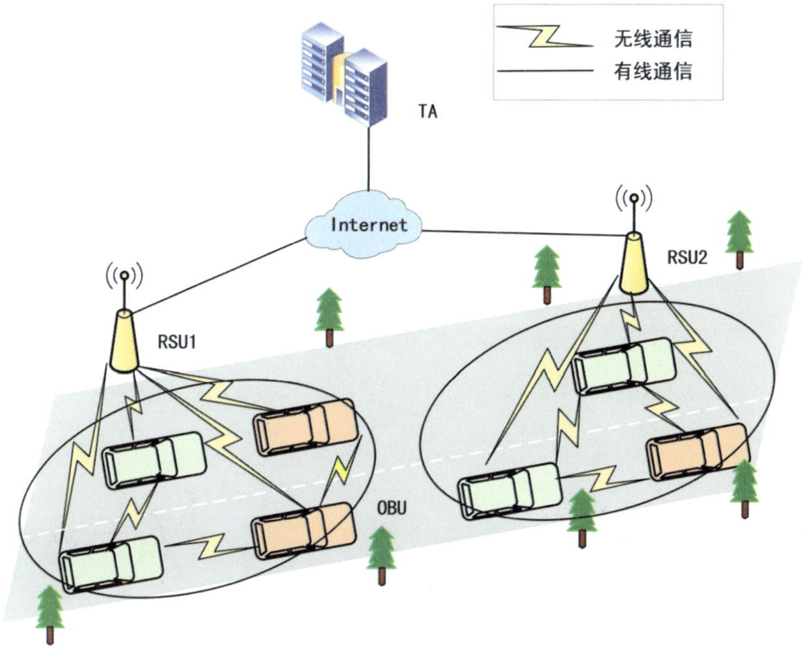

图8-7　系统模型

车载单元部署在车辆内，能够接收各种各样的交通信息，比如道路交通状况预警、气象预报和车内安全信息等。车辆行驶入路侧单元传输区域中，则接受检测是否在可信机构登记，只允许登记车辆实行下一步骤的传输。路侧单元是部署在道路侧方和十字路口的传感设备。有线路侧单元借助有线网络传输和可信机构传输数据，无线路侧单元借助无线网络和车载单元传输数据，路侧单元比车载单元具有更大的储存和运算能力。可信机构是车辆网系统的建立者，能够产生初始系统需要的系数，承担路侧单元和车载单元注册并认证、追踪恶意攻击者身份的职责。

8.2.3 车载与路侧信息碎片化与网络切片集聚应用

基于5G技术的集中体现，车联网运用情境重点分成三种：信息服务情境、交通安全情境、交通效率情境。伴随边缘计算、网络性能虚拟化、软件定义网络和网络切片等新型科技的改善，车联网系统架构更具有灵活性和安全性，车载与路侧单元采集信息碎片化的技术难题也将不断得到改进。

移动边缘计算在网络边缘布置一部分的车载单元和路侧单元，承担了云计算运算的部分压力，可以更好地为时延低和带宽高的业务提供服务，从而构成了云计算和边缘计算互补相辅的系统体系。车联网需要支持各类情境的需求，对于时延和安全等维度要求比较高，将来车联网达到信息交互连通，海量信息交互，一部分高端应用功能通常具有密集运算需求，高于单辆车的运算能力。单纯依靠云计算已经不能支持将来车联网面临的海量计算需求，所以满足车联网信息在车载和路侧单元的运算处理需求是当务之急。5G关键网控制面和信息面拆分，网络功能虚拟化使网络分布更具有灵活性，因此可以布置分布式边缘计算。

边缘计算和车联网进行融合，可以支持更高级、质量更高的服务，如图8-8所示。

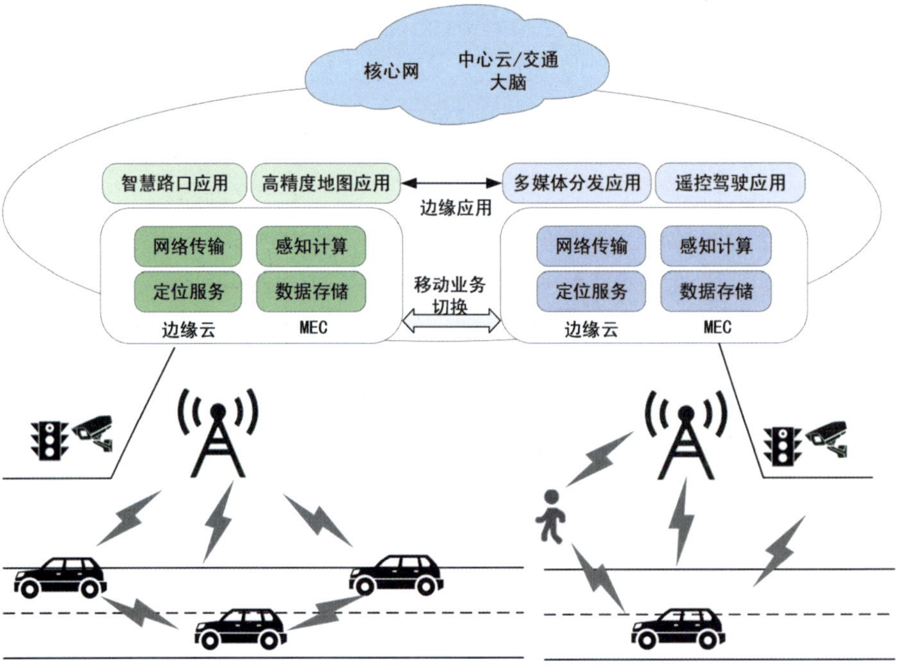

图8-8　移动边缘计算与车联网融合

融合优势如下：移动边缘计算的服务器能够进行决策，减少通信时延，支持低时延高带宽的业务；移动边缘计算工作站实行信息处理，减少网络信息传送数量，降低网络时延；移动边缘计算工作站满足区域信息加密处理，增强通信信息的安全；网络出现问题的时候，不会波及基础应用使用，提升了网络的稳定性。

移动边缘计算和车用无线通信技术结合的运用情境分类如图8-9所示，高清晰度地图下载、行驶和泊车诱导、驾驶辅助数据传递以及多媒体程序等功能，全部在蜂窝网络和移动边缘计算融合平台的技术中实现。

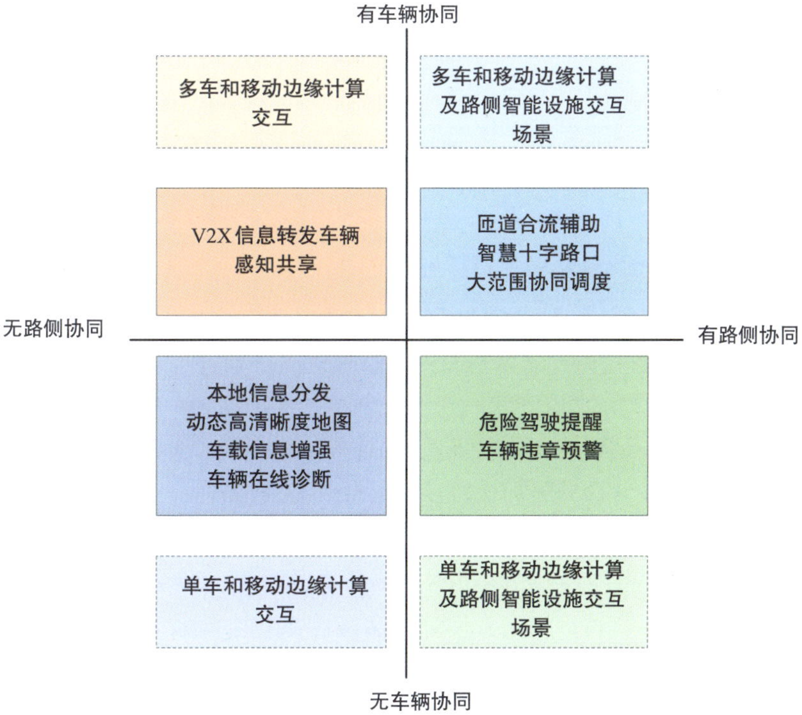

图8-9　移动边缘计算和车用无线通信技术结合的运用情境分类

网络切片技术可以实行依据需求进行布网，利用软件定义网络与网络功能虚拟化进行布置，支持用户的多元个性化定制网络服务。网络切片技术全部切分成为几个虚拟的端口接端口的网络，每个网络切片可以按照无线接入网络到核心网络的方式分离，可以支持不同服务的要求。网络切片可以实行按照需求布置，也就是依据需求支持网络服务、依据需求支持网络容量、依据需求支持切片寿命、依据需求支持分布式网络，具有便捷性和灵活性。在车联网内，网络切片把多个逻辑的子网进行分离，可以实行车辆、路侧设备和用户的各个部分独立处理。比如，无人驾驶和安全辅助服务对高稳定性低时延网络切片具有需求；用户个人多媒体服务对高带宽网络切片具有需求；交通道路状况对海量连接网络切片具有需求。

车用无线通信技术内的一部分网络切片主要具有以下功能：运用超级低时延的特

别定制与系数的切片以此增加交通安全性和高效性，同时运用在传递阶段性和事件驱动的信息，以此实行各类撞击和拥堵警示，使车辆可以在特别情况下如面对险情和不可预料的环境的行驶具有安全性。差异化种类的传输被分为截然不同的切片，同时依据各个传输的需求，配备合适的网络资源，以此支持各类服务需求。借助几个车道高速公路情境和车辆异位交通需求建立模型，无人驾驶切片与多媒体娱乐切片在基建设施中建立逻辑切片。另外，运用中继站的形式增强了低信噪比视频需求的车辆性能。

融合边缘计算和网络切片，还能够研究基于边缘计算的网络切片技术。在核心网的切片内，各种服务的信息全部聚集至云计算主机实行运算处理，同时会衍生各种问题，如网络过度负载、高时延、带宽低。和核心网到接入网的垂直结构切片对比，比如一些服务对运算能力需求比较低，用户区域比较小，那么比较匹配端口到端口的水平结构切片。融合网络边缘计算主机的运算、储存以及传输能力，组建对应的网络切片，能够达到本地化处理的目标，从而降低核心网络的压力，减少通信时延，增加用户体验效果。

8.3 智能网联车路协同

8.3.1 “人-车-路-云”协同交互

伴随信息化网联化车辆的飞速发展，车联网系统每时每刻都在产生海量交通信息数据，车辆端和道路端本身的运算处理能力已经不能满足繁杂服务的需求，以往集合式云计算技术已经不能解决网联车辆应用里海量数据、高时延、无法动态处理等问题。人车路云协同系统基于车辆端、道路端、云端等多种来源信息结合，依靠人车路云协同组织网络通信的高效，利用云计算与边缘计算对协同系统总体资源实行统一结合分配改善，协同达到车联网系统高安全性和高效性的目标。

人车路云协同依靠顶级的信息传输通信技术、车路两端传感器技术、云计算信息运算技术、自动化控制技术等创立行之有效且牢靠的人车路云协同系统，这个是解决交通问题以及提高车辆运行效率的关键科学方式，即将给智慧城市建立支持信息化和网联化的交通治理方式。

基于人车路云协同的系统由“智联的车辆”“智联的道路”及“智联的云端”组成。“智联的车辆”是拥有通信功能、联合感知功能以及协作规划功能的安装在车辆上的终端。汽车借助本身安装的网联传感器收集得到汽车周边的数据，探知车辆行驶状况和情形。目前车辆可以利用基于移动网络的车载无线传输技术已然具备和路侧设备以及云端平台之间的通信能力。车辆之间的通信能够让车与车之间互相交互车载传感器收集的车辆信息和行驶路径，增加安全辅助行驶性。车辆和道路进行通信能够让汽车收集道路两侧设备传输的路况、管控、警示等信息。“智联的道路”是布置在车道两边的感知设备，重点包括信号设施、探知设施、传输设施、运算设施等。探知设施能够对行人车辆流量、交通事故等数据进行识别，接着对交通状况内的所有要素进行行动态预测；运算设施能够分担车辆终端的一些计算任务；传输设施会依据目前的车道数据和数据计算的结果，利用无线网络达到车和路侧单元、路侧单元之间、路侧单元和云端设施之间动态传输的目标。“智联的云端”也就是交通云平台，可以给车辆道路多元复杂的交通信息结合给予运算、储存以及应用程序等业务的支持，同时在人工智能、数据处理的基础上为智慧城市交通建设给予高效决策。

人车路云协同系统由车路感知层、网络通信层和云端平台层组成，系统架构如图8-10所示。

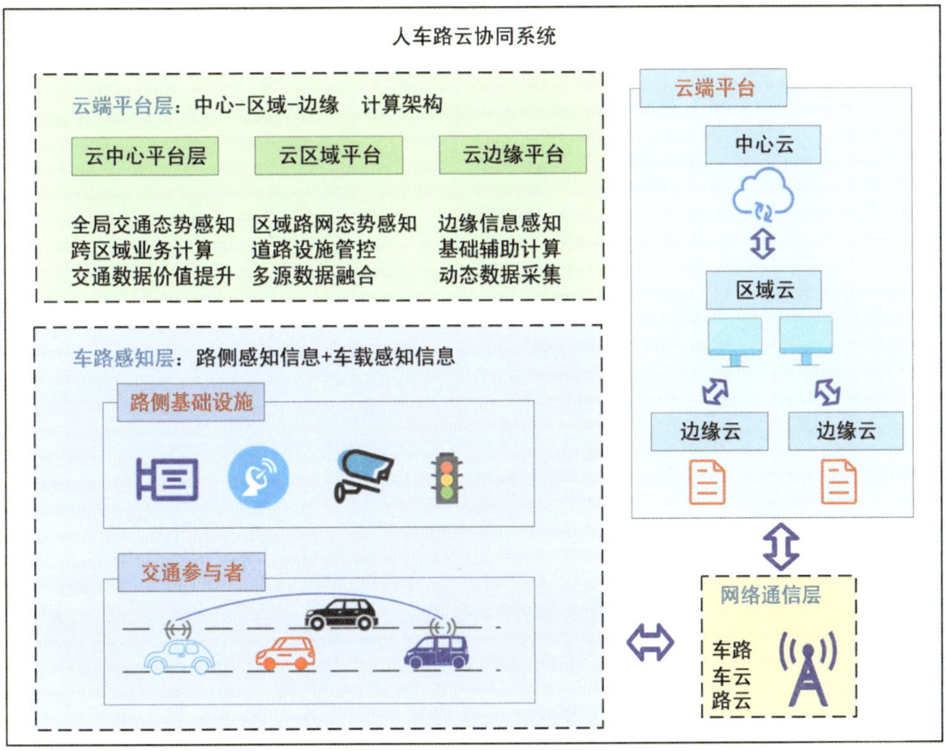

图8-10 人车路云协同系统架构

感知层支持车载以及云平台收集车道、车辆、行人和路侧等数据。感知层的下一层级可以辨识和抓取车辆、行人的行驶信息和路径信息，然后对总体网络与基础设施进行分析处理，提升管理系统的执行命令效率；感知层的上一层级对有关数据实行运算分析，利用无线通信传输给云端平台。网络通信层作为人车路云协同系统融合交互的核心，以通信协议为基础对车载终端和路侧设施收集的传感数据实行集合，同时支持将信息数据传输至云端平台。通信层通过云端平台运算能力与信息处理算法对数据进行分析运算，为系统决策提供根据，依靠管理系统调度交通资源，提高车载应用的数据利用效率。云端平台层作为人车路云协同系统的关键，以数据探知与网络通信为基础对信息汇总和数据呈现等实行延伸应用，从而对车联网海量数据的实时协同。今后的人车路云协同系统会增加异构终端连接、海量信息储存和动态检索等业务，急需高级分布式平台的布置帮助。以网联车载应用低时延、高带宽等特性为基础，云端平台利用网络虚拟化将多元信息、海量储存数据与无线资源融合组成资源池，同时支持服务用户于差异化的业务。中心云终端支持平台信息处理、服务运算管理、交通信息协同及总体车道状况探知等服务；区域云终端支持车道设施管理、道路网络网联监测、道路网络动态探知等服务；边缘云终端支持行车远程操控、安全辅助行驶、信息安全警示和迁移计算资源的服务。

8.3.2 预警和协同控制技术

车路协同是当今智慧交通发展的重点研究方向，以预警和协同控制技术为基础的动态通信，大幅提高了现代城市交通效率，降低交通事故发生率。交通事故是两车或者多车之间在空间维度上相距太近，一方或双方避免碰撞而采取变道、减速、变向、刹车等行为的事件。交通事故发生的过程如图 8-11 所示。

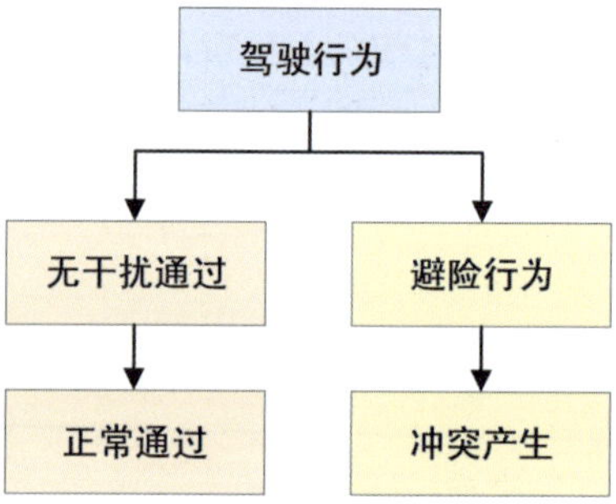

图 8-11 冲突产生过程

在现实中的十字路口中，汽车的驾驶路径十分多样和随机，交通事故除了车与车之间，还存在行人和车辆之间，当两个交通参与者的行驶路径重合的时候，就会变成碰撞事故。对交通事故进行研究能够创建冲突预测模型，了解十字路口交通状况，利用算法对道路交叉口交通冲突程度进行评估，这有利于管理者提高十字路口交通管理水平。

十字路口在现代交通中时常发生车辆冲突和碰撞，车辆防碰撞预警技术在安全辅助方面备受关注。车辆防撞技术包含安全距离冲突警示、基于车辆无线通信冲突警示、可接受间距模型以及基于实时博弈论的控制模型。

安全距离冲突警示仅仅用于追尾冲突。当两辆车之间相距小于车内设置的安全距离范围的时候，提示车辆用户解决即将产生的紧急冲突问题。判定前边道路情况是不是具有车辆冲突危险，测算前方车辆时速是 V_a 的时候，同时以 $V_b g$ 的时速开始行驶直到停止的驾驶间距为 D_c；当后面的车辆时速为 V_d 的时候，以 $V_d g$ 的时速一样开始行驶直到车辆停止的驾驶间距为 D_d，T_h 是车辆用户的反应时间，T_s 是后方车辆开始刹车直至完全停止需要的时间，T_t 是警示消息发送直至接收需要的时间。

$$D_a = \frac{v_0^2 - v_1^2}{2a} = \frac{v_a^2 - 0}{2v_a g}$$

$$D_c = v_d(T_h + T_s + T_t) + \frac{v_d^2}{2v_d g}$$

前后两辆车的最小间距是安全距离 D_x。当前面的车制动间距 D_a 和最小安全间距 D_x 的总和小于后面的车制动间距 D_c，追尾冲突产生的概率比较大，此刻会产生冲突警示，即：

$$D_x = D_a - D_c + d_0$$

基于车辆无线通信冲突警示中，车辆无线通信作为车路协同环境中智慧交通体系的底层传输设施，重点包含车辆单元、路侧单元和行人移动设备。路侧单元和交叉口摄像头、雷达等探知设施结合，可以收集到车辆定位、时速、驾驶轨迹等交通数据，通过信号传递给附近车联网车辆。在这种情况下，车辆可以获得附近车道交通数据，融合路侧单元传输的其他汽车和行人数据，支持车辆用户定制最科学合理的驾驶轨迹，避免产生交通冲突，增加道路交通安全性。

可接受间距模型如图8-12所示。在道路行驶的车辆开到十字路口的时候，需要先降低时速查看，判定有没有可以接受的穿行间距，当道路上车辆面对的间距够大或者大于边缘间距的时候，提高时速穿行十字路口，否则只能制动等待，直至出现合理的间距。

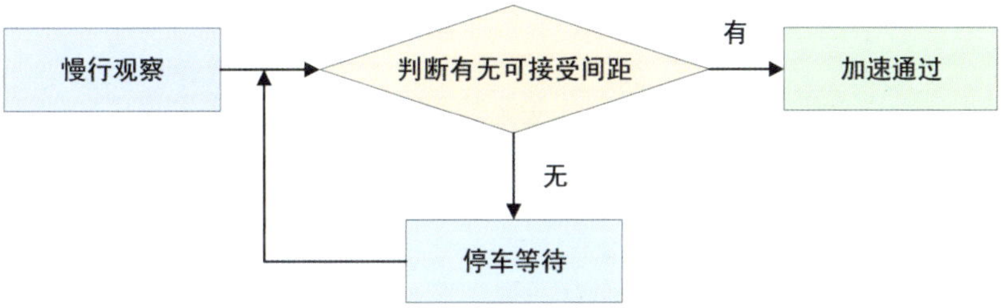

图8-12　可接受间距模型的车辆驾驶模式

基于实时博弈论的控制模型利用重复博弈理论，对车辆用户的驾驶行为从更小的空间维度分析，让控制模型在某些程度上更适合车辆用户在现实行驶过程中的执行行为。实时博弈和静态博弈作为最常见的博弈方式，重复博弈是特殊的离散型实时博弈。利用博弈决策树形式呈现车辆超车时的有限重复博弈如图8-13所示，T_a 作为汽车行驶到十字路口之前首次决策的时间，最终决策的时间用 T_b 呈现，X_n 表示加速，Y_n 表示减速。车辆用户通过多次博弈之后，可能影响汽车驾驶，特别在汽车数量增加的情况下，因此当十字路口汽车太多的时候，算法可能无效。

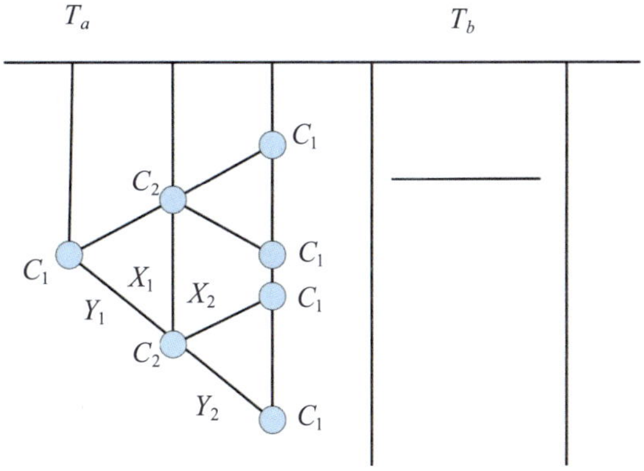

图8-13　博弈决策树

十字路口防撞警示功能的流程如图8-14所示。融合车辆自身与另外汽车的驾驶状况数据，判定目前将要面临的碰撞是不是在警示范围内，如果存在冲突危险那么就进行警示。

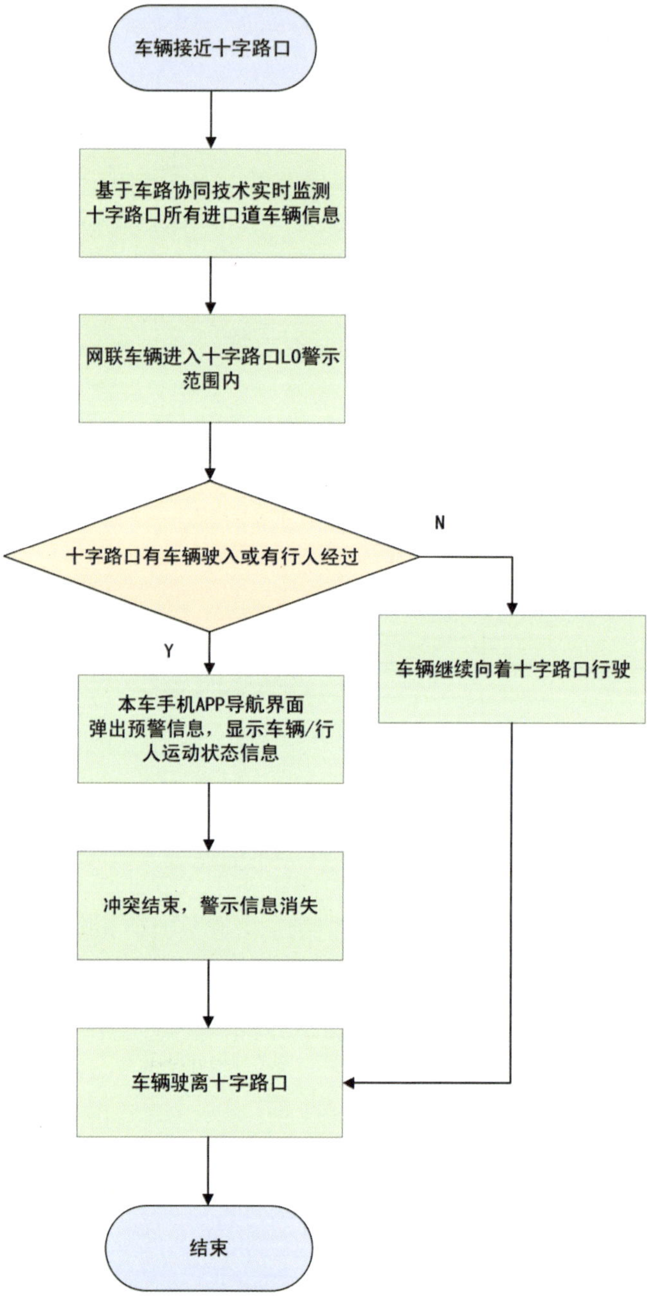

图8-14　十字路口冲突警示功能流程图

8.3.3　交通行驶指引与编队控制

智能网联汽车关于交通行驶指引与编队控制的研究重点包含协同编队、最佳路径方案与路径跟踪控制。协同编队是以菱形队形为基础，依据车道状况因素重新构造队形，依据设置目标函数将智能网联汽车和虚拟指引者进行对应，同时计算两车或多车之间协同避开障碍之后构成的队形布局。路径规划是在最开始的状态和最终的状态中间的阶段规划一个最佳路径，在确保不会产生冲突的基础上，汽车能够在目前的状态变成下一个可行状态，在这种情况下依然要满足车辆动力学和舒适性等条件。路径跟踪是智能网联车辆在约束的阶段内行驶到预设的轨迹点，预设轨迹包括起点和终点的连接线且携带时间特点。

参考编队群集理论，引入虚拟指引者，组成多车道指引编队控制系统架构。考量指引车的作用，虚拟指引者在车道系统内集成设计、动态产生，存在系统调适性，虚拟指引者的布局给予智能网联车辆编制队形最佳意向编制队形以支持。智能网联车辆依据定制准则和意向虚拟指引者配对，进行分布式布置，在全部智能网联车辆和本身各个虚拟指引者的状况系数一样时，那么群聚智能网联车辆实行编制队形指令。

为了达到协同编队管理的集成设计与分布式操控，组成两层结构的协同编队操控系统，系统架构如图8-15所示。

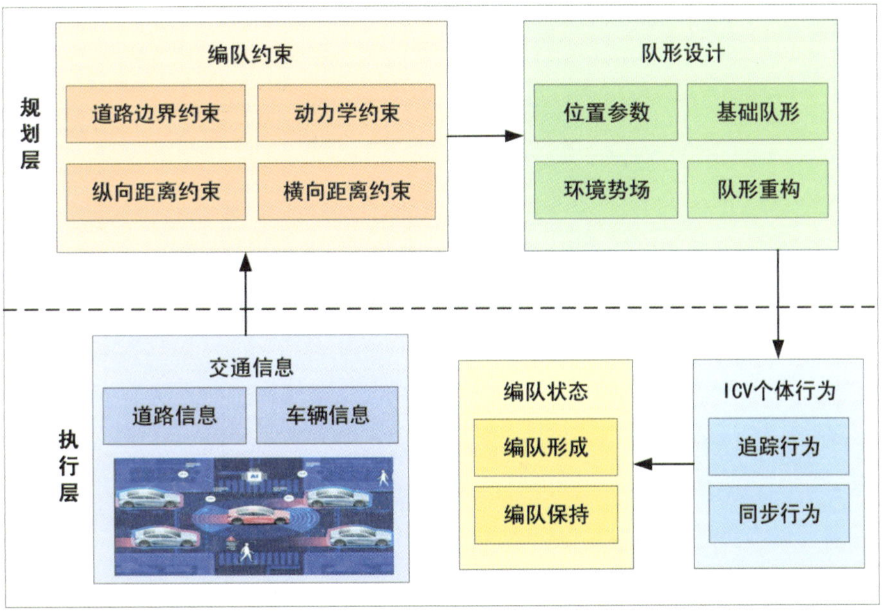

图8-15　智能网联车辆协同编队操控系统架构

规划层研究的目标是虚拟指引者把编制队形的目的设置成象形架构，在指引车的指引下，融合道路边界约束、动力学约束和距离约束，指定虚拟指引者的位置，完成编制队形的指定队形规划；执行层利用实行编制队形智能网联车辆单一行为，进行和虚拟指引者的配对，完成编制队形设计和固定。编制队形设计队形的节点是规划层内的虚拟指引者，编制队形产生与固定是执行层内多个智能网联车辆呈现的编制队形状态，研究目标是车辆。虚拟指引者把协同编制队形操控实行多个目标处置，因此组成两层操控结构更简单。在规划层设置整体设计目标，执行层单个配对虚拟指引者，呈现一种整体设计，分布式操控的优势。

在虚拟指引者的基础上的智能网联车辆协同编队操控架构内，组成多车道协同编队操控的四要素模型，匹配协同编队操控系统上下两层结构。协同编制队形操控其实就是通过众多网联车载节点经过数据交换，从而构成的实时系统，编制队形内的单一个体车载节点借助获取相邻节点与指引车节点数据进行判定、实行单一节点操控，实现编制队伍总体最佳目的。多车道协同编队操控四要素模型架构如图8-16所示。

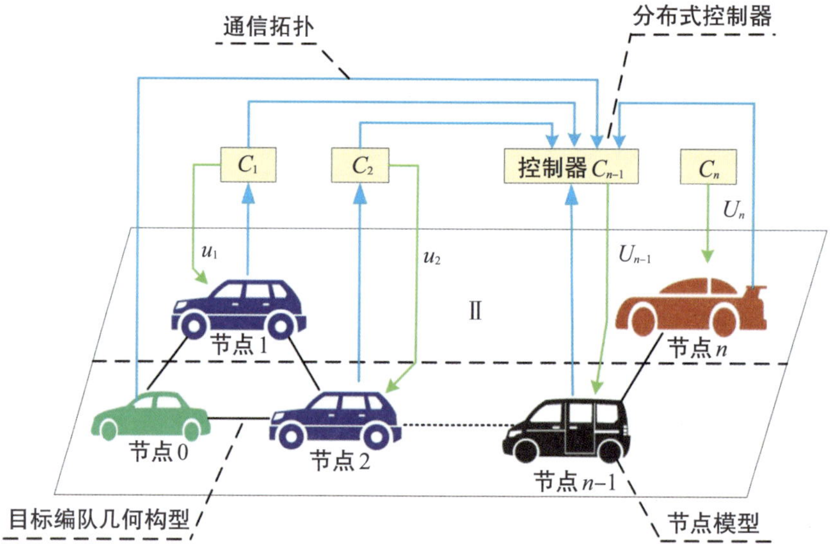

图8-16　多车道协同编队操控四要素模型

第9章

新能源智能网联汽车绿色智慧生活

9.1 “车—桩—电”一体化网络

9.1.1 车桩联网

车桩不匹配、充电难、续航差等摆在用户面前的一大难题，如何利用有限的充电基础设施更好地用车出行，成为车桩联网首要解决的问题，帮助用户顺畅出行、实施合理充电，让用户车辆及时、精准充电。充电桩智能推送系统能够解决用户充电困扰，其结构如图9-1所示。

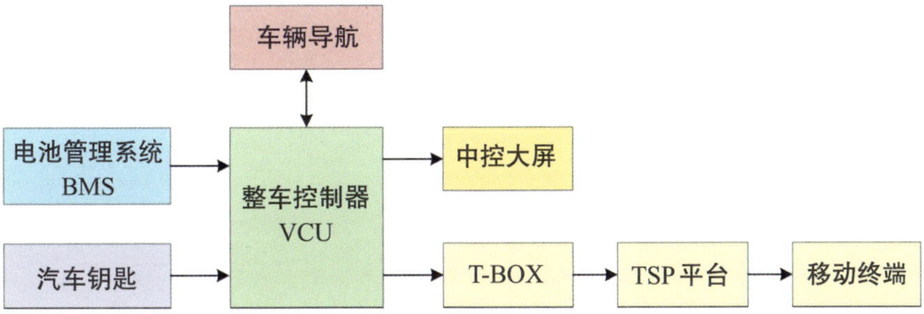

图9-1　充电桩智能推送系统结构示意图

车辆运行过程中，由电池管理系统BMS负责获取车辆电池电量的实时数值，并将电量值通过CAN网络上传至整车控制器VCU，当该数值小于设定的电量阈值时，利用车载导航智能查询获取周围可用的充电桩，并将充电桩位置通过中控大屏显示出来，同时发出语音提示。此外，T-BOX将收集到充电提醒信息传送给TSP平台，TSP平台再将信息推送给相关联的移动终端，这样用户就可以在手机上查看到充电提醒信息。当车辆不在运行状态时，也可以通过该功能提醒电量低于阈值的车辆用户给汽车充电，防止因未启用车辆而错过了充电的时机。充电控制系统如图9-2所示。

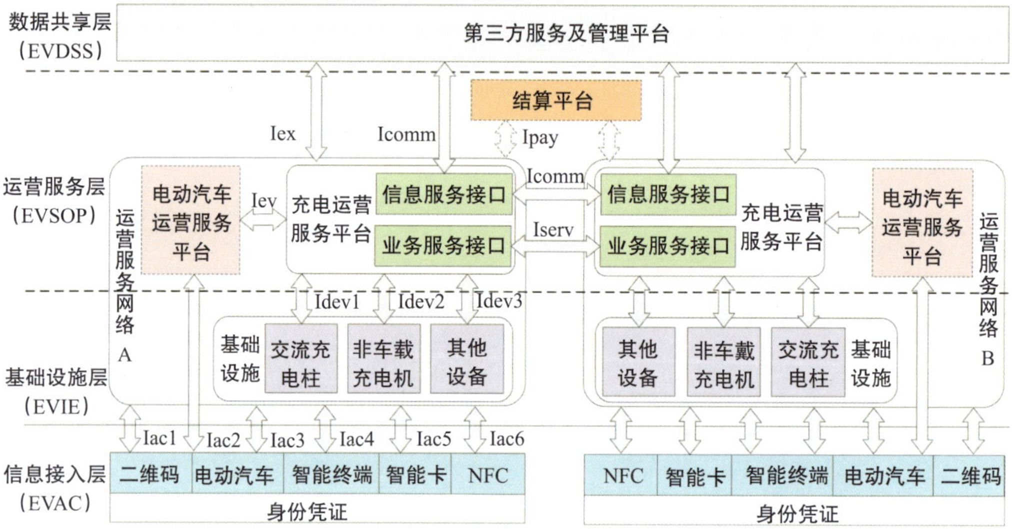

图9-2　充电控制系统示意图

充电控制系统的充电控制方法：

（1）新能源汽车把车辆的基本数据，包括车牌号码、车辆型号、车辆颜色和用户联系方式，以及车载电池的状态信息分别发送给用户终端和充电运营服务平台（控制中心）。

（2）当新能源汽车需要放电时，用户端口获取控制中心传输过来的放电请求，控制中心接收到放电信息并向充电桩和新能源汽车发送放电通知信息，新能源汽车通过充电桩进行放电。放电数据以语音或视频数据包的形式发送给控制中心，并获取数据的头部指针，并将该数据包存入一个循环队列中。

（3）当新能源汽车放电结束时，用户端口会向控制中心发送放电完成信息，此时充电桩会收到控制中心的断开放电指令，从而断开与新能源汽车的放电连接。

（4）当新能源汽车需要充电时，用户在用户终端上进行充电请求操作，将充电信息（包括车牌号码、当前车速、充电请求发送时间、到达充电桩的时间）发送给控制中心。控制中心接收到充电信息并向充电桩和新能源汽车发送充电通知信息，让充电桩对新能源汽车进行充电，显示新能源汽车的剩余电量、实时充电电压和充电电流。

（5）当新能源汽车充电结束时，用户终端会向控制中心发送充电完成信息，此时充电桩会收到控制中心的断开充电指令，从而断开与新能源汽车的充电连接。

9.1.2　换电适配新模式

近来，兴起以换代充、车电分离的“共享换电”热潮，对于电动单车和电动汽车来说，共享换电模式是传统充电方式下的一种创新和补充，可以有效解决充电难、不安全、不方便等问题，以及大大缩短续航补给时间。现行以太阳能光伏作为电能供给的换电站，利用光伏产生的直流电为其提供充电服务，光伏发电利用效率高，能够为换电设备持续工作提供充足的电能。光伏共享换电柜智能供电管理系统包括光伏发电模块、通信模块、身份验证模块、订单生成模块、换电柜、电池检验模块、电池管理模块。光伏共享换电柜智能供电管理系统各功能模块及作用如表9-1所示。

表9-1　光伏共享换电柜智能供电管理系统各功能模块及作用

光伏发电模块	通过输电线路进行输电，持续向换电柜中的车辆电池进行充电，光伏板的布置场所可以为换电柜附近的公交车站、地铁站、加油站、充电站、汽车停车棚、自行车停车棚等顶部位置
通信模块	用于建立与用户之间的网络服务连接，包括2G模组、3G模组、4G模组、5G模组、NFC模组和蓝牙模组。在换电柜上设置显示屏，通过显示屏显示连接二维码，用户使用智能终端的APP软件扫码连接；NFC模组和蓝牙模组可在智能终端设备无网络时反向共享换电柜通信模块网络，实现用户智能终端无网络连接使用
身份验证模块	在用户智能终端与换电柜之间建立连接后启动，验证用户身份信息，验证用户账户是否可以进行换电服务，并验证用户历史订单中是否含有未归还电池的订单。包括用户实名身份信息验证、不良信用信息验证、头像信息验证，当用户实名身份信息、不良信息或者头像信息中的一种或者多种出现异常时停止为用户进行换电服务
订单生成模块	不同车型使用的电池容量不同，为用户提供不同的换电电池规格。包含两种订单生成模式，第一种为新用户模式，订单模式为借出电池而不需要回收亏电电池，用户在生成订单时需要预付押金，用于初次借出电池的使用保障，还需要收取电池的单次使用费用；第二种为老用户模式，用户在进行换电服务时需要进行亏电电池回收，用户在下单时选择此种模式，订单生成模块仅生成收取单次使用费用的订单，用户从换电柜内取出满电的电池后需要将亏电电池放回至换电柜内重新充电。若用户未将亏电电池交换回换电柜内，系统判定用户违约，需要扣除用户初次使用时缴纳的预付押金，同时进行后台人工介入处理
换电柜	设置有不同型号的换电柜门，对应APP上按照换电柜的布局设置换电选择页面，用户可以根据需要的电池种类选择换电柜门，进行下单。订单生成模块在用户智能终端的APP上完成后，换电柜控制驱动组件打开用户选择的换电柜门，用户取出换电柜门内部已充满电的电池，并将用户的亏电电池送回至换电柜门的内部，用户将换电柜门关闭，完成换电服务。换电柜门上设置有蜂鸣器，当用户订单生成后，换电柜门打开，蜂鸣器开始响起，在用户换电的过程中蜂鸣器持续工作，当用户手动关闭换电柜门后蜂鸣器停止工作，避免用户忘记关闭柜门，造成电池丢失损失
电池检验模块	包括电池容量检测、电池温度检测以及电池内阻检测。在检验电池容量后，若电池容量低于设定的最小值时，停止对回收的电池进行充电，并通知后台进行电池回收，对电池进行返厂处理；若电池在充电过程中温度发生异常，对电池进行停止充电，通知后台进行电池回收，并进行返厂处理；当电池内阻大于设定值时，停止对电池进行充电，通知后台进行电池回收，并返厂处理
电池管理模块	包括驱动电路、均衡电路以及充电保护模组。驱动电路在回收的电池通过电池检验模块的检验之后启动，对电池进行充电，当充电达到电池容量的90%时，使用均衡电路对电池进行均衡，缩小电池内部的单体电池之间的电压差值，提升电池的使用寿命

光伏共享换电柜智能供电管理方法：第一步，建立通信。用户打开手机上的软件扫描换电柜上的二维码，就可以与换电柜建立网络连接，或者打开手机蓝牙或NFC，就可以与之连接上。第二步，身份验证。连接完成后，终端系统会对用户账户进行验证，通过后向用户展示下单界面。第三步，订单生成。若是新用户，需要缴纳预付押金才能下单；若为老用户可以直接下单，用户可根据手机界面显示的换电柜门对应的换电电池规格进行下单，选择的换电柜门会打开即可换电，完成换电后关上换电柜门即结束换电服务。

9.1.3 无线充电新体验

与新能源汽车的有线充电系统相比，无线充电系统的无线充电桩与车辆在整个充电过程都不存在任何有线的连接，无线充电桩需要与车辆进行无线通信的连接，用来实时满足车辆的不同充电需要。但无线充电系统在实际使用中，同一停车场存在多个无线充电桩，车位系统和车辆系统通过无线通信，例如Wi-Fi，进行信息交互。车位系统端设备作为Wi-Fi的AP端，每一个充电桩会广播一个Wi-Fi的SSID，在多个无线充电桩的环境下，会检测到有多个SSID造成干扰，此时若是车辆随意停在其中一个车位上时，是比较难确认哪个SSID名称才是对应车位的桩的，所以会存在连错的可能性；若通过先连接上后再确认是否正确的方式挨个去尝试，会造成时间的浪费，也会带来错连的隐患。为解决上述技术问题，新能源汽车无线充电系统包括车位端装置和车端装置，如图9-3所示，车位端装置包括无线充电车位控制单元、无线充电地面单元、第一无线通信模块、标识、网络模块、显示模块；车端装置包括无线充电车端控制单元、无线充电车端单元、第二无线通信模块、识别装置。

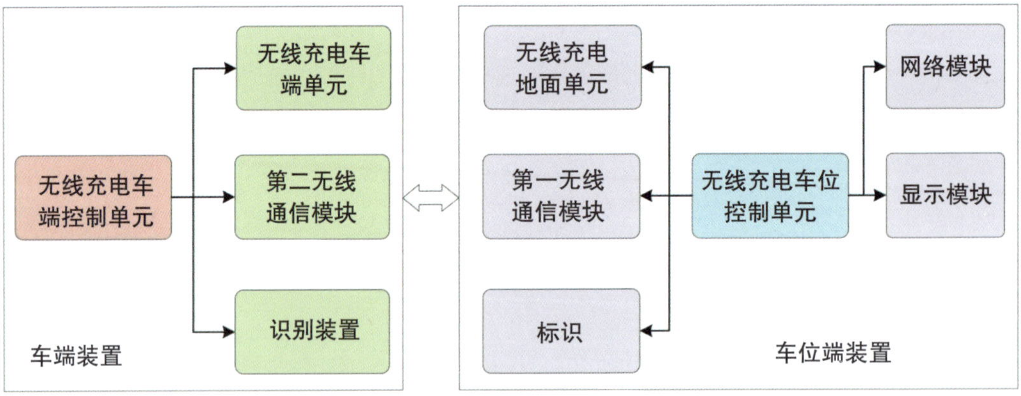

图9-3 新能源汽车无线充电系统结构示意图

无线充电车位控制单元，安装在车位旁，用于将外部电能转换输出至无线充电地面单元；无线充电地面单元，形成在车位上，通过电磁转换向无线充电车端单元输送能量；第一无线通信模块，设置在充电控制单元内，用于与第二无线通信模块进行数据交互；标识，形成在无线充电地面单元顶面和/或无线充电车位控制单元外表面，每个车位设有唯一的标识，用于描述当前车位信息；网络模块，连接无线充电车位控制单元，将当前充电状态上传至云端；显示模块，连接无线充电车位控制单元，用于显示充电状态；无线充电车端控制单元，安装在车内，根据识别装置发送信息发出触发信号使第二无线通信模块和第一无线通信模块形成无线数据连接；无线充电车端单元，形成在车辆底盘，通过电磁转换接收无线充电地面单元发送的能量；第二无线通信模块，安装在车内，用于与第一无线通信模块进行数据交互；识别装置，形成在车辆底盘和/或车辆外表面与所述标识相对应的位置，用于扫描所述标识获取车位信息，将识别的车位信息发送至无线充电车端单元。

无线充电车位控制单元能向无线充电地面单元输出定位电流；电流可以是短时间的额定电流，也可以是指定频率的脉动电流。无线充电车端控制单元接收到定位电流后，通过第二无线通信模块传输定位成功信号至第一无线通信模块。无线充电地面单元是无线充电地端发射线圈，无线充电车端单元是无线充电车端接收线圈。无线充电车位控制单元是MCU。无线充电车端控制单元是MCU或ECU（即将车端无线充电控制集成在车载电脑中）。标识是近场通信标签、二维码、条形码和/或串码。第一无线通信模块和第二无线通信模块是Wi-Fi通信模块或蓝牙通信模块。识别装置是扫描器、照相机或摄像机，形成在车头或车尾，识别范围为前方60度～180度。当识别装置是照相机或摄像机时，可以拍摄所述标识的图片，将图片发送至无线充电车端控制单元，由无线充电车端控制单元进行识别该标识所代表的信息；甚至可以将拍摄图片发送至移动设备（例如驾驶员手机），驾驶员手机与车辆的无线通信系统连接（例如车辆的Wi-Fi），移动设备识别该标识所代表的信息，再经过车辆的无线通信系统连接，发送至无线充电车端控制单元，由无线充电车端控制单元识别所述标识代表的信息。

当车辆停靠在车位时，识别装置会识别到该车位的唯一标识，无线充电车端控制单元根据标识代表的信息，发出触发信号使自车的第二无线通信模块连接相应车位的第一无线通信模块，实现该车位的车位端装置与车端装置数据通信；车位端装置与车端装置数据通信成功后，无线充电车位端控制单元向无线充电地面单元输出定位电流，无线充电地面单元（原边线圈，BP）进行电磁转换发送，车辆的无线充电车端单元（副边线圈VP）接收到定位电流之后，通过第二无线通信模块告知第一无线通信模块定位成功，车辆与充电车位实现绑定；车辆与充电车位实现绑定之后，无线充电车端控制单元通过第二无线通信模块向车位端装置发送充电需求信息，无线充电车位控制单元向无线充电地面单元发送相应的输出电流，无线充电地面单元进行电磁转换；车辆与充电车位实现绑定之后，第二无线通信模块向第一无线通信模块发送充电状态信息，车位端装置可以通过显示系统显示当前的车辆充电状态，网络模块将充电状态上传至云端。

系统通过在车位端设置标识，在车端和车位端通过无线通信绑定充电车位和充电车辆。能避免现有技术中由于Wi-Fi广播SSID造成的错连，能降低无线充电系统的复杂度，提升了无线充电系统的稳定性、安装的灵活性。

9.2 汽车互联新体验——百姓生活

9.2.1 自动驾驶出租车

自动驾驶出租车——RoboTaxi是无人驾驶中的一个应用场景，与有人驾驶的通过乘客与司机的应用交互实现车辆预约、接单、出行等服务有所不同，缺少了司机的参与控制，由系统代替行使其角色。在无人驾驶智能车辆的基础上，设计应用于无人出租车服务的系统，使自动驾驶出租车可投放运营。自动驾驶出租车模块图如图9-4所示。

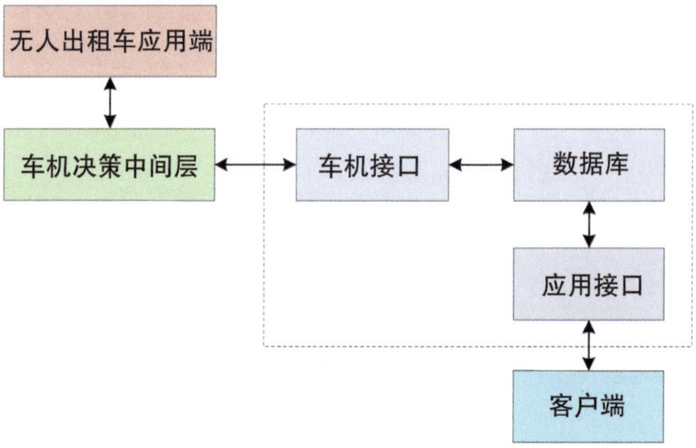

图9-4 自动驾驶出租车模块图

无人出租车应用端用于与车机决策中间层进行数据交换。云端服务器用于实现无人出租车服务数据交换功能，包括数据库、车机接口和应用接口。

自动驾驶出租车的最小状态集的租车服务流程与状态转换示意图如图9-5所示。

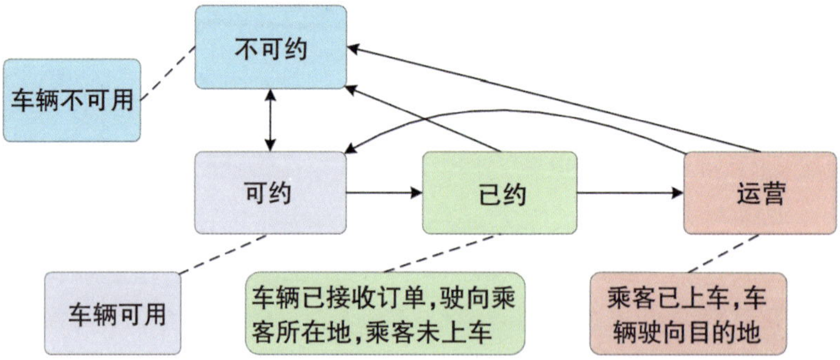

图9-5 自动驾驶出租车的最小状态集的租车服务流程与状态转换示意图

◆ 不可约状态：表示自动驾驶出租车不可预约运营，在车辆因故障、充电、加油或未在运营区等条件下，自动由车机将该状态上传至车辆信息表，也可由车辆管理者或平台管理员进行设置。车辆在该状态下，应用程序无法查询到车辆或无法对车辆进行租车下单操作。

◆ 可约状态：表示车辆能够提供服务，车辆只有在该状态下，客户端能够对车辆进行租车下单服务。

◆ 已约状态：表示车辆已经被下单，并被乘车人占用，车辆即将行驶到乘车人所在区域，但乘车人并未上车。

◆ 运营状态：表示乘车人已经上车并准备就绪，车辆将驶向或正在驶向乘车人指定的目的地。

9.2.2 无人驾驶公交车

无人驾驶公交车也是无人驾驶中的一个应用场景，它是集多种功能为一体、操作控制复杂的综合、非线性系统，其智能控制结构如图9-6所示。依据行驶目标和路况设计、调整驾驶路径，驾驶过程中可以可靠实现车速调整、车距保持、避障、转向等动作，使无人驾驶公交车按照预定的方案行驶，准确稳定抵达终点。无人驾驶公交车的应用不仅可以减少因驾驶员人为因素引起的交通事故，还可以减少驾驶距离、提升道路容量，提高平均车速和运输效率。

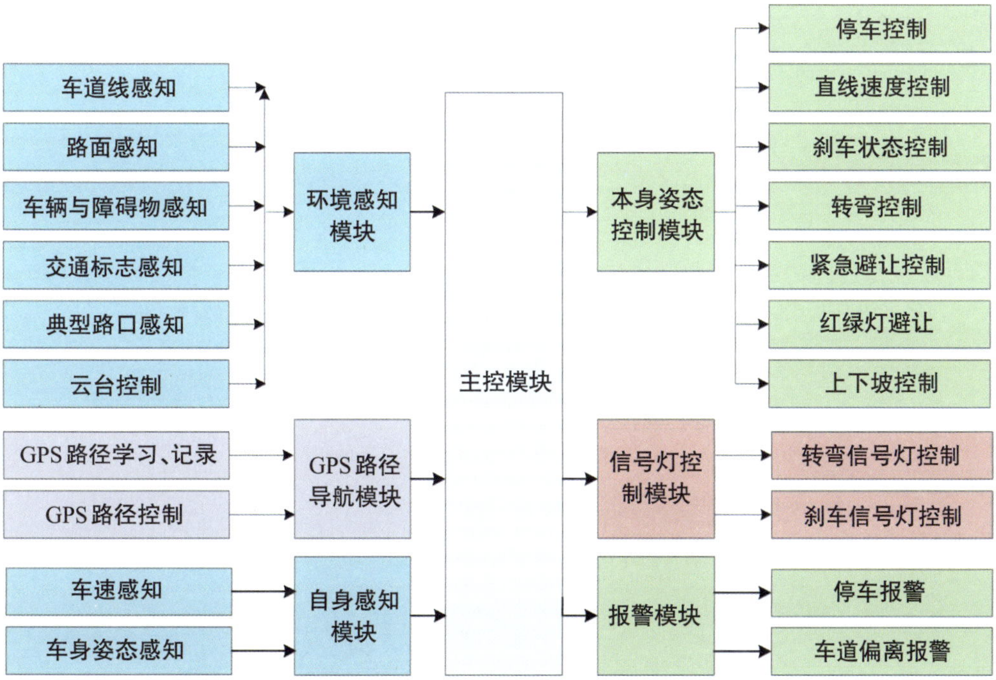

图9-6 无人驾驶公交车智能控制结构示意图

无人驾驶公交车不同模式下的调度计算方法，如表9-2所示。

表9-2　无人驾驶公交车模式调度计算方法

	用户等级	APP接口	车辆调度	关门逻辑
NORMAL模式	普通等级用户（NORMAL），必须到站点的运营电子围栏范围内才能从手机APP上进行下单约车体验	生成呼叫，存入呼叫信息，会员类型USER，更新USER	不锁定车辆，更新车辆模式为NORMAL运行模式，更新目标站点	人脸识别，任何人都能乘坐当前车辆
NCIP模式	可提前预约用户（NCIP），在普通等级用户的约车功能上，可进行远程提前预约车辆，并进行运力锁定，优先级高于普通用户	接驳点生成呼叫，存入呼叫信息，会员类型NCIP，存入对应等级	不锁定车辆，更新车辆模式为NCIP运行模式，更新目标站点	人脸识别，判断并获取当前会员级别，非NCIP会员不能乘坐当前车辆（采用语音提示）
HCIP模式	可现场预约用户（HCIP），在可提前预约用户的约车功能上，可以在当天任何地点进行车辆预约与运力锁定，调度优先级高于第二个等级	接驳点生成呼叫，存入呼叫信息，会员类型HCIP，存入对应等级	不锁定车辆，更新车辆模式为HCIP运行模式，更新目标站点	人脸识别，判断当前会员级别，非HCIP会员不能乘坐当前车辆（采用语音提示）
VIP模式	高级用户（VIP），在可现场预约用户的约车功能上，可以在当天任何地点任何时间进行车辆锁定，调度优先级最高	接驳点生成呼叫，存入呼叫信息，会员类型VIP，存入对应等级	锁定车辆，更新车辆模式为VIP运行模式，更新目标站点	人脸识别，取对应的会员进行识别，生成订单，如果非对应的call人员上车则匹配失败（需要语音提示）；下车根据订单呼叫，更新车辆模式，更新调度锁定状态为释放状态

运力计算包括车辆座位总数、占用数、锁定数和可用运力。

（1）车辆座位总数等于当前线路策略下的行驶中车辆数乘每台车座位数之和。

（2）占用数等于车辆为运行中的订单有效座位数之和。

（3）锁定数等于车辆为停靠站点的座位数。

（4）可用运力等于当前线路策略下的行驶中车辆可用座位数加上待行驶座位数之和。

9.2.3　自主停车服务

自动停车管理系统由管理终端、管理服务器和车辆三部分组成，如图9-7所示，其中自动停车管理终端设备包括通信电路、处理器、摄像头、触摸屏和加速度传感器，从用户接收车辆控制命令并发送给管理服务器，再由管理服务器发送给车辆，最终由车辆自主驾驶执行停车。

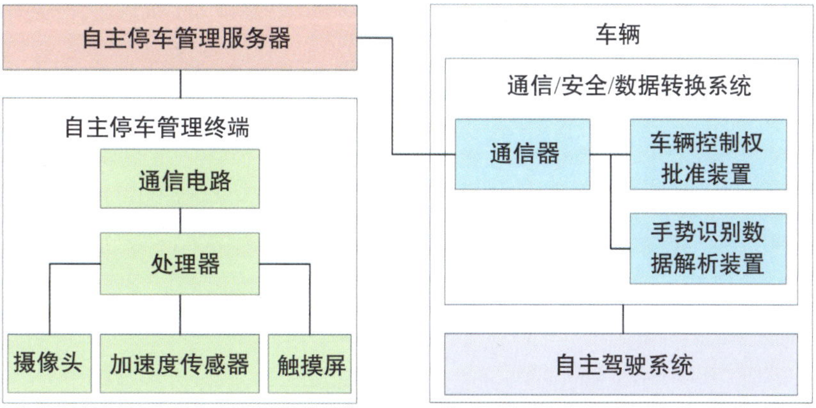

图9-7　自主停车管理系统结构示意图

管理服务器通过通信模块与管理终端和车辆通信，获取来自管理终端控制命令并发送给车辆。获取车辆反馈并发送给管理终端。车辆通过通信器与自主停车管理服务器通信。获取来自管理服务器的控制请求及指令，并将反馈结果发送给管理服务器。通信器批准装置和手势识别数据解析装置从而发送和接收信息。手势识别数据解析装置通过对加速度和手势信息进行解析，构成相应的车辆控制信号。自主驾驶系统接收到车辆控制信号，实现车辆的自主驾驶控制。自主停车管理方法流程图如图9-8所示。

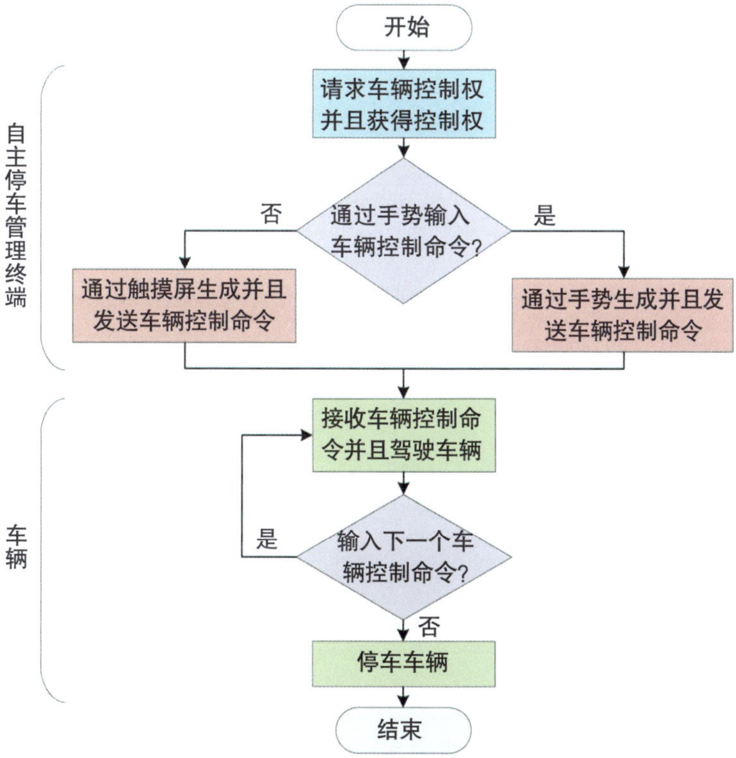

图9-8　自主停车管理方法流程图

管理终端请求获取车辆控制权并且获得控制权，判断是否通过手势输入车辆控制命令。当识别到不是通过手势输入车辆控制命令时，管理终端通过分析触摸屏输入信息来生成对应的车辆控制命令，将由触摸屏生成的车辆控制命令发送给自主停车管理服务器，车辆从管理服务器接收车辆控制命令来执行自主驾驶。之后，车辆确定是否输入下一个车辆控制命令，响应于识别到输入下一个车辆控制命令，车辆可再次返回到上一级；响应于识别到未输入下一个车辆控制命令，车辆可停止。

9.2.4 干线物流

随着自动驾驶等级的不断提高，无人卡车在高速物流行业成为趋势，无人卡车在高速干线物流园区或物流中转站内如何找到对应货厢并带着货厢一起行驶至目的地成为物流作业的关键。车辆信息交互系统由主控制器、车头和多个货厢组成，主控制器在车头和多个货厢中起到关键作用，使车头与货厢快速对接和按照预定路线行驶。车头部分由控制器、底层车辆执行机构、蓝牙信号器组成，货厢部分由控制器、车辆状态检测装置、车门开关检测装置、红外传感器、胎温、胎压传感器、温度传感器、蓝牙信号器组成，控制器包括定位装置、信号接收器和信号发送器。车辆信息交互系统电子结构框图如图9-9所示。

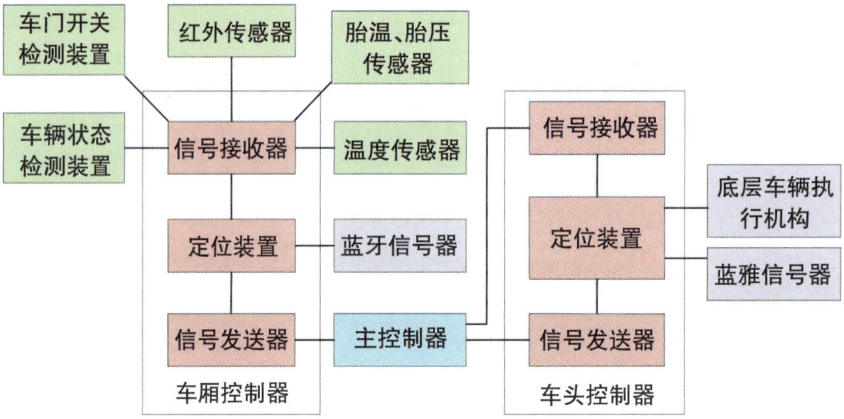

图9-9 车辆信息交互系统电子结构框图

车辆信息交互系统的控制方法：（1）车头定位装置发送车头位置给主控制器。当车头与货厢靠近时，开启的蓝牙信号器会自动连接配对。（2）货厢定位装置发送货厢位置以及货厢相关数据信号给主控制器。货厢上安装的传感器和检测装置采集到的信息一同发给主控制器，判断货厢所处状态和状况。（3）主控制器确认预设货厢，控制车头靠近并连接预设货厢。首先根据定位信息生成预订路线，当车头到达预设货厢时，根据蓝牙配对确定货厢，当车头与货厢连接上之后，向主控制器发送连接成功信号。（4）主控制器控制车头拉着货厢运往目的地。主控制器接收到连接成功信号，即可将货厢从高速干线物流园区或物流中转站内拉往运输地。

9.2.5 无人配送

近年，随着网络购物的飞速发展，无人配送车逐渐进入人们的视野，无接触、零距离配送是新的货物派送方式。现有的无人配送车不够智能，不能应对复杂的路况，不能高效、安全地将货物送到目的地。基于数字孪生的智能无人车配送系统，其组成如图9-10所示，包括数字孪生管理平台、多辆无人配送车，数字孪生管理平台通过数据网络与多辆无人配送车通信和远程操控，其中，数据网络包括4G移动网络、5G移动网络、Wi-Fi无线网络等。数据孪生管理平台为服务器的形式，其具有存储信息并运行孪生场景搭建系统、监管系统、调度系统、信息采集与防护系统、路径规划系统、紧急制动系统、应急系统的功能。

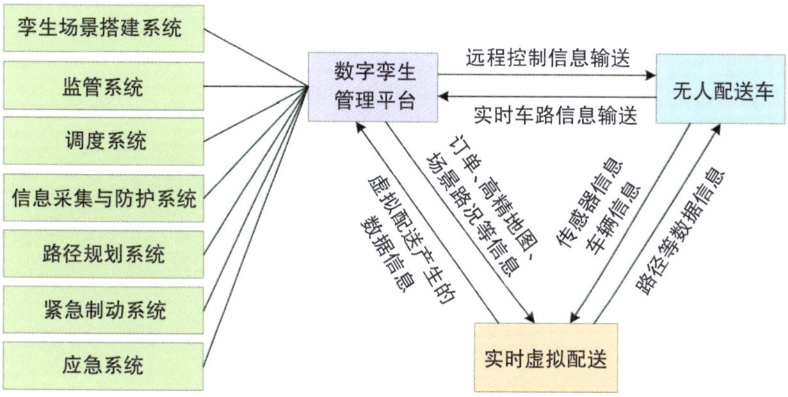

图9-10 基于数字孪生的智能无人车配送系统组成框图

无人配送车搭载多功能储物柜以及传感器、雷达、摄像头。其中，多功能储物柜运用人机工程学原理制成，设计多功能储物柜时，结合人的身高特征，计算得出最优的储物柜取物高度。多功能储物柜内设置多个区域，利用PID控制或其他算法进行多区域智能温度控制，满足不同货物对温度的特殊要求。无人配送车搭载多种类型的传感器，设置有毫米波雷达、激光雷达、摄像头，用于实时采集无人配送车自身的信息以及道路信息。

孪生场景搭建系统包括3D场景搭建工具，用于自动对相应地图的场景进行1：1场景复现搭建，并将各包含有实际物体数据信息的数字孪生体汇入搭建的数字孪生场景中。数字孪生体包括静态孪生、动态孪生，静态孪生对应的实际物体包括实际运输中所搭载的货物、无人配送车；动态孪生对应的实际物体动态包括货物的状态、车辆的运输状态。孪生场景搭建系统通过监管系统采集的道路实时信息实时修改数字孪生场景的天气、车流量、路面的破坏程度、拥堵率等信息，以保证物理场景与数字孪生场景在配送时的同步。通过无人配送车自身的传感器将无人配送车的状态信息以及货物的状态信息实时更新数字孪生场景中的数字孪生体。

监管系统包括对无人配送车的监控以及道路信息的监控，通过对无人配送车的监控，获取无人配送车的剩余电量、位置信息，保证在配送过程中，无人配送车能顺利完成其配送任务并返程。无人配送车通过自身携带的传感器将自身的剩余电量、位置信息发送给数字孪生管理平台，实现对无人配送车的监控。通过无人配送车的毫米波雷达、激光雷达、摄像头获取道路信息，实现对道路信息的监控，采集的道路信息包括天气、道路及其设施、无人配送车、建筑物、配送货物、行人等。

调度系统通过汇集实时的订单信息，对配送货物进行体积估计，并计算总的配送路程，通过监管系统反馈的无人配送车的剩余电量，选择合适的无人配送车进行多点配送。在配送过程中，可通过调度系统对无人配送车的速度等进行调控，对无人配送车发出超车、加速、减速、制动的指令，以保证其安全性。调度系统可对无人配送车的路径进行干预，在遇到突发状况，调度系统通过路径规划系统重新规划路径，或者直接干预，及时、高效、低成本地将货物配送成功。当订单所需货物为加急货物时，调度系统发送指令，使用无人配送车单独配送。

信息采集与防护系统采集的信息包括订单信息、客户信息以及监管系统监控得到的信息。订单信息包括货物的订单量、属性、体积；客户信息包括客户对物品的需求程度、客户的基本信息。通过监管系统得到的信息，可以实时掌握无人配送车的电量信息，确定其是否可完成配送；可以掌握道路信息，包括道路拥堵情况，可以对货物、车辆运行状况、路径选择、配送时间进行监控与管理；可以掌握历史寄件数量、道路历史拥堵率、无人配送车历史能量消耗量。同时，该系统对采集的数据进行存储并采取加密处理，防止外界对数据的窃取以及控制。

路径规划系统通过对无人配送车位置的监控，结合监管系统获取的实时的道路信息，在安全速度下，实时规划出最高效的路径，并发送给无人配送车。在配送前，可根据信息采集与防护系统存储的历史寄件数量、道路历史拥堵率、无人配送车历史能量消耗量等历史数据，对所选道路进行数据概率估计，选择最优路径，从而更高效地对配送过程进行优化管理。

应急系统通过监管系统发现规定路径有车祸、暴雨、冰雹、高频雷电、路面积雪、积水等突发状况时，该系统将进行位置实时标注、信息高速上传并选择新的路径进行虚拟配送，判断其配送任务能否正常进行，若能正常配送，则将新的路径、安全车速等指令发送至无人配送车，进行正常配送；若不能正常配送，则发送指令，使无人配送车返程或停靠安全位置。

紧急制动系统在无人配送车正常行驶遇到突发状况，需要进行紧急的减速、停止时，可发送指令，对无人配送车一键制动，并使其发出“嘀嘀嘀”的声音提醒周围车辆，使无人配送车在安全可控范围内紧急停止，等待平台下一步工作指令。

基于数字孪生的智能无人车配送方法流程图如图9-11所示。

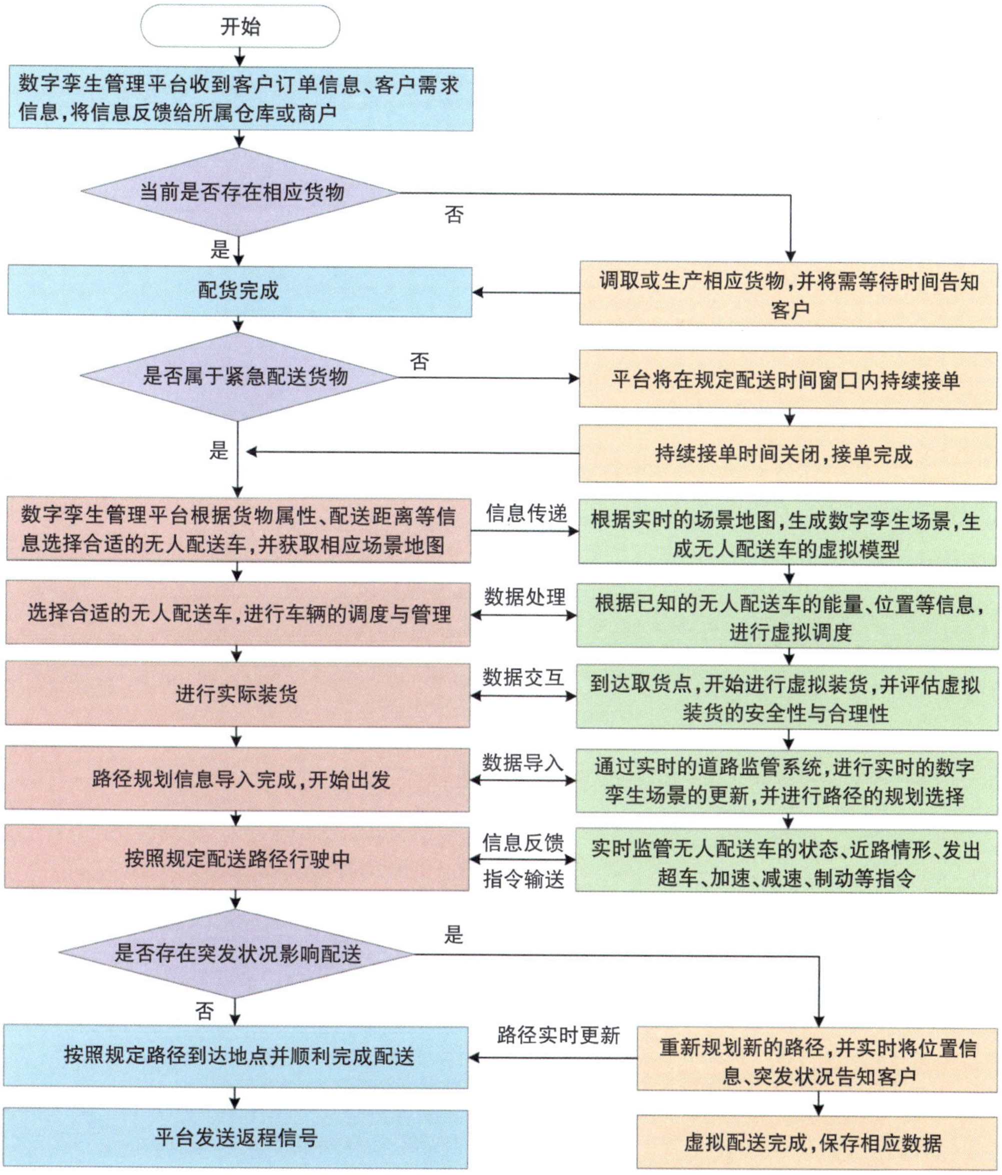

图9-11　基于数字孪生的智能无人车配送方法流程图

（1）客户通过数据网络向数字孪生管理平台发送信息，数字孪生管理平台接收客户的订单信息、客户需求信息，并将订单信息中的货物信息发送给该货物所属商户或仓库。

（2）数字孪生管理平台通过商户或仓库的反馈得知该货物是否为现有货物；若不是现有货物，商户或仓库根据现有资源生产或者调取货物，并将等待时间反馈给数字孪生管理平台，数字孪生管理平台将等待时间反馈给客户；若是现有所属货物，数字孪生管理平台根据客户需求确定该物品是否为加急配送货物；若不是加急配送货物，则可在规定的接单时间窗口内持续接单，待该接单时间窗口关闭后进行统一配送；若是加急配送货物，则立刻配送。

（3）数字孪生管理平台获取对应货物运送路径经过的高精地图，生成数字孪生场景；根据货物的属性、体积、配送距离调度合适的无人配送车，同时将货物的位置信息、客户取货信息发送给对应的无人配送车，同时，数字孪生管理平台生成该无人配送车的虚拟模型，通过对无人配送车虚拟模型进行虚拟调度实现对实际的无人配送车的调度。

（4）无人配送车根据调度信息到达对应的取货地点，开始实际装车；无人配送车装车完毕，根据数字孪生管理平台规划的路径开始配送并利用无人配送车实时获取道路信息，将道路信息、无人配送车的状态实时反馈给数字孪生管理平台，以更新数字孪生场景，实现物理场景与数字孪生场景的同步，并使数字孪生管理平台上虚拟的无人配送车与实际的无人配送车状态保持一致。

（5）在运送过程中，可以根据数字孪生场景的情况通过数字孪生管理平台对无人配送车发送指令；若有突发状况，数字孪生管理平台根据数字孪生场景提供的信息进行路径的重新规划或是远程介入直接操控；若无突发状况，按时到达配送地点，并实时发送信息，提醒客户取件。

（6）配送完成后，数字孪生管理平台中的虚拟配送也同时完成，保存此次配送的数据，数字孪生管理平台发送返程信号，开始返程。

无人配送车在正常配送过程中，通过监管系统采集实时信息，实现实时监控、基于孪生模型与实际现实场景的信息交互，及时规划最佳配送路径，并可通过调度系统对无人配送车进行干预，实时应变能力强，配送效率高。无人配送车实际的配送与数字孪生管理平台中的虚拟配送进行信息交互，可通过数字孪生管理平台了解装货时间、配送的时间、最大安全速度、车辆调度时间、相应的路径规划等信息。该配送系统具有应急系统、紧急制动系统，能够应对突发状况，防止出现安全事故。可应用于快递、物流、外卖、紧急物品配送等实际场景，还可根据数字孪生管理平台进行多场景、多线路、多功能的测试。

9.3 第三生活空间

9.3.1 第四屏

屏幕作为信息的载体，将信息变得可视化，很大程度扩大了人们的认知范围，从电视、电脑到手机，屏幕的使用彻底改变了人们的生活，随着汽车智能网联产业的发展，汽车大屏成为继电视、电脑、手机之后，第四块改变生活的屏幕。汽车大屏和电视、电脑、手机的屏幕一样，正在连接万物，而且伴随着智能化的趋势，它也在持续进阶。用户对汽车的需求不再只满足于出行的需求，而对于车辆所提供的休闲娱乐等功能有了较高的要求。

大屏是汽车各种功能模块化的载体，比如驾驶员可以通过大屏来语音控制导航、音乐、空调等功能的开关，驾驶员无需动手操作，这样不仅实现了真正的人车交互，也让行车更加安全；此外，大屏中还有智能规划行程、支付宝、在线游戏成语接龙、智能推荐观影、美食地点等各种集娱乐性和实用性为一体的功能，而且车主可以通过手机APP来对车进行部分功能的控制，将手机生态与车机融为了一体。

汽车大屏根据驾驶员和乘客的不同需求而设置，设在主驾驶周围即驾驶员区域供驾驶员驾驶使用，设在副驾驶以及后排位置即乘客区域供乘客娱乐使用。驾驶员侧设备包括中控大屏幕主机、全液晶仪表盘、平视显示器、摄像头设备、多媒体后视镜和音频输出设备，乘客侧设备包括乘客交互面板、乘客区大显示器和音频输出设备，两者通过智能座舱控制器实现信息交互，汽车大屏各设备及其依托系统结构示意图如图9-12所示。驾驶员和乘客通过点击驾驶员侧设备和乘客侧设备的相应控制与需求控件，智能座舱控制器接收并形成对应的控制指令和需求指令，再将指令发送给相关的系统设备，以实现对车辆的控制和信息的交互。

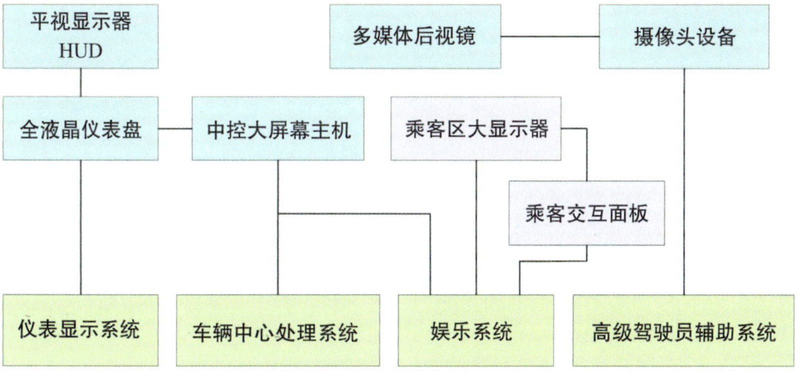

图9-12　汽车大屏各设备及其依托系统结构示意图

智能座舱控制器获取语音信号，包括车辆报警信息、车辆导航信息、蓝牙信息，当发生语音信号播放冲突时，车辆报警信息先于车辆导航信息播报，而车辆导航信息先于蓝牙信息播报，优先播放优先级在前的信息，再播放下一级的信息。获取摄像头信号，驾驶员可在中控大屏幕主机和多媒体后视镜查看图像信息，以及在中控大屏幕主机和全液晶仪表盘查看AR导航。获取车辆信号，通过全液晶仪表盘投影至平视显示器，在前挡风玻璃上即可查看。

智能座舱控制器获取乘客交互面板的功能使用请求（指定功能时），中控大屏幕主机接收到申请指令，并显示提示驾驶员是否授权响应，在方向反馈给乘客交互面板。如果授权响应，则在乘客区大显示器显示与指定功能（包括影音播放、映射播放和网络访问）所匹配的信息。当未获得授权响应时，则在乘客区大显示器显示车内外温度、时间或节假日提醒等信息。

9.3.2 智能交互座舱

随着智能汽车领域的产品、技术不断提升，汽车智能交互的场景更加精准化、简洁化、多元化，智能化体验不再局限于语音交互领域，更是从车内人员的面部、动作、行为等方面进行监控和分析，从而为驾驶员及乘客营造出便捷、安全、舒适的智能座舱环境。随着车联网系统迅速发展，语音作为最便捷的交互入口，在人机交互中发挥至关重要的价值，然而，当车载语音的能力可以覆盖到车上所有可以手动调节的功能，全场景语音操控已较为成熟，但从细分场景的角度考虑，其中不乏一些复杂场景和细化操作会对车内操控带来不便或延长达成操控目标的时间，此外，单一的语音交互方式存在无法避免的易受噪声干扰的缺陷。

而手势交互也是近年来智能座舱领域积极探索的另一种交互方式，其与一般的按键、语音等交互方式不同，手势交互不仅相对更容易掌握和应用，而且手势交互具备响应速度快、操作路径短的优势，但由于目前受限于手势交互技术发展，例如对手势进行具体场景及控制对象的细分判定及应用尚不完善，导致单一的手势交互方案依旧存在不能控制较复杂场景、落地成本高、识别正确率低等问题，继而使车用手势交互并没有得到广泛的普及。

针对汽车座舱场景下以语音技术为核心的人机交互形式存在的交互方式单一、易受噪声干扰等问题，提出结合语音识别、手势感知以及座舱建模技术相结合，具体地，基于声学处理技术进行语音指令解析并使用计算机视觉技术进行手势识别，再将语音、手势指令与座舱模型结合，便可以实现多模态的操控交互，为用户提供更加人性化、高效、精确的车用场景下的人机交互体验，例如可以更为精准地控制车窗开闭开度、车内各屏幕亮度等级等，实现对用户意图的精细化识别及响应。智能座舱多模态人机交互控制流程图如图9-13所示。

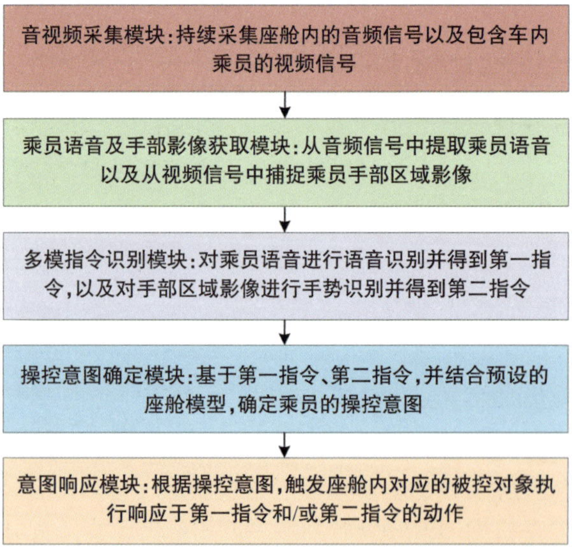

图9-13　智能座舱多模态人机交互控制流程图

（1）持续采集座舱内的音频信号以及包含车内乘员的视频信号。

（2）从音频信号中提取乘员语音以及从视频信号中捕捉乘员手部区域影像。

（3）对乘员语音进行语音识别并得到第一指令，以及对手部区域影像进行手势识别并得到第二指令。在得到第二指令后，可以按预设的手势图标予以显示，所有手势在识别成功且符合场景内设定后均可以在车机界面上显示当前识别到的手势图标，包括检测手势类型并判断手部动作为动态手势或静态手势，当确定手势类型为指向动作且为静态手势，则获取手指方位信息。

（4）基于第一指令、第二指令，并结合预设的座舱模型，确定乘员的操控意图。在确定乘员的操控意图时，不具有时序上的限定，可以先解析第一指令、接着获得与解析出的第一指令相关的第二指令，从而再结合座舱模型确定当前意图，例如在获得第一指令为“开窗”，然后根据指向类型的手势及其方位信息，确定相应于开窗指令的第二指令为指向右前侧，则配合座舱模型，可以得到当前意图为打开副驾侧的车窗；反之相同，以及，还可以是同步解析第一指令以及第二指令，确定当前意图，例如同步获得第一指令为开灯且第二指令为指向车顶，则结合座舱模型可以确定乘员的意图是点亮座舱顶灯。

（5）根据操控意图，触发座舱内对应的被控对象执行响应于第一指令和/或第二指令的动作。被控对象执行响应于第一指令和/或第二指令的动作，既可以按预设规则，仅执行表征语音指令的第一指令的内容，如“调低音量”，此时第二指令的作用可以是辅助明确“调低音量”的具体被控对象（或其他辅助作用）；也可以按预设规则，仅执行表征手势指令的第二指令内容，如以挥动手势切换下一项媒体内容，而此时第一指令的作用可以是辅助明确所切换的具体被控对象（或其他辅助作用）；还可以按预设规则，执行第一指令与第二指令的融合指令，如按语音执行开窗动作的同时结合手势开至乘员所需开度后停止。

此外，在被控对象执行响应于第一指令和/或所述第二指令的动作后，根据动作完成情况按预设的不同的音效进行提示音播报，当语音+手势触发动作执行完成（成功或失败）后，均可采取音效提示。例如在按第二指令将手势识别信号反馈给车辆并触发被控对象执行相应动作，判断当前执行的动作状态是否成功，若成功则直接播报对应的第一音效，反之则播报第二音效。

为提升交互成功率，加快特定场景的交互速度，在确定当前操控意图后，播报与当前操控意图对应的引导语音，并按既定时长内使用当前操控意图相应的操控功能的次数，决策后续对应的引导语音是否播报。例如，乘员语音是“这首歌真好听”，并做出比心手势，可由车机播报合成的引导语音：好的，收藏此歌（同时执行相应动作，将当前歌曲进行打标收藏），之后，若在一天内乘员按此方式交互次数超过3次，则暂停播报；反之，若判断两次使用此交互方式的间隔时间超过既定标准，则可以恢复语音引导。

座舱模型建模方式可以是通过立体建模方式标定出预设的多个对应于真实座舱的区域，例如侧窗、风挡、天窗、仪表、中控、后视镜等区域。在实际操作中，可以通过预先赋予不同手势的含义，在识别到车内人员的操控语音指令并检测到做出相应的手势指令后，将两种指令结合座舱模型匹配到当前的特定操控场景，进而实现一系列相对复杂且较为精细的座舱操作，例如将此方式利用在控制多媒体、屏幕亮度、车窗启闭程度、仪表指示信息、空调挡位等功能，如表9-3所示。

表9-3　功能列表的举例

功能	手势及语音指令
屏幕亮度调节	可控制车内所有显示屏:HUD、中控屏、仪表屏、副驾屏。如手指主控屏，并说“调暗一些”,即调暗屏幕
车窗、后视镜调节	可以在保证安全的情况下(例如只允许在匀速行驶或驻车状态)控制车内车窗、后视镜。如手指副驾车窗,并说“关上”,即可关闭副驾车窗
介绍车内仪表	实现仪表区域的指示灯以手势+语音的方式控制。如手指一个指示灯,并说“这是什么灯”,即可得到预设的语音回复“这是油量指示灯”
调节空调温度、风速、风向	可以结合车内环境、温度、空气质量等多种参数,使用手势+语音控制,从而可以精准控制车内保持所需的温湿度

语音识别的网络可采用Encoder-Decoder或连接时序分类（connectionisttemporal classification，CTC）模型框架，并基于至少四个车载麦克风，配合相应的声源定位、盲源分离和降噪等算法，对不同乘客的语音指令进行精确区分和识别。手势感知可通过设置在中控台上方的3D摄像头（如车内人员监控摄像头）实时采集人员视频，并交由车内AI智能驾驶辅助平台进行手势识别，通过预先训练好的基于YOLO网络的手势识别模型，对常见手势进行识别，并确定指向方向，最后映射到车辆模型相对应的汽车部件上。通常使用3D CNN网络进行视频动作检测，但是在车载应用环境下，车机芯片的算力有限。采用基于TSM的视频理解网络框架，其主体网络基于MobileNetV2构建，在模型设计上，为了充分利用先前帧的时序上下文信息辅助当前帧的特征提取，特将每个block输入特征的前1/8通道替换为前一帧特征，用来构建视频帧之间的关联。

9.3.3　商旅引擎

在“3060双碳”目标下，绿色低碳发展已经成为全社会共识，商用车作为其中“污染大户”，新能源化也是唯一出路。因此，各大商用车企业纷纷转型发展新能源商用车，未来发展潜力巨大。表9-4为主要新能源商用车企业的发展进程。

表9-4 主要新能源商用车企业发展进程

福田智蓝汽车	2018年，福田汽车正式成立福田智蓝新能源品牌，随后于2019年在河南商丘斥资16.1亿元，打造智蓝新能源商用车生产基地，聚焦研发生产高端新能源车型。技术和产品方面，智蓝汽车已形成纯电动、混合动力、氢燃料三条技术路线，并立足于车辆实际运营场景和工况，构建起了以轻中重卡、中小VAN以及专用车为主的产品矩阵，累计推广新能源商用车万余辆。2021年12月，智蓝汽车品牌正式焕新，从福田智蓝新能源升级为智蓝汽车，从“新能源汽车制造企业”转型为“汇聚绿色能源的科技型企业”，进入新的发展阶段
远程汽车	2014年，吉利控股集团开始布局商用车业务，吉利商用车应运而生。2016年推出的远程汽车，成为国内首个专注于新能源的商用车品牌。8年来，吉利商用车深耕新能源商用车市场，形成以纯电和增程式电驱动力系统为核心的城市商用车体系、以液氢能源甲醇动力和电驱动力为核心的公路商用车体系的多能源并举技术路线，打造纯电、纯电换电、增程、甲醇、氢燃料电池等多种形式的新能源商用车。如今，远程汽车已推出星瀚、星智、星享、星际等品牌，产品矩阵日趋完善，终端销量不断攀升。其中，新能源轻卡取得行业第一，新能源重卡全目标市场排名行业第一
江淮汽车	作为中国中高端轻卡领军品牌、新能源商用车领军品牌，江淮汽车以“双碳”目标为引领，积极践行绿色低碳转型，坚持纯电驱动为主，同时开发插电混产品，探索换电技术。基于新能源商用车主要应用场景，江淮轻卡形成i3轿卡、i5轻卡系列产品平台，满足城配新能源化的用车需求；专用车平台则开发4.5-18吨全覆盖细分产品平台，满足环卫、市政等细分市场的用车需求；下一代全新平台产品已进入关键研发阶段。可见，江淮汽车已逐步形成完善的新能源产品布局，并且拥有优异的服务保障能力，因而多次斩获行业大客户的批量采购订单，如江苏邮政、大兴机场、顺丰速运、中通快递、韵达快递等
宇通集团	顺应行业发展趋势，宇通集团积极响应国家“双碳”战略，聚焦出行、物流、作业三大应用场景，不断探索更多可能，积极打造一流新能源商用车集团，为节能减排、低碳环保贡献产业力量。依托集团强大的研发、新能源、智造、质量、服务实力，宇通将电动化、智能化领域积累的领先优势全面拓展至轻卡，致力于成为“中高端新能源轻卡领军品牌”，为广大客户提供最佳解决方案。综合来看，宇通新能源轻卡具有“科技创新 引领未来”“智能安全 保驾护航”“节能高效 多省多赚”等核心优势，不仅买得省，而且用得省，相对燃油车5年综合运营成本节省22.5万，相对同级新能源车5年能节省1.1万
东风商用车	作为国内商用车市场的佼佼者，东风已经铺就新一代商用车提速快跑的新赛道，形成全场景布局，提供全生命周期的新能源解决方案。目前，东风在新能源商用车领域取得了一定的成绩。如东风纯电动中重卡累计销量行业第一，氢燃料中重卡在雄安、北京、天津等地批量交付，L4级无人集卡已在港口投入示范运营等。未来，东风商用车将针对不同使用场景，持续推出纯电动中重卡、氢燃料重卡、智能化重卡和高品质牵引车，满足行业客户的多样化需求，并促进产品迭代和技术升级

在新能源商用车市场，中国商用车企业也已经开发蓄力，产品不断推陈出新，未来或进入市场加速期。新能源商用车因为整车长度、宽度、高度相比较乘用车均有较大增幅、底盘配置差异化明显，同时对电控系统的成本也更敏感。因此一般意义上的电子电气架构及其动力底盘控制系统，其包含的硬件、软件很难在新能源商用车底盘上得到大批量的技术应用。同时，整车厂迫于市场压力，对供应商的依赖程度偏高，

导致系统各控制单元相对分散，电控系统尤其是底盘控制系统冗余性高，成本难以控制，电控性能难以优化，存在客户满意度较差等问题。

基于区域控制架构的线控底盘，线控底盘中的各相关系统实现了整体融合、统一控制，不仅提升了控制效率，节约了控制成本，还能协同各系统进行整体控制，避免新能源电动商用车辆因控制处理不及时或分属不同的控制系统导致的混乱，避免事故发生。线控底盘包括传动系统、行驶系统、转向系统和制动系统，传动系统包括传统挡位输出检测单元、扭矩检测单元；行驶系统包括坡度检测单元、加速度检测单元、速度检测单元；转向系统包括角度传感器、方位传感器；制动系统包括障碍物检测单元、行车道检测单元。在新能源电动商用车中设置微控制器，包括模拟输入AI接口、数字开关量输入DI接口、频率输入FI接口、控制器局域网络CAN总线接口、LSD直线检测接口、以太Eth接口、并行RTC接口、板级带电可擦可编程存储器Flash、功率输入输出接口、脉冲宽度调制PWM输出、高速HSD接口和HBD接口。

微控制器响应于挡位上切换指令，在执行挡位切换的过程中，微控制器接收到制动指令，则确定制动指令来自于驾驶员还是来自于障碍物检测单元及行车道检测单元，在制动指令来自于驾驶员或障碍物检测单元的情况下，响应于制动指令进行制动，忽略挡位上切换指令；在制动指令来自于行车道检测单元的情况下，触发障碍物检测单元对车辆行进路线及同向车道上的障碍物进行再次检测，确定是否存在障碍物，在存在障碍物的情况下确定车辆行进至障碍物的时长，在时长小于第一设定阈值的情况下，响应于制动指令进行制动，忽略挡位上切换指令；未检测到障碍物或车辆行进至障碍物的时长大于第一设定阈值的情况下，执行挡位上切换指令，触发行驶系统进行挡位切换。

微控制器响应于转向指令，获取障碍物检测单元对车辆行进路线及待转方向上的障碍物的检测结果，确定待转方向上存在障碍物且车辆行进至障碍物的时长小于第二设定阈值的情况下，行进路线上不存在障碍物的情况下，不向转向系统输出转向指令；确定待转方向上未存在障碍物的情况下，向转向系统输出转向指令，使转向系统执行车辆转向操作；确定待转方向和车辆行进路线上均存在障碍物，且车辆在行进方向行进至障碍物的时长小于第一设定阈值、在待转方向上行进至障碍物的时长小于第二设定阈值的情况下，向制动系统输出制动指令，使制动系统对车辆进行制动处理。

微控制器响应于坡度检测单元检测的当前坡度值，以及速度检测单元检测的当前车速，确定车辆爬坡时，在当前车速低于第三阈值且当前坡度值大于第四阈值的情况下，向制动系统输出制动指令，使制动系统对车辆进行制动处理，或向传动系统发送动力输出指令，使车辆至少维持当前的车速；确定车辆下坡时，在当前车速大于第五阈值且当前坡度值大于第六阈值的情况下，向制动系统输出制动指令，使制动系统对车辆进行制动处理，使车辆维持当前的车速或降速行驶。

通过将电动车辆的传动系统、行驶系统、转向系统和制动系统进行整合，通过协同控制方式，由单独的微控制器对电动车辆的传动系统、行驶系统、转向系统和制动系统进行协同控制，可以对电动车辆的各系统进行协同管理，能根据各系统的控制指令的优先级和车辆状况确定最优控制方式，使电动车辆有效降低了系统成本，灵活满足差异化底盘配置需求。

深度整合新能源汽车动力域、底盘域的控制需求，进一步对这两个域进行融合，有利于商用车线控底盘技术的一体化产品实现；并且最大程度考虑了成本因素在产品设计过程的重要性，将动力底盘域的计算处理单元，定义为一个最小核心系统，该系统与控制器其他模块通过板级内部插件连接的形式，进行信息交互，根据市场需求灵活配置最小核心系统的软硬件，以降低硬件成本，降低核心技术被供应商卡脖子的风险；域控制器预留CAN通信模块，同时考虑智能网联商用车对数据交互的高速实时需求，设计以太网的通信模块，提高域控制器满足不同车型对动力底盘线控功能的技术需求。

参考文献

[1] 马亮，郭鹏辉. 双积分制下新能源汽车产业链续航能力决策研究[J]. 科技管理研究，2019，39（23）：11.

[2] 尹蕾，蒋建国，路瑞刚，等. 面向大数据的新能源汽车复杂联盟云评价研究[J]. 汽车工程，2019，41（1）：8.

[3] 杨军，林洋佳，陈杰军，等. 未来城市共享电动汽车发展模式[J]. 电力建设，2019，40（4）：11.

[4] 陈伟. 基于新能源汽车的专利合作网络演化研究[J]. 科研管理，2019（8）：10.

[5] 李红，刘旭升，张宜生，等. 新能源电动汽车异种材料连接技术的挑战，趋势和进展[J]. 材料导报，2019，33（23）：10.

[6] 付江涛，宋书中，付主木. 并联新能源汽车最优效率实时控制[J]. 控制理论与应用，2019，36（7）：1165-1173.

[7] 白玫. 全球新能源汽车产业竞争格局研究[J]. 价格理论与实践，2020（1）：7.

[8] 刘雅琴，余谦. 新能源汽车产业技术创新网络的时空演化与创新集聚[J]. 大连理工大学学报：社会科学版，2020，41（6）：9.

[9] 周娟美，周默. 我国新能源汽车产业技术创新系统演化研究[J]. 科技通报，2020.

[10]王震坡，黎小慧，孙逢春. 产业融合背景下的新能源汽车技术发展趋势[J]. 北京理工大学学报，2020，40（1）：10.

[11] 张晓卯. 技术赋能整体性治理：我国新能源汽车产业政策的优化与整合——以上海市“新能源汽车监测平台”为例[J]. 江苏行政学院学报，2020，（05）：7.

[12] 汪涛，郑婷予，彭瑜欣. 基于CiteSpace图谱量化的新能源汽车产业研究热点分析[J]. 技术经济，2020，39（5）：8.

[13] 胡登峰，冯楠，黄紫微，等. 新能源汽车产业创新生态系统演进及企业竞争优势构建——以江淮和比亚迪汽车为例[J]. 中国软科学，2021（11）：11.

[14] 谢雪钰，薛晔. 双元创新视角下新能源汽车企业创新效率提升路径研究——基于模糊集定性比较分析（fsQCA）[J]. 管理现代化，2021，41（2）：45-48.

[15] 李方生，赵世佳，胡友波. 我国新能源汽车产业国际化发展的关键问题与对策建议[J]. 科学管理研究，2021，39（5）：7.

[16] 张厚明. 我国新能源汽车市场复苏态势及推进策略[J]. 经济纵横，2021（10）：7.

[17] 刘亚婕，董锋. 政府参与下新能源汽车企业间协同创新的竞合策略研究[J]. 研究与发展管理，2022，34（5）：13.
[18] 公丕明. 中国新能源汽车产业国际竞争力：影响因素，特征表现与提升路径[J]. 现代管理科学，2022（4）：10.
[19] 孙媛. 我国新能源汽车出口现状，机遇与挑战[J]. 对外经贸实务，2022（3）：5.
[20] 张良. 新时期中国新能源汽车出口现状与发展展望[J]. 价格月刊，2022（7）：6.
[21] 李佳琪，徐潇源，严正. 大规模新能源汽车接入背景下的电氢能源与交通系统耦合研究综述[J]. 上海交通大学学报，2022，56（3）：253-266.
[22] 庞德良，卜睿，刘兆国. 我国新能源汽车产业制度安排演进与优化建议[J]. 经济纵横，2022（4）：10.
[23] 谢振，张江红，熊俊. 新能源汽车锂离子动力电池系统关键技术研究[J]. 有色金属工程，2022，12（10）：1.
[24] 王志福，孙庆乐，李昊龙，等. 新能源汽车驱动电机硬件在环仿真技术综述[J]. 电气传动，2022，52（1）：10.
[25] 毛玲，邓思文，赵登辉，等. 新能源汽车监测平台在行驶和充电场景中的应用与思考[J]. 电工技术学报，2022，37（1）：10.
[26] 王从飞，曹锋，李明佳，等. 碳中和背景下新能源汽车热管理系统研究现状及发展趋势[J]. 科学通报，2021，66（32）：17.
[27] 高运胜，金添阳. 新形势下中国新能源汽车国际竞争力分析[J]. 国际经济合作，2021（4）：12.
[28] 郭伟林，牛高产，文聪. 新能源车主驱电机转子位置实时自校正技术研究[J]. 微特电机，2022，50（10）：6.
[29] 佘承其，张照生，刘鹏，等. 大数据分析技术在新能源汽车行业的应用综述——基于新能源汽车运行大数据[J]. 机械工程学报，2019，55（20）：14.
[30] 赵世佳. 国外新能源汽车产业政策动向及对我国的启示[J]. 经济纵横，2020（1）：10.
[31] 王丹，陈志豪. 新能源汽车电机定子引线焊接智能监控系统[J]. 电气传动，2020，50（11）：5.
[32] 王浩柱，谢秦，邓方明，杨阳. 基于联盟区块链的新能源企业智能电动汽车充电系统[J]. 电气传动，2022（20）：052.
[33] 梁贵贞. 服务产业结构转型背景下新能源汽车产业集群的创新型应用人才培养研究[J]. 经济学，2020，3（1）：2.
[34] 杨小刚，王慧华. 基于负载的新能源汽车充电桩控制系统设计[J]. 现代电子技术，

2020（24）：43.
[35] 胡杰，朱雪玲，何陈，等. 基于实车数据的电动汽车电池健康状态预测[J]. 汽车工程，2021，43（9）：1291-1299，1313.
[36] 邢晨，琚长江，阎阅，等. 数据采集系统在新能源汽车电机数字化车间中的应用[J]. 电机与控制应用，2019，46（3）：7.
[37] 编辑部. 湖南湘投金天铝业成功研发新能源乘用车粉末冶金轻质铝基制动盘[J]. 粉末冶金工业，2022，32（4）：1.
[38] 李楚鸿，成受明. 新能源与智能网联汽车产业园规划设计研究[J]. 新型建筑材料，2019，46（10）：2.
[39] 刘广杰，陈艳茹，高艳芳. 智能网联汽车在城市运输中的应用分析[J]. 农机使用与维修，2021.
[40] 臧利国，文少波，孙海燕，等. 基于工程化项目教学的智能网联汽车应用型人才培养模式探索与实践[J]. 大学教育，2020（2）：3.
[41] 孙逢春. 新能源汽车车联网大数据平台关键技术及应用[J]. 智能网联汽车，2019（1）：73-74.
[42] 孙逢春. 新能源汽车车联网大数据平台关键技术及应用[J]. 智能网联汽车，2019（1）：2.
[43] 刘国松，罗鑫. 加快建设龙泉驿汽车产业功能区 助力成都绿色智能网联汽车产业生态圈构建[J]. 先锋，2020（9）：2.
[44] 赵子旺. 充换结合 打造新能源汽车发展新生态[J]. 智能网联汽车，2022（4）：2.
[45] 邱佳. 智能网联电动汽车充电桩平台建设研究[J]. 汽车测试报告，2021（20）：3.
[46] 王晓秋. 上汽发展智能网联汽车的“三点突破”和“四个坚持”[J]. 智能网联汽车，2019（6）：3.
[47] 王伟. “十四五”时期新能源汽车和网联汽车发展对策研究[J]. 商业观察，2020（24）：85-86.
[48] 潘慧，尚学峰. 智能网联：新能源汽车发展的新机遇——访中国工程院院士、北京理工大学教授孙逢春[J]. 2019，11（28）：4.
[49] 张君兰. 基于智能网联技术的新能源汽车产业共同体研究[J]. 汽车与新动力，2022，5（4）：3.
[50] 赖德鹏. 浅析智能网联新能源汽车能量管理系统与控制策略[J]. 大众科技，2021（10）：23.
[51] 李楚鸿，成受明. 新能源与智能网联汽车产业园规划设计研究[J]. 2022（10）.
[52] 林馨. 中国汽车升级转型“新能源+智能网联”成新引擎[J]. 能源研究与利用，

2019（5）：1.
[53] 衣明义. 智能网联新能源汽车能量管理优化控制仿真软件设计[J]. 电子技术与软件工程，2020.
[54] 李娘清. 新能源及智能网联汽车的关键技术产业化研究[J]. 南国博览，2019（9）：1.
[55] None. 从新能源与智能网联汽车创新发展论坛 了解产业新变局[J]. 世界电子元器件，2019（3）：7.
[56] 郭跃进. 打造新能源汽车和智能网联汽车创新应用示范区助推后疫情时代湖北汽车产业转型升级[J]. 湖北政协，2020（5）：1.
[57] 丛广明. 浅析新能源汽车智能网联化发展现状与前景[J]. 汽车知识，2022，22（8）：3.
[58] 李乐生. 新能源及智能网联汽车的发展[J]. 交通节能与环保，2019，15（4）：4.
[59] 赖德鹏. 浅析智能网联新能源汽车能量管理系统与控制策略[J]. 大众科技，2021，23（10）：49-51.
[60] 赵文博. 双碳战略下的智能网联新能源汽车[J]. 智能网联汽车，2022（1）：3.
[61] 曾庆洪. 关于加快推进智能网联新能源汽车发展的建议[J]. 中国科技产业，2022（2）：2.
[62] 路新惠. 双碳战略下的智能网联新能源汽车[J]. 汽车知识，2022（9）：022.
[63] 李俊玲. 新能源和智能网联汽车发展措施的研究——以中国制造2025背景下沈阳市的发展为例[J]. 内燃机与配件，2021（6）：2.
[64] 刘颖平. 缪文泉：新能源和智能网联汽车的“探路者”[J]. 产品安全与召回，2022（2）：5.
[65] 本刊. 苗圩：发展新能源汽车的5条经验，智能网联汽车面临的3大挑战[J]. 商用汽车，2022（4）：2.
[66] 赵子旺. 新基建热潮 新能源智能网联汽车再起航[J]. 智能网联汽车，2022（5）：2.
[67] 贺诗. 汽车风口太多：“氢电结合”、L4级自动驾驶、智能网联[J]. 中国经济周刊，2020.
[68] 张建强. 智能网联汽车环境感知系统虚拟仿真实训教学的研究[D]. 天津职业技术师范大学，2020.
[69] 邱佳. 智能网联电动汽车充电桩平台建设研究[J]. 2021.
[70] 田锋. 智能网联汽车新生态浪潮浩浩荡荡，中国势必迎难而上[J]. 智能网联汽车，2019（3）：2.
[71] 郑雪芹. 北汽全面推进“新能源+智能网联”双轮驱动战略[J]. 汽车纵横，2019.